高级前端程序员面试笔试真题库

猿媛之家　组编

平　文　楚　秦　等编著

机械工业出版社

本书针对当前各大 IT 企业面试、笔试中的特性与侧重点，精心挑选了近 3 年来 20 套知名 IT 企业的前端程序员面试笔试真题，这些企业涉及业务包括社交、金融、大数据、游戏和安全软件等，非常具有代表性与参考性。在讲解的深度上，本书由浅入深，对这些题目进行了详细的分析与讲解，并提炼归纳。可同时满足入门级和中高级前端程序员的工作需求。此外，书中还引入相关知识点，再对知识点进行深度剖析，让读者在遇到相似问题的时候，也能游刃有余地解决。读者通过本书不仅能获取求职知识，而且能更有针对性地进行求职准备。

　　本书是一本计算机相关专业毕业生面试、笔试的求职用书，同时也适合那些期望在计算机软、硬件行业大显身手的计算机爱好者阅读。

图书在版编目（CIP）数据

高级前端程序员面试笔试真题库 / 猿媛之家组编；平文等编著. —北京：机械工业出版社，2021.9
ISBN 978-7-111-68279-0

Ⅰ. ①高… Ⅱ. ①猿… ②平… Ⅲ. ①程序设计-资格考试-习题集
Ⅳ. ①TP311.1-44

中国版本图书馆 CIP 数据核字（2021）第 091628 号

机械工业出版社（北京市百万庄大街 22 号　邮政编码 100037）
策划编辑：尚　晨　　责任编辑：尚　晨
责任校对：张艳霞　　责任印制：郜　敏

北京盛通商印快线网络科技有限公司印刷

2021 年 7 月第 1 版·第 1 次印刷
184mm×260mm·15.75 印张·390 千字
0001－1500 册
标准书号：ISBN 978-7-111-68279-0
定价：99.00 元

电话服务	网络服务
客服电话：010-88361066	机 工 官 网：www.cmpbook.com
010-88379833	机 工 官 博：weibo.com/cmp1952
010-68326294	金 书 网：www.golden-book.com
封底无防伪标均为盗版	机工教育服务网：www.cmpedu.com

前　言

很多读者朋友反映，虽然面试之前自己已经精心准备过，感觉什么知识都会了，但真的到了面试笔试时，却很难做到得心应手，解题很不顺畅。偶尔搜索网上的笔试真题，却都是零零散散，不成体系，很多还没有答案。即使有答案，也有很多没有分析和讲解，或者只有简短的说明。这种情况让他们非常苦恼，不知该如何解决。

本书就是为了解决上述问题而编写的。书中搜集了近 3 年以来前端领域中各大 IT 企业的面试笔试真题，从这些真题中精心筛选，整理出了 20 套知名 IT 企业的笔试真题，将其汇集成册，形成了这本《高级前端程序员面试笔试真题库》。这 20 套题非常具有代表性和针对性，具体而言，主要体现在以下几点。

第一，覆盖面广。书中的题目囊括了目前工作中常用的基础知识，不但包括前端相关的 JavaScript、HTML、CSS 和网络等，还有计算机理论相关的数据结构、算法、操作系统和设计模式等。不仅如此，本书还新增了 ES6、React、TypeScript、Vue.js 以及高级前端利器五大模块，在题目的广度方面更上一层楼。

第二，考查率高。本书所选的真题绝不是"泛泛之辈"，其内容基本上都是面试中的高频考点。瞄准面试考查的重点、难点和易错点，找差别、识共性，无论是专业知识，还是面试软技能，都被本书"一网打尽"。

第三，行业代表性强。书中所选真题均来自于或改编于各大知名 IT 企业，它们主导着行业发展，代表着行业最高水准，由它们编写的题目具有很高的参考价值。

第四，难易适中。本书挑选的真题既不是怪题、偏题和很难的题，也不是那种一眼就能知道结果的简单题，而是那种难度适中或者看上去简单但实际容易答错的题。力求遴选出来的真题能够最大限度地帮助读者、启发读者。

第五，详细讲解，深入剖析。本书对每一道真题都有详细的分析和讲解，将问题抽丝剥茧，使得读者能够找到自己的知识盲区，从而有针对性地进行查漏补缺。

第六，写作风格推陈创新。对于前端知识点的讲解，不仅有文字描述，更以示例佐证（代码可以从 https://github.com/pwstrick/feq 下载），从而让读者能够更好地理解相关知识点。为了能够写出精品书籍，我对每一个技术问题，都反复推敲。

在此，我要感谢与出版本书有关的人，因为有你们，我才能坚持完成整本书的编写。首先，感谢机械工业出版社的时静和尚晨两位老师给我提供的写作机会。其次，要感谢的是楚秦，他不但让我加入到这项工作中，还帮我审阅了整本书，并对文字和代码进行了矫正和润色。为改进本书提出了许多建设性意见，这些意见极大地提高了本书的质量。

除此之外，也感谢那些给予我热情帮助的人，从他们那里亦得到了很多非常好的建议，这些人是：陈安阳、陈曼杰、陈涛、江纪云、李智超、李西琳、刘国庆、马原、潘义璠、沈哲俊、王春明、王汝婷、王鹏飞、吴永伟、武守昭、夏丽、赵茹林、周晶、周捷、周山。

最后，要感谢我的家人，他们是我生命中最重要的人，感谢他们对我的理解和鼓励。尤其要感谢我的爱妻，一直陪伴在我身边，在我感到困难的时候支持我、鼓励我，为我营造了一个安心、舒适的写作环境，让我有信心完成本书的写作。还有我那一岁大的儿子，每天看到他，心情就会非常愉悦，写起代码来也会更有劲头。

本书中有部分思想来源于网络上的无名英雄，由于无法追踪到最原始的出处，在此对这些幕后英雄致以最崇高的敬意。如果读者存在求职困惑或是对书中的内容存在异议，都可以通过邮箱 yuancoder@foxmail.com 联系作者。

平　文

于上海松江

目 录

前言

面试笔试经验技巧篇

经验技巧 1	当前市场对于前端工程师的需求和待遇如何	2
经验技巧 2	前端工程师需要哪些知识储备	2
经验技巧 3	前端工程师有哪些可供选择的职业发展道路	2
经验技巧 4	前端工程师的日常工作是什么	3
经验技巧 5	要想成为一名出色的前端工程师，需要掌握哪些必备的知识？有哪些好的书籍或是网站可供推荐学习	3

真 题 篇

真题 1	某知名互联网下载服务提供商前端工程师笔试题	6
真题 2	某知名社交平台前端工程师笔试题	9
真题 3	某知名安全软件服务提供商前端工程师笔试题	11
真题 4	某知名软件测评中心前端工程师笔试题	14
真题 5	某知名搜索引擎提供商前端工程师笔试题	16
真题 6	某初创公司前端工程师笔试题	19
真题 7	某知名游戏软件开发公司前端工程师笔试题	22
真题 8	某知名电子商务公司前端工程师笔试题	24
真题 9	某知名生活消费类网站前端工程师笔试题	28
真题 10	某知名门户网站前端工程师笔试题	30
真题 11	某知名互联网金融企业前端工程师笔试题	33
真题 12	国内某知名网络设备提供商前端工程师笔试题	37
真题 13	国内某知名手机制造商前端工程师笔试题	40
真题 14	某知名大数据综合服务提供商前端工程师笔试题	44
真题 15	某知名社交类上市公司前端工程师笔试题	46
真题 16	某知名互联网公司前端工程师笔试题	50
真题 17	某知名网络安全公司校园招聘技术类笔试题	53

真题 18	某知名互联网游戏公司校园招聘前端开发岗位笔试题	55
真题 19	某知名监控产品供应商和解决方案服务商前端工程师笔试题	57
真题 20	某知名即时通信软件服务公司前端工程师笔试题	60

真题详解篇

真题详解 1	某知名互联网下载服务提供商前端工程师笔试题	66
真题详解 2	某知名社交平台前端工程师笔试题	73
真题详解 3	某知名安全软件服务提供商前端工程师笔试题	83
真题详解 4	某知名软件测评中心前端工程师笔试题	91
真题详解 5	某知名搜索引擎提供商前端工程师笔试题	101
真题详解 6	某初创公司前端工程师笔试题	110
真题详解 7	某知名游戏软件开发公司前端工程师笔试题	119
真题详解 8	某知名电子商务公司前端工程师笔试题	129
真题详解 9	某知名生活消费类网站前端工程师笔试题	138
真题详解 10	某知名门户网站前端工程师笔试题	146
真题详解 11	某知名互联网金融企业前端工程师笔试题	155
真题详解 12	国内某知名网络设备提供商前端工程师笔试题	164
真题详解 13	国内某知名手机制造商前端工程师笔试题	173
真题详解 14	某知名大数据综合服务提供商前端工程师笔试题	183
真题详解 15	某知名社交类上市公司前端工程师笔试题	192
真题详解 16	某知名互联网公司前端工程师笔试题	201
真题详解 17	某知名网络安全公司校园招聘技术类笔试题	209
真题详解 18	某知名互联网游戏公司校园招聘前端开发岗位笔试题	218
真题详解 19	某知名监控产品供应商和解决方案服务商前端工程师笔试题	229
真题详解 20	某知名即时通信软件服务公司前端工程师笔试题	238

面试笔试经验技巧篇

想找到一份前端程序员的工作，一点技术都没有显然是不行的，但是只有技术也是不够的。面试笔试经验技巧篇主要针对前端程序员面试笔试中遇到的 5 个常见问题进行深度解析，并且结合实际情景，给出了一个较为合理的参考答案以供读者学习与应用，掌握这 5 个问题的解答精髓，对于求职将会大有裨益。

经验技巧 1　当前市场对于前端工程师的需求和待遇如何

优秀的前端工程师非常稀缺，不仅对创业公司，对大公司也是同样供不应求。主要由于以下几个原因造成的。

1）因为前端技术栈深，所以需要工程师对各种知识（如 HTML、CSS、网络和 JavaScript 等）能够融会贯通，这就需要投入巨大的时间和精力。

2）近年来随着智能手机的普及，带动了移动互联网的高速发展，在一定程度上导致了网页需求量猛增，移动端的 Web 开发优势也越来越明显。

3）现在的 Web 规模越来越庞大，并且复杂度也在上升，更加注重团队协作，因此需要更多的工程师参与研发。

4）前端入门不难，导致目前市面上充斥着很多初级工程师，有的甚至连初级都算不上，更加凸显了优秀工程师的稀缺。

5）全日制学校不会系统地传授前端知识，目前学习前端只能依靠自学或报名培训机构。

由于缺口巨大，前端岗位的待遇也是水涨船高。目前，北京、上海、深圳和广州等地的前端岗位薪资一路飙升，像百度、阿里巴巴和腾讯等公司更是为资深前端工程师开出了每月 3 万元以上的高薪。但要取得高薪，还是需要从自身出发，提升硬技能和软实力，完善知识面，打好计算机基础。

经验技巧 2　前端工程师需要哪些知识储备

前端工程师首先需要时刻关注各种标准的发布，其次还得了解宿主环境（如浏览器）的变化。再有，要能洞悉不断涌现的新技术和新思想，具体如下。

1）HTML5、CSS3 和 ECMAScript 6 标准已趋于稳定，未来这 3 部分会被大量使用。

2）各种高效工具会不断地出现，例如，浏览器内置的调试工具、自动化构建工具等，可解决特定场景下的问题。

3）浏览器平台会持续开发新特性，未来可基于这些新特性实现一些高级技术。

4）在网络标准方面，HTTP/1.1 将会逐步过渡到 HTTP/2.0。

5）各种新技术新思想（如 React、MVVM、TypeScript、Hybird 等）不断涌现，开发效率、维护成本、性能和扩展性等各方面一直在被优化。

经验技巧 3　前端工程师有哪些可供选择的职业发展道路

前端工程师可供选择的职业发展道路主要有以下几条。

1）走技术路线，以架构师为目标。架构师可支配更多的时间用于钻研技术，不必再反复编写同样的代码完成各种业务上的需求。不过，虽然架构师的自由度比较高，但对架构师的要求也很高。架构师需要有全局观、有悟性，知识面既要有广度又要有深度，是一个既要掌控全局又要洞悉局部的领导型人才。

2）转型其他职业，如产品经理。由于前端是离用户最近的工程师，因此转型为产品经理，阻碍会小很多，并且拥有技术背景，在制订需求时能考虑得更全面、更合理。研发人员大多数情况下是与计算机打交道，但转为产品经理后，更多的是跟人和需求打交道，因此要改变自己的思维方式，多注意用户体验，多与需求方沟通，多从产品的角度思考问题。

3）自己创业。这是一条最艰难的、挑战和机遇并存的发展道路。创业者不但要承受巨大的压力，还要时刻面临着破产风险，但是如果成功了，那么得到的回报也是异常丰厚的。当一个打工者转型成一名创业者时，需要以盈利为目的，而不再是依据自己对某项产品的喜好作为指导思想，需要将自己的视野更多地放在行业、产品等相关领域的动态上。

经验技巧 4　前端工程师的日常工作是什么

前端工程师的日常工作主要是以下几点。

1）多方沟通，需要与 UI 设计师、产品经理、服务端工程师等实时交流。

2）将 UI 设计师的效果图转化成用户可用的网页，结合产品经理的要求，把控页面的浏览体验。

3）实现特定的业务逻辑，与服务端工程师协作，实现页面动态化。

4）架构前端项目，构建适合的开发模式，实现高效开发。

5）持续学习，紧跟当前潮流，在适当的时候把新技术作为一种备选解决方案。

经验技巧 5　要想成为一名出色的前端工程师，需要掌握哪些必备的知识？有哪些好的书籍或是网站可供推荐学习

要想成为一名出色的前端工程师，需要掌握以下必备的知识。

1）扎实的软件基础（包括数据结构、网络原理和设计模式等）和前端基础（包括 HTML、CSS 和 JavaScript 等）。

2）旺盛的求知欲和钻研精神，能持续不断地学习，并且具备无障碍阅读相关英语技术资料的能力。

3）高效的沟通技巧，能在与产品经理、UI 设计师、服务端工程师等人的交流中，了解他们的意图，知道他们的想法。

4）平时多做技术相关的总结，并保持分享的精神。例如，把自己总结的知识点放到个人博客中与人分享；或在 Github 上开源自己开发的插件等。

5）掌握某一门后端服务器语言，如 Node.js、Java、PHP 等，这样就可以和服务端配合得

更流畅。

6）会使用单元测试，保证代码的质量，业务的准确。

7）熟悉 Photoshop，掌握切图、取色、合图等技能。

8）熟练使用浏览器工具（如 Firebug、Chrome 调试工具等），擅长使用搜索引擎和抓包工具（如 Fiddler、Wireshark 等）。

9）敢于担当，并有技术攻坚能力，帮助团队克服种种困难。

推荐的学习网站如下。

1）MDN（https://developer.mozilla.org/zh-cn），Mozilla 官方维护的网站，包括各种前端技术以及示例。

2）GitHub（https://github.com），全球最大的开源代码库。

3）CodePen（http://codepen.io），可在线编辑 HTML、CSS 和 JavaScript。

4）Stackoverflow（http://stackoverflow.com），全球最大的编程问答网站。

5）W3C 官网（https://www.w3.org/tr），可在线浏览 HTML、CSS 和 JavaScript 等前端标准的技术文档。

6）CSS 参考手册（http://css.doyoe.com），可查找到大部分的 CSS 属性。

7）淘宝 NPM 镜像（https://npm.taobao.org），可更快速地下载到想要的 Node 包。

8）慕课网（http://www.imooc.com），可在线观看各种技术视频。

9）各种技术达人的博客，如阮一峰、司徒正美、张鑫旭等。

10）各种开源库的文档网站，如 Zepto、JQuery、React 和 Vue 等。

推荐的学习书籍如下。

1）HTML 方面：	《HTML5 权威指南》	
2）CSS 方面：	《CSS 权威指南》	《CSS 禅意花园》
	《CSS 揭秘》	《高流量网站 CSS 开发技术》
3）JavaScript 方面：	《你不知道的 JavaScript》	《JavaScript 高级程序设计》
	《JavaScript 忍者秘籍》	《JavaScript 权威指南》
4）网络与安全方面：	《HTTP 权威指南》	《图解 HTTP》
	《图解 TCP/IP》	《Wireshark 网络分析的艺术》
	《白帽子讲 Web 安全》	《Web 前端黑客技术揭秘》
5）性能相关方面：	《高性能 JavaScript》	《高性能网站建设》
	《高性能网站建设进阶》	《Web 开发秘方》
	《Web 性能权威指南》	
	《JavaScript 性能优化：度量、监控与可视化》	
6）程序设计方面：	《JavaScript 设计模式》	《JavaScript 设计模式与开发实践》
	《正则指引》	《重构 改善既有代码的设计》
	《算法导论》	《代码大全》

真 题 篇

　　真题篇精选了 20 套来自于知名 IT 企业的面试笔试真题,这些企业是行业的标杆,代表了行业的最高水准,而它们所出的面试笔试真题不仅难易适中,覆盖面广(包括 HTML、CSS、JavaScript、数据结构和算法、React、Vue.js、TypeScript、webpack 等内容),而且具有非常好的区分度,代表性非常强,是历年来前端程序员面试笔试中的必考项或常规项,且越来越多的中小企业开始从中选取部分题目或者直接全盘照搬作为自身的面试、笔试题,故参考价值很高。

真题 1　某知名互联网下载服务提供商前端工程师笔试题

一、单选题

1. 下列选项中，不是把网页抽象成 3 部分（HTML、CSS 和 JavaScript）后的优点的是（　　）。
   A．增强 HTML 文档的可读性
   B．跨平台，可方便迁移到不同设备中
   C．在 HTML 文档中可按需加载相应的文件，减少不必要的请求
   D．将相关功能的文件集中到一起，更易于维护和调用

2. 以下能够控制元素的盒模型的属性是（　　）。
   A．box-sizing　　　B．box-shadow　　　C．box-flex　　　D．box-pack

3. 常用的 HTTP 位于 TCP/IP 的（　　）。
   A．应用层　　　B．传输层　　　C．表示层　　　D．会话层

4. 对下面代码的描述中，正确的是（　　）。
   ```
   setInterval(function() {
       var a = 1;
   }, 2000);
   ```
   A．回调函数会在延迟 2 s 后执行一次　　　B．回调函数会以 2 s 为间隔重复执行
   C．回调函数会在延迟 2 min 后执行一次　　　D．回调函数会重复执行 2000 次

5. 敏捷软件开发方法是一种（　　）。
   A．数学观　　　B．建模观　　　C．工程观　　　D．协作观

6. 某公司使用包过滤防火墙控制进出公司局域网的数据，在不考虑使用代理服务器的情况下，下面描述错误的是（　　）。
   A．该防火墙能够使公司员工只能访问 Internet 上与其业务联系的公司的 IP 地址
   B．该防火墙仅允许 HTTP 通过，不允许其他协议通过，如 TCP/UDP
   C．该防火墙能够使员工不能直接访问 FTP 服务器端口号为 21 的 FTP 地址
   D．该防火墙仅允许公司中具有某些特定 IP 地址的计算机可以访问外部网络

7. 为了使虚存系统有效地发挥其预期的作用，所运行的程序应具有的特性是（　　）。
   A．该程序不应含有过多的 I/O 操作
   B．该程序大小不应超过实际的内存容量
   C．该程序的指令相关不应过多
   D．该程序应当具有较好的局部性

8. 如果入栈序列是 a1、a3、a5、a2、a4、a6，出栈序列是 a5、a4、a2、a6、a3、a1，那么栈的容量最小是（　　）。
   A．2　　　B．3　　　C．4　　　D．5

9. 对于一棵排序二叉树，可以得到有序序列的遍历方式是（　　）遍历。
   A．前序　　　B．中序　　　C．后序　　　D．都可以

二、多选题

1. 以下对网页的描述中，正确的是（　　　）。
   A．网页由 HTML、CSS 和 JavaScript 组成　　B．HTML 负责内容和结构
   C．CSS 负责样式呈现　　D．JavaScript 负责动态交互
2. 以下属于 CSS3 中全新的特性的是（　　　）。
   A．选择器　　B．动画　　C．伸缩盒　　D．阴影
3. jQuery 中被誉为工厂函数的是（　　　）。
   A．ready()　　B．jQuery()　　C．$()　　D．function()

三、填空题

1. 下面的 div 元素，在 W3C 盒模型中的宽度是_____px，在 IE 盒模型中的宽度是_____px。
   ```
   div {
       padding: 10px;
       margin: 10px;
       border: 1px solid #000;
       width: 100px;
   }
   ```
2. 执行下面的代码，在控制台输出的 x 为_____，y 为_____。
   ```
   var x = 0, y = 0;
   x
   ++
   y
   console.log(x, y);
   ```
3. 执行下面的代码后，在控制台输出的 y 为_____。
   ```
   var x = "1", y;
   switch (x) {
       case 1:
           y = 1;
           break;
       case 2:
           y = 2;
           break;
       default:
           y = 0;
   }
   console.log(y);
   ```
4. 0 || 1 得到的结果为_____，0 && 1 得到的结果为_____。
5. 执行[, , z] = [1, 2, 3]后，z 的值为_____。

四、问答题

1. HTML 的含义是什么？
2. 什么是 XHTML？
3. 什么是 CSS 预处理器？
4. 什么是盒模型？
5. 什么是互联网？

6. 请简单介绍一下 HTTP。
7. 相等（==）和全等（===）运算符有哪些区别？
8. split()与 join()方法有哪些区别？
9. 两个运算符 typeof 与 instanceof 有哪些区别？
10. let 和 const 两个关键字与 var 之间有哪些不同？
11. Array.of()有什么作用？
12. yield 和 return 有哪些区别？
13. 什么是 Virtual DOM？
14. 在 React v16.3 中，有哪些生命周期方法被标记为过时？
15. React 中的状态提升是指什么？
16. 如何用 React Router 实现重定向？
17. webpack 的加载器有哪些用途？
18. FiddlerCore 是什么？
19. <keep-alive>元素有什么作用？
20. 在下面的 Person 类中，包含构造函数、name 属性和静态的 age 属性。

```
class Person {
  name: string;
  static age: number;
  constructor(name: string) {
    this.name = name;
  }
}
```

能否正确执行下面的代码？

```
let people: typeof Person = Person;
people.age = 28;
let worker: Person = new people("strick");
console.log(worker.name);
```

五、编程题

1. 用纯 CSS 实现一个三角形。

2. 请用 JavaScript 实现冒泡排序。

3. 请实现一个遍历 1 至 100 的循环，在能被 3 整除时输出"three"，在能被 5 整除时输出"five"，在能同时被 3 和 5 整除时输出"all"。

4. 不借助第三方类库，用多种方式读取下面文本框中的 value 属性值。

```
<form id="register">
  <input id="txt" type="text" value="1" />
</form>
```

5. 如何利用数组解构交换两个变量的值？

六、面试题

1. 你对我们公司有什么了解？
2. 如果你在这次面试中没有被录用，你会怎么办？
3. 如果你被录取了，接下来将如何开展工作？

真题 2 某知名社交平台前端工程师笔试题

一、单选题

1. 下面对 W3C 描述错误的是（　　）。
   A．W3C 是一个非营利性组织
   B．W3C 制定了 HTML 和 CSS 标准
   C．OSI 参考模型也是 W3C 制定的
   D．通过 W3C 制定标准后，能降低开发人员的学习成本

2. 下面不能创建 BFC 操作的是（　　）。
   A．元素的 CSS 属性 float 为 none
   B．元素的 CSS 属性 position 为 absolute
   C．元素的 CSS 属性 position 为 fixed
   D．元素的 CSS 属性 display 为 inline-block

3. 以下选项不属于 HTTP 特征的是（　　）。
   A．持久连接　　　　B．管道化　　　　C．三次握手　　　　D．无状态

4. 当按下键盘中的 B 键时，事件对象 event 的 keyCode 属性返回的值为（　　）。
   A．63　　　　　　B．64　　　　　　C．65　　　　　　D．66

5. 极限编程（XP）的核心思想是（　　）。
   A．强调文档和以敏捷性应对变化
   B．强调建模和以敏捷性应对变化
   C．强调设计和以敏捷性应对变化
   D．强调人与人之间的合作因素和以敏捷性应对变化

6. 某主机的 IP 地址为 202.117.131.12/20，其子网掩码是（　　）。
   A．255.255.248.0　　　　　　　B．255.255.240.0
   C．255.255.252.0　　　　　　　D．255.255.255.4

7. 在 Linux 操作系统下，非超级用户要运行某个文件夹下的可执行脚本，对该文件夹至少要拥有（　　）权限；如果要用 ls 命令查看该文件夹下有哪些文件，对该文件夹至少要拥有（　　）权限。
   A．前者是执行权限，后者是执行和读取权限
   B．前者是执行和读取权限，后者是执行和读取权限
   C．前者是执行权限，后者是读取权限
   D．前者是执行和读取权限，后者是读取权限

8. 下列情况中，不能使用栈（stack）来解决问题的是（　　）。
   A．将数学表达式转换为后缀形式　　　B．实现递归算法
   C．高级编程语言的过程调用　　　　　D．操作系统分配资源（如 CPU）

9. 最佳二叉搜索树是（　　）。
   A．关键码个数最少的二叉搜索树

B．搜索时平均比较次数最少的二叉搜索树
C．所有结点的左子树都为空的二叉搜索树
D．所有结点的右子树都为空的二叉搜索树

二、多选题

1．标准的 HTML 文档必须包含的元素是（　　）。
   A．p　　　　　　　B．html　　　　　　C．head　　　　　　D．div
2．CSS3 新增的属性有（　　）。
   A．column-count　　　　　　　　　　　B．border-radius
   C．box-shadow　　　　　　　　　　　　D．background-size
3．以下 HTTP 首部中，与缓存有关的是（　　）。
   A．User-Agent　　B．Expires　　　C．Cache-Control　　D．Server

三、填空题

1．两个相邻的兄弟元素，分别定义下外边距和上外边距，代码如下所示，此时两个元素之间的间隔是_____px。

```
<div style="margin-bottom:20px">兄弟元素</div>
<div style="margin-top:10px">兄弟元素</div>
```

2．调用下面代码中的函数，最终返回的结果为_____。

```
function isArray() {
  return
  true;
}
isArray();
```

3．2+true 等于_____，"6"+9 等于_____。
4．（1 && 2）|| 0 得到的结果为_____，0 ||（2 && 1）得到的结果为_____。
5．执行[x, ...y] = [1, 2, 3]后，x 的值为_____，y 的值为_____。

四、问答题

1．请阐述对 W3C 的理解与认识。
2．请简单介绍一下 HTML5。
3．什么叫渐进增强？渐进增强和优雅降级有哪些区别？
4．CSS 预处理器有哪些优缺点？
5．请简单介绍一下网络中的协议。
6．请谈一下对 TCP/IP 的理解。
7．什么是严格模式？严格模式有哪些限制？
8．像下面这样判断 obj 是不是一个对象有什么潜在问题？如何改进？

```
typeof obj === "object"
```

9．将一个匿名函数像下面这样用圆括号包裹，有什么作用？

```
(function() {})()
```

10．请说明一下 const 的特点。
11．使用 fill()和 copyWithin()需要注意的点有哪些？
12．ES6 的类比起用构造函数模拟的类，有哪些独有的特性？

13. Virtual DOM 是如何工作的？
14. React v16 新增了哪些生命周期方法？
15. 在 React 中，什么是 Context？
16. 在 React 中，TestRenderer 有什么作用？
17. 请简单描述一下 webpack 的插件。
18. 代理服务器有哪些功能？
19. Vue.js 中的 .native 修饰符有什么作用？
20. 下面的泛型函数 func() 包含哪些约束？
    function func<T, U extends keyof T>(obj: T, key: U) { }

五、编程题

1. 不使用 CSS 属性 border，使用其他属性模拟边框。
2. 封装一个 isInteger() 函数，用于检测传入的值是整数。
3. 请重新封装一个 isNaN2() 函数，此函数弥补了全局函数 isNaN() 的不足。
4. 编写一个 add() 函数，能正常执行下面的代码，并且能在控制台输出注释中的数字。
   ```
   console.log(add(1, 2));           //3
   console.log(add(1, 2, 3));        //6
   console.log(add(1)(2));           //3
   console.log(add(1)(2)(3));        //6
   ```
5. 如何用 ES6 语法导出模块的成员？

六、面试题

1. 你怎么理解应聘的职位？
2. 你有哪些主要的缺点？
3. 你有哪些主要的优点？

真题 3 某知名安全软件服务提供商前端工程师笔试题

一、单选题

1. HTML5 的新特性不包括（　　）。
   A．语义化的 Web   B．削弱对第三方插件的依赖
   C．新增 SVG 绘画   D．引入 Web Workers 规范
2. 以下属性选择器表示属性值以 "val-" 开头的是（　　）。
   A．[attr^="val"]   B．[attr~="val"]
   C．[attr|="val"]   D．[attr$="val"]
3. HTTP 请求报文由 5 部分组成，以下不属于请求报文的是（　　）。
   A．请求方法   B．状态码
   C．HTTP 版本   D．请求首部
4. 下列选项不是 Array 对象（即数组）的方法的是（　　）。
   A．push()   B．shift()   C．split()   D．join()
5. 净室软件工程（Cleanroom）是软件开发的一种形式化方法，可以开发较高质量的软件，它发现和排除错误的主要机制是（　　）。

A．正确性验证 B．黑白盒测试
C．集成测试 D．基本路径测试

6. 对于 IP 地址 130.63.160.2，掩码为 255.255.255.0，子网号为（   ）。
   A．160.2　　　B．160　　　C．63.160　　　D．63.160.2

7. 以下关于计算机的描述中，不正确的是（   ）。
   A．进程调度有"可抢占"和"非抢占"两种方式，后者引起系统的开销更大
   B．每个进程都有自己的文件描述符表，所有进程共享同一打开文件表和 v-node 表
   C．基本的存储技术包括 RAM、ROM、磁盘以及 SSD，其中访问速度最慢的是磁盘，CPU 的高速缓存一般是由 RAM 组成的
   D．多个进程竞争资源出现了循环等待可能造成系统死锁

8. 以下关于排序算法的描述中，正确的是（   ）。
   A．快速排序的平均时间复杂度为 O(nlogn)，最坏时间复杂度为 O(nlogn)
   B．堆排序的平均时间复杂度为 O(nlogn)，最坏时间复杂度为 O(n^2)
   C．冒泡排序的平均时间复杂度为 O(n^2)，最坏时间复杂度为 O(n^2)
   D．归并排序的平均时间复杂度为 O(nlogn)，最坏时间复杂度为 O(n^2)

9. 具有 n 个顶点的有向图，所有顶点的出度之和为 m，则所有顶点的入度之和为（   ）。
   A．m　　　B．m+1　　　C．n+1　　　D．2m+1

二、多选题

1. 怪异模式中的怪癖行为包括（   ）。
   A．宽度和高度的算法与 W3C 盒模型不同
   B．在表格中的字体样式（如 font-size 等）不会继承
   C．当内容超出容器高度时，会自动裁剪超出的内容
   D．颜色值必须用十六进制标记法

2. 可以作为 CSS 中的 display 属性值的有（   ）。
   A．list-item　　　B．table　　　C．run-in　　　D．flex

3. 下面对于 HTTP 状态码描述正确的是（   ）。
   A．200 表示请求已被正常处理
   B．304 表示资源未被修改
   C．403 表示请求被服务器拒绝
   D．503 表示服务器无法处理请求

三、填空题

1. 执行下面的代码后，ul 元素的高度是_____px。

```
<style>
  li {
    width: 100px;
    height: 100px;
  }
</style>
<ul style="overflow:hidden">
  <li style="float:left"></li>
</ul>
```

2. 4+3+2+"1"等于_____，"1"+2+4 等于_____。

3. 执行下面的代码后，在控制台输出的 y 为_____。

```
var y,
    x = 1;
y = x+++x;
```

4. false == "0"得到的结果为_____，false === "0"得到的结果为_____。
5. 执行({ a: e, a: f } = { b: 5, a: 6 })后，e 的值为_____，f 的值为_____。

四、问答题

1. HTML 和 HTML5 的区别有哪些？
2. 你怎么看待 Web App、Hybrid App 和 Native App？
3. CSS 指的是什么？
4. 什么是外边距塌陷？
5. 请谈一下对计算机网络的理解。
6. 什么是 MAC 地址？
7. JavaScript 有哪些优势和劣势？
8. 在 DOM 中，事件对象的两个属性 target 和 currentTarget 有什么区别？
9. 在 HTTP 响应报文中会包含哪些首部？
10. 扩展运算符（...）的用途有哪些？
11. find()和 indexOf()有哪些区别？
12. 类有哪些成员？
13. Shadow DOM 和 Virtual DOM 之间有哪些区别？
14. 有没有办法强制 React 组件重新渲染，而不用 setState()方法？
15. 在 React 中，什么是高阶组件（HOC）？
16. 请描述一下 React 中的 Jest。
17. 在 webpack.config.js 的 output 字段中，它的 chunkFilename 属性有何作用？
18. 请谈一下你对 GZIP 的理解。
19. Vue.js 中的.sync 修饰符有什么作用？
20. 什么是泛型？

五、编程题

1. 如何用纯 CSS 的方式让超出容器宽度的文本自动替换为省略号？
2. 编写一个函数，能让两个并不大的小数正确相乘。
3. 统计字符串"xxxxyyydda"中每个字母出现的次数。
4. 假设下面 div 元素中的 a 元素可动态添加，现在要求单击任意的 a 元素，都能让它的自定义属性 data-digit 的值和内容进行拼接，再用 alert()方法输出拼接后的结果。

```
<div id="container">
    <a href="#" data-digit="1">按钮</a>
</div>
```

5. 如何用 ES6 语法导入模块的成员？

六、面试题

1. 你没有工作经验，如何能够胜任这个岗位？
2. 你的好朋友是如何评价你的？

真题 4 某知名软件测评中心前端工程师笔试题

一、单选题

1. 以下对 Hybrid App 描述错误的是（　　）。
   A．运行在 APP 内嵌的容器（如 WebView 等）中
   B．可间接调用一部分的系统 API
   C．可搭建一套离线应用程序
   D．迭代周期短，可随时将代码提交到服务器上更新

2. 在下列关系选择器中，找出相邻选择器，能匹配相邻兄弟元素的是（　　）。
   A．.bfc + div　　　B．.bfc div　　　C．.bfc > div　　　D．.bfc ~ div

3. 以下选项属于 HTTP 中的请求首部的是（　　）。
   A．Accept-Encoding　　B．Accept-Ranges　　C．Server　　D．Age

4. 下面创建数组的选项，错误的是（　　）。
   A．var arr[] = new Array()　　　　B．var arr = new Array(10)
   C．var arr = [1, , 3]　　　　　　　D．var arr = new Array(1, 2, 3)

5. 软件复用是使用已有的软件产品（如设计、代码和文档等）来开发新的软件系统的过程。为了提高构件（Component）的复用率，通常要求构件具有较好的（　　）。
   A．专用性和不变性　　　　B．专用性和可变性
   C．通用性和不变性　　　　D．通用性和可变性

6. 随着 IP 网络的发展，为了节省可分配的注册 IP 地址，有一些地址被拿出来用于私有 IP 地址，以下不属于私有 IP 地址范围的是（　　）。
   A．10.6.207.84　　　　　B．172.23.30.28
   C．172.32.50.80　　　　 D．192.168.1.100

7. 某进程在运行过程中需要等待从磁盘上读入数据，此时进程的状态将（　　）。
   A．从就绪变为运行　　　　B．从运行变为就绪
   C．从运行变为阻塞　　　　D．从阻塞变为就绪

8. 下列排序方法中，属于稳定排序的是（　　）。
   A．选择排序　　　B．希尔排序　　　C．堆排序　　　D．归并排序

9. 具有 n 个顶点的有向图最多有（　　）条边。
   A．n　　　B．n(n-1)　　　C．n(n+1)　　　D．n^2

二、多选题

1. 以下元素的写法不符合 XHTML 1.0 规范的是（　　）。
   A．<P>打开文本框</p>
   B．<button name=add>提交</button>
   C．<a href="javascript:;">跳转首页</a>
   D．<p>计算机<i>必须</i> 重启</p>

2. 在伪元素::before 和::after 中可定义 content 属性，下面对该属性的功能描述正确的是（　　）。

A．将内容指定为某个 CSS 属性的值
B．把内容变为一条超链接
C．将内容指定为某个图像
D．为内容指定一段动画

3．以下是 JavaScript 数据类型的有（　　　）。
A．int　　　　　　B．string　　　　　C．boolean　　　　D．object

三、填空题

1．执行下面的代码后，第一个 div 元素和 p 元素之间的间距是_____px。

```
<style>
  .section {
    width: 100px;
    height: 100px;
    background: #FFCC00;
  }
</style>
<div class="section"></div>
<div style="margin-top:10px; overflow:hidden">
  <p style="margin-top:10px" class="section"></p>
</div>
```

2．!function(){}的返回值是_____。

3．7 - "a"等于_____，7 / 0 等于_____。

4．执行下面的代码，最后输出的结果为_____。

```
(function(x) {
  return (function(y) {
    console.log(x + y);
  })(20);
})(10);
```

5．执行({ a, b=2 } = { a: 1, b: null })后，b 的值为_____。

四、问答题

1．HTML 文档中的 DOCTYPE 有什么作用？
2．HTML 和 XHTML 有哪些区别？
3．当出现外边距塌陷时，外边距之间的计算方式是怎样的？
4．为 span 元素定义下面的 CSS 样式后，元素的宽和高是如何计算的？

```
span {
  border: 1px solid #000;
  margin: 10px 0;
  padding: 10px 0;
  width: 300px;
  height: 100px;
}
```

5．什么是 IP 地址？
6．在 HTTP 中，总共有 5 类状态码，请简单介绍一下这 5 类状态码。
7．在 JavaScript 中，字面量是指什么？
8．什么叫点击劫持？对这种攻击有什么解决办法？

9. ES6 中的剩余参数有什么作用？
10. 什么是类型化数组？
11. 在 ES6 中，当 super 作为方法使用时，有哪些注意点？
12. 什么是 React Fiber？
13. Refs 有什么作用？
14. 在 React 的高阶组件中，为何要定义 displayName 属性？
15. 什么是 npm？它由哪几部分组成？
16. 请介绍一下 webpack.config.js 中的 mode 字段。
17. Vue.nextTick()有什么作用？
18. 在 Vue 中，如何能直接访问父组件、子组件和根实例？
19. TypeScript 创建了两种兼容性：子类型和赋值，它们有什么区别？

五、编程题

1. 请为 div 元素设计一个水平位移 60 px 的动画（animation），要求持续时间为 2 s、循环无限次、有连贯性；在动画执行到一半时，水平位移为 30 px。
2. 执行下面的代码，返回的结果是 true，那么 a 的值是什么？

    a==1 && a==2 && a==3

3. 如何判断对象中的某个属性是继承而来的？
4. 封装一个函数，能将字符串 "abcdef" 逆序为 "fedcba"。
5. 如何判断一个字符是由两个编码单元组成的？

六、面试题

1. 你与上司意见不一致时，该怎么办？
2. 能说一下你的家庭吗？

真题 5 某知名搜索引擎提供商前端工程师笔试题

一、单选题

1. HTML5 不再支持的 HTML 元素是（　　）。
    A．p B．font C．span D．div
2. 下列无法赋给 CSS 中的 content 属性的选项是（　　）。
    A．content:123
    B．content:"\6211"
    C．content:no-open-quote
    D．content:no-close-quote
3. HTTP/2.0 的新特性不包括（　　）。
    A．队首阻塞 B．多路通信 C．请求优先级 D．首部压缩
4. 多个选择框联动需要由（　　）事件实现。
    A．click B．blur C．change D．keydown
5. 逆向工程可用于维护已有的软件，逆向工程能够（　　）。
    A．分析源程序，决定需要修改的部分以及其影响的程度
    B．能够使用数学方法证明软件功能的正确性
    C．分析源程序，从源程序导出程序结构

D．将源程序改写成易于理解、结构清晰的程序

6．某网络的 IP 地址空间为 192.168.5.0/24，采用定长子网划分，子网掩码为 255.255.255.248，则该网络的最大子网个数、每个子网内最大可分配地址个数各为（　　）。
　　A．8，32　　　　B．32，8　　　　C．32，6　　　　D．8，30

7．下列的进程状态变化中，不可能发生的是（　　）。
　　A．运行→就绪　　B．运行→等待　　C．等待→运行　　D．等待→就绪

8．有字符序列（Q，H，C，Y，P，A，M，S，R，D，F，X），那么新序列（F，H，C，D，P，A，M，Q，R，S，Y，X）是下列（　　）算法一趟扫描结果。
　　A．堆排序　　　　B．快速排序　　　C．希尔排序　　　D．冒泡排序

9．n 个顶点的强连通图至少有（　　）条边。
　　A．n　　　　　　B．n-1　　　　　C．n+1　　　　　D．n(n-1)

二、多选题

1．语义化的优势包括（　　）。
　　A．使得 HTML 文档结构清晰、布局合理、主体突出、可读性更强
　　B．促进无障碍访问，降低信息污染
　　C．改善搜索引擎优化（SEO）
　　D．减少不必要的 HTTP 请求

2．能把 p 元素中的文本设置为红色的选项有（　　）。
　　A．color: red　　　　　　　　　　B．color: #F00
　　C．color: rgb(0, 0, 255)　　　　　D．color: hsl(120, 100%, 50%)

3．以下对 JavaScript 理解有误的是（　　）。
　　A．JScript 和 JavaScript 是等价的
　　B．JavaScript 脱离浏览器后就不能执行
　　C．JavaScript 由 ECMAScript、DOM 和 BOM 组成
　　D．JavaScript 是一门弱类型的语言

4．jQuery 包含的选择器有（　　）。
　　A．属性选择器　　B．表单选择器　　C．ID 选择器　　D．类选择器

三、填空题

1．在 CSS 中 3 个内容属性_____、_____和_____组合使用，能够在元素前面自动插入递增的序号。

2．3..toFixed(2)得到的结果为_____。

3．(1, 5 - 1) * 2 等于_____。

4．执行下面的代码，函数的返回值是 _____。
```
(function() {
    return typeof arguments;
})();
```

5．Number.isFinite(null)返回的结果为_____。

四、问答题

1．简单介绍一下浏览器的两种渲染模式：怪异模式和接近标准模式。

2．简述一下对 HTML5 语义化的理解。

3．将元素的 display 属性设为 inline-block 后，能把多个这样的元素排列在一行中，但元素之间会有间隙（见下图），如何才能去除间隙？

| 行内块元素 | 行内块元素 | 行内块元素 |

4．display:none 与 visibility:hidden 都可隐藏元素，有何区别？

5．请简单介绍一下 Web 缓存机制，具体过程有哪几步？

6．在浏览器中，一个页面从输入 URL 到加载完成，都有哪些步骤？

7．请简单描述对 JavaScript 的理解。

8．XSS 是什么？对这种攻击有哪些防范办法？

9．什么是解构？

10．类型化数组与常规数组有哪些异同？

11．怎么用 ES6 的语法实现类的继承？

12．为什么 React 组件的名称首字母要大写？

13．什么是 Forward Refs？

14．React 的高阶组件有哪些限制（即注意事项）？

15．npm 在什么情况下适合将包本地安装？而在什么情况适合全局安装？

16．webpack 的 runtime 和 manifest 有什么作用？

17．什么是 Vue CLI？

18．Vue 中的 ref 和 $refs 有什么作用？

19．接口与类型别名有哪些区别？

五、编程题

1．如何用 CSS3 的媒体查询实现视口宽度大于 360 px 而小于 640 px 时，div 元素的宽度变成 30%？

2．下面是一段用于对象继承的代码，请指出其中的不足，并提出改进建议。

```
function Super(age) {
    this.names = [];
    this.age = age;
}
function Sub(age) {
}
Sub.prototype = Super.prototype;
```

3．将下面的对象序列化为 JSON 字符串，在序列化时去除 name 属性，并将数组的第一个元素变为 null。

```
var json = {
    "name": "pingwen",
    "age": 28,
    "colors": ["red", "yellow", "blue"]
};
```

4．如何让数组中的元素能够随机排序？

5．在 JSX 中如何进行循环？

六、面试题

1. 你认为自己最适合做什么？
2. 你如何看待公司的加班现象？

真题 6　某初创公司前端工程师笔试题

一、单选题

1. 请选出 HTML5 使用的 DOCTYPE 声明方式（　　）。
   A. <!DOCTYPE html PUBLIC "-//W3C//DTD XHTML 1.0 Transitional//EN">
   B. <!DOCTYPE html>
   C. <!DOCTYPE html PUBLIC "-//W3C//DTD XHTML 1.0 Transitional//EN" "http://www.w3.org/TR/xhtml1/DTD/xhtml1-transitional.dtd">
   D. <!DOCTYPE html PUBLIC>

2. 下面特殊性最高的选择器是（　　）。
   A. .bfc div　　　B. #bfc p　　　C. a:hover　　　D. #bfc .bfc

3. 以下可以作为变量名使用的是（　　）。
   A. 9name　　　B. $strick9　　　C. pwstrick　　　D. delete

4. Document 对象的属性不包括（　　）。
   A. links　　　B. heads　　　C. scripts　　　D. forms

5. UML 类图中类与类之间的关系有 5 种：依赖、关联、聚合、组合和继承。若 A 类需要使用标准数学函数类库中提供的功能，那么类 A 与标准类库提供的类之间存在（Ⅰ）关系；若 A 类中包含了其他类的实例，且当类 A 的实例消失时，其包含的其他类的实例也消失，则类 A 和它所包含的类之间存在（Ⅱ）关系；若类 A 的实例消失时，其他类的实例仍然存在并继续工作，那么类 A 和它所包含的类之间存在（Ⅲ）关系；在下面选项中，正确的是（　　）。
   A. Ⅰ:依赖、Ⅱ:组合、Ⅲ:聚合　　　B. Ⅰ:关联、Ⅱ:依赖、Ⅲ:组合
   C. Ⅰ:关联、Ⅱ:聚合、Ⅲ:组合　　　D. Ⅰ:关联、Ⅱ:组合、Ⅲ:依赖

6. IPv6 地址占（　　）个字节。
   A. 32　　　B. 4　　　C. 8　　　D. 16

7. 进程调度是从（　　）选择一个进程投入运行。
   A. 就绪队列　　　B. 作业后备队列
   C. 等待队列　　　D. 提交队列

8. 快速排序算法在序列已经有序的情况下的时间复杂度为（　　）。
   A. $O(n\log n)$　　　B. $O(n^2)$　　　C. $O(n)$　　　D. $O(n^2\log n)$

9. 在一个具有 n 个顶点的有向图中，若所有顶点的出度之和为 s，则所有顶点的入度之和为（　　）。
   A. s　　　B. s-1　　　C. s+1　　　D. n

二、多选题

1. 能通过 HTML 实体进行转义的字符有（　　）。
   A．&　　　　　　　B．∑　　　　　　　C．Ω　　　　　　　D．中文引号
2. 元素浮动后的缺陷包括（　　）。
   A．包含块高度塌陷　　　　　　　　　B．让内容环绕在浮动元素周围
   C．影响兄弟元素的位置或样式　　　　D．让多个元素排列在一行中
3. 以下属于 OSI 参考模型的有（　　）。
   A．表示层　　　　B．传输层　　　　C．物理层　　　　D．网络接口层

三、填空题

1. 执行下面的代码，p 元素最终的字体颜色是_____。
   ```
   p {
     color: red !important;
     color: blue;
   }
   ```
2. parseFloat('12.3.4')返回的结果为_____。
3. [] == ![]得到的结果为_____。
4. 在下面的代码中，执行 typeof 运算得到的结果是 _____。
   ```
   var func = (function() {
     return "1";
   }, function() {
     return 1;
   })();
   typeof func;
   ```
5. "My name is strick".includes("name")返回的结果为_____。

四、问答题

1. 什么是微格式？
2. 什么是 HTML 实体？
3. 请罗列出你所知道的 display 属性的全部值，并简单说明一下它们的作用。
4. 请谈一下你对 BFC 的理解。
5. 执行下面的样式代码后，3 个 section 元素的字体颜色分别是什么？
   ```
   <style>
     div {
       color: black;
     }
     .item {
       color: blue;
     }
     .item:last-of-type {
       color: red;
     }
   </style>
   <div>
     <section class="item">第一个元素</section>
     <section class="item">第二个元素</section>
   ```

```
<section class="button">第三个元素</section>
    </div>
```

6. 请求方法 GET 和 POST 的区别有哪些？
7. 分号会在什么时候自动补全？自动补全有什么弊端？
8. 请简单解释一下 CSRF 的攻击原理和防御手段。
9. 如果忽略声明关键字，那么在运行对象解构的时候，为何要用圆括号包裹赋值表达式（如下所示）？

```
({ a, b } = { a: 3, b: 4 });
```

10. 如何使用 DataView？
11. 怎么理解 Symbol.species？
12. React DOM 中 render()方法有什么功能？
13. 为什么弃用字符串类型的 Refs？
14. 什么是 Redux？
15. package.json 有什么作用？
16. webpack 中的 Source Map 有什么功能？
17. 在 Vue 中，有几个生命周期钩子与<keep-alive>元素有关？
18. 假设有一个 btn 组件，在其模板中声明了作用域插槽，代码如下所示：

```
Vue.component("btn", {
  data: function() {
    return { txt:"提交" };
  },
  template: '<button><slot :txt="txt"></slot></button>'
});
```

下面这样使用 btn 组件是否正确？

```
<btn v-slot="{ txt }">
  {{txt}}
</btn>
```

19. TypeScript 中的.d.ts 文件用来做什么的？

五、编程题

1. 请用多种方法实现等高布局，让页面中每列的高度相等。
2. 怎么用 JSON 对象执行深拷贝？
3. 在网页中实现一个倒计时功能，能够动态显示"××天××时××分××秒"。
4. 用 jQuery 的多种方式获取选择框中选中项的 value 属性值。

```
<select id="name">
  <option value="1">strick</option>
  <option value="2">jane</option>
  <option value="3">freedom</option>
  <option value="4">kevin</option>
</select>
```

5. 如何在 React 中构建组件？

六、面试题

1. 你的业余爱好是什么？
2. 你是否同时申请了别的工作？

真题 7　某知名游戏软件开发公司前端工程师笔试题

一、单选题

1．下面最适合定义标题的是（　　）。
　　A．<section id="heading">标题</section>　　B．<p><strong>标题</strong></p>
　　C．<h4>标题</h4>　　D．<header>标题</header>

2．下面可以被子元素继承的 CSS 属性是（　　）。
　　A．border　　B．margin　　C．color　　D．width

3．执行下面的代码后，y 变量的结果为（　　）。
```
var z = 1, y = z = typeof y;
console.log(y);
```
　　A．"undefined"　　B．"number"　　C．null　　D．1

4．String 对象的方法不包括（　　）。
　　A．map()　　B．concat()　　C．indexOf()　　D．replace()

5．有一段年代久远的 C++ 代码，内部逻辑复杂，现在需要利用其实现一个新的需求，假定有以下可行的方案，应当优先选择（　　）。
　　A．修改旧代码的接口，满足新的需求
　　B．将旧代码抛弃，自己重新实现类似的逻辑
　　C．修改旧代码的内部逻辑，满足新的需求
　　D．在这段代码之外写一段代码，调用该代码的一些模块，完成新功能需求

6．下列关于地址转换的描述中，错误的是（　　）。
　　A．地址转换解决了互联网地址短缺所面临的问题
　　B．地址转换实现了对用户透明的网络外部地址的分配
　　C．使用地址转换后，对 IP 包加长、快速转发不会造成什么影响
　　D．地址转换为内部主机提供了一定的"隐私"

7．在进程调度算法中，下面算法中，适用于运行时间可以预知的批处理调度算法的是（　　）。
　　A．最短作业优先　　B．先来先服务
　　C．优先级调度　　D．时间片轮转调度

8．用某种排序方法对关键字序列（25，84，21，47，15，27，68，35，20）进行排序，序列的变化情况如下所示：
　　（1）20，15，21，25，47，27，68，35，84
　　（2）15，20，21，25，35，27，47，68，84
　　（3）15，20，21，25，27，35，47，68，84
则采用的排序方法是（　　）。
　　A．选择排序　　B．快速排序　　C．希尔排序　　D．归并排序

9．对于一个有向图，若一个顶点的入度为 k1，出度为 k2，则对应邻接表中该顶点的单链表中的结点数为（　　）。

A．k1　　　　　B．k2　　　　　C．k1-k2　　　　　D．k1+k2

二、多选题

1. 以下选项中，表示全局属性的有（　　）。
   A．class　　　　B．contenteditable　　　　C．action　　　　D．onclick
2. 可以用来清除浮动的方法有（　　）。
   A．给浮动元素的包含块设置高度
   B．为浮动元素的包含块创建 BFC
   C．在浮动元素后面设置 clear 属性为 both
   D．为浮动元素设置宽度
3. 在 HTTP 中，可用的请求方法包括（　　）。
   A．GET　　　　B．POST　　　　C．HEAD　　　　D．DELETE

三、填空题

1. 执行下面的代码，p 元素最终的字体颜色是_____。

```
<style>
    .bfc p {
        color: #FC0;
    }
    .ovh p {
        color: #F60;
    }
</style>
<div class="bfc ovh">
    <p>文字颜色</p>
</div>
```

2. Number(012)返回的结果为_____，Number("0xA")返回的结果为_____。
3. [] + {}得到的结果为_____，{} + []得到的结果为_____。
4. 执行下面的代码，在控制台输出的值为_____。

```
var a = 1;
setTimeout(function() {
    console.log(a);
    a = 2;
}, 1000);
a = 3;
```

5. 下面是一段 JSX 代码，当 isBtn 为 true 时，输出的组件是_____；当 isBtn 为 false 时，输出的组件是_____。

```
<div>
    {isBtn ? <Btn1/> : <Btn2/>}
</div>
```

四、问答题

1. HTML 实体的应用场景有哪些？
2. 什么是 Shadow DOM（影子中的 DOM）？
3. 什么是 hasLayout，触发 hasLayout 后会带来什么样的后果？
4. CSS 中类选择器和 ID 选择器有哪些区别？

5. 链接有 4 种状态，包括未访问（:link）、已访问（:visited）、激活（:active）和悬停（:hover），声明的顺序是怎样的？

6. 请简单介绍一下 REST。

7. undefined 和 null 有哪些异同？

8. 请简单介绍一下图像的预加载和懒加载。

9. 什么是模板字面量？

10. ES6 为函数做了哪些改良？

11. 什么是 Promise？

12. 如何在 React 中使用 innerHTML？

13. 请介绍一下 React 中的 Fragments。

14. 请描述一下 Redux 的三大原则。

15. package.json 的两个字段 dependencies 和 devDependencies 有什么作用？

16. webpack-dev-server 有什么作用？

17. 在 Vue 渲染模板时，如何才能保留模板中的 HTML 注释？

18. 请谈一下你对 <slot> 元素的理解。

19. 命名空间和模块有哪些区别？

五、编程题

1. 如何实现一个圣杯布局？

2. 请用多种方式获取当前时间的毫秒数。

3. 请编写一个格式化字符串的函数，例如，传入"我的名字叫{0}"和"strick"，返回"我的名字叫 strick"。

4. 假设有两个变量 a 和 b，它们的值都是数字，如何在不借用第三个变量的情况下，把两个变量对调？

5. 如何创建 Refs？

六、面试题

1. 如果工作安排与专业不对口，你如何考虑？

2. 你和别人发生过争执吗？怎样解决？

真题 8　某知名电子商务公司前端工程师笔试题

一、单选题

1. 下面的 HTML 实体不表示字符 ">" 的是（　　）。
   A．>　　　　B．>　　　　C．>　　　　D．&#03C;

2. 以下与角度相关的单位是（　　）。
   A．pc　　　　B．ex　　　　C．ch　　　　D．turn

3. 以下选项中，能被 encodeURIComponent() 函数编码的是（　　）。
   A．*　　　　B．~　　　　C．$　　　　D．-

4. 以下单词不能作为 JavaScript 关键字的是（　　）。
   A．delete　　　　B．void　　　　C．private　　　　D．break

5. 当用一台机器作为网络客户端时，该机器最多可以保持（　　）个到服务端的连接。
   A．1　　　　　　　B．少于 1024　　C．少于 65535　　D．无限制
6. 以下不属于网络安全控制技术的是（　　）。
   A．防火墙技术　　　　　　　　B．访问控制技术
   C．入侵检测技术　　　　　　　D．差错控制技术
7. 在进程间通信的方式中，访问速度最快的是（　　）。
   A．管道　　　　　　　　　　　B．消息队列
   C．共享内存　　　　　　　　　D．套接字
8. 初始序列为{1，8，6，2，5，4，7，3}的一组数，采用堆排序的方法进行排序，当建堆（小根堆）完毕时，堆所对应的二叉树的中序遍历序列为（　　）。
   A．8，3，2，5，1，6，4，7　　　B．3，2，8，5，1，4，6，7
   C．3，8，2，5，1，6，7，4　　　D．8，2，3，5，1，4，7，6
9. 判断有向图是否存在回路，最好的方法是（　　）。
   A．拓扑排序　　　　　　　　　B．求最短路径
   C．求关键路径　　　　　　　　D．广度优先遍历

二、多选题

1. 以下对 HTML 元素的全局属性 title 的描述中，正确的是（　　）。
   A．title 属性可提供额外的提示信息
   B．title 属性可指定媒体类型
   C．link 元素中的 title 属性表示样式表的名称
   D．title 属性可定义要链接的资源的 URL
2. 在定位（position）属性中，可以让元素脱离正常流的关键字有（　　）。
   A．absolute　　　　B．static　　　　C．relative　　　　D．fixed
3. URL 的组成部分包括（　　）。
   A．主机（host）　　B．端口（port）　　C．路径（path）　　D．片段（frag）

三、填空题

1. 假设视口的宽为 70 px，高为 50 px，执行下面的代码后，div 元素的宽为＿＿＿＿＿＿px，高为＿＿＿＿＿＿px。

```
<style>
  section {
    margin: 6px;
  }
  section div {
    width: 50vw;
    height: 50vh;
  }
</style>
<section>
  <div></div>
</section>
```

2. 在下面的代码中，Number()函数的参数是一个对象，最终的结果为_____。

```
var numberObj = {
  valueOf: function() {
    return {};
  },
  toString: function() {
    return "10";
  }
};
Number(numberObj);
```

3. 以下代码最终在控制台输出的结果为_____。

```
var a = {},
    b = { name: "ping" },
    c = { name: "wen" };
a[b] = 10;
a[c] = 20;
console.log(a[b]);
```

4. 执行下面的代码，在控制台依次输出_____、_____和_____。

```
function outer() {
  var a = 1;
  double = function() {
    this.a *= 2;
    console.log(this.a);
  };
  function inner() {
    console.log(a);
  }
  return inner;
}
var result = outer();
result();
double();
result();
```

5. 下面是两个 React 类组件，在它们的构造函数中，假设接收到的 props 都为{name: "strick"}。在 Btn1 组件中，this.props 输出的值为_____；在 Btn2 组件中，this.props 输出的值为_____。

```
class Btn1 extends React.Component {
  constructor(props) {
    super(props);
    console.log(this.props);
  }
}
class Btn2 extends React.Component {
  constructor(props) {
    super();
    console.log(this.props);
  }
}
```

四、问答题

1. 请描述下面代码的作用。

   ```
   <ul role="listbox">
      <li role="option">蓝色</li>
      <li role="option" aria-selected="true">红色</li>
   </ul>
   ```

2. 元素属性 src 和 href 有何区别？
3. 伪元素 ::before 和 :before 有什么区别？
4. 使用过 calc() 函数吗？它是什么？有什么作用？
5. 在移动端，经常会做一屏的专题页面。如何设置元素的高度，使得页面的背景能铺满整个屏幕？
6. 什么是 RESTful API？如何设计 RESTful API？
7. 请说明 JavaScript 中的原生对象（native objects）和宿主对象（host objects）。
8. 有没有使用过自动化构建工具？如果使用过，那么对其做简单的描述。
9. 模板字面量有哪些局限？
10. 函数的 length 属性有什么作用？
11. Promise 包含几种状态？
12. 什么是 React 的 diff 算法？
13. 在 React 中，什么是 Portal？
14. Redux 和 Flux 有哪些区别？
15. 请简单介绍一下 npm 所采用的版本规范。
16. webpack 中的模块热替换是指什么？
17. 在 Vue 中，当数据对象的属性和 methods 选项中的方法同名时，会怎么样？
18. 如何理解 Vue 的函数式组件？
19. 什么是装饰器？

五、编程题

1. 在移动端使用伸缩盒，怎样才能实现下图的效果，伸缩容器内只显示一行文本，溢出的内容用省略号替换？

   ```
   内容溢出内容溢出内容溢...
   ```

2. 如何判断某一年是闰年？
3. 用 JavaScript 封装一个函数，可实现整数的千分位逗号分隔符（不用考虑小数），如 12345 用 12,345 表示。
4. 用 JavaScript 对下面数组进行降序排列，即根据 a 属性的值从大到小排列。

   ```
   var arr = [{a:3}, {a:2}, {a:1}, {a:5}, {a:4}];
   ```

5. 如何纠正 React 事件处理程序中 this 的指向？

六、面试题

1. 你如何面对压力？
2. 你为什么离开了原来的公司？

真题 9 某知名生活消费类网站前端工程师笔试题

一、单选题

1. 以下比较适合表示侧边栏的语义化元素的是（   ）。
   A．nav   B．aside   C．article   D．dialog
2. 在下面的选项中，表示 Web 安全色的是（   ）。
   A．#BF4519   B．#FF6600   C．#CF6D78   D．#90ED34
3. 下面是一段 JSON 格式的数据，符合 JSON 规范的属性是（   ）。

   ```
   {
     "age": 010,
     "height": 1.,
     "name": 'pingwen',
     "weight": 20
   }
   ```

   A．age   B．height   C．name   D．weight
4. 执行下面的代码，在控制台分别输出（   ）。

   ```
   var a = 1;              //全局变量
   var func = (function() {
       var a = 2;
       return function() {
           a++;
           console.log(a);
       };
   })();
   func();
   func();
   ```

   A．2 和 2   B．NaN 和 NaN   C．2 和 3   D．3 和 4
5. 一个广域网和一个局域网相连，需要的设备是（   ）。
   A．NIC   B．网关   C．集线器   D．路由器
6. 对于 IP 地址 200.5.6.4，属于（   ）类地址。
   A．A   B．B   C．C   D．D
7. 下面不是进程和程序的区别的是（   ）。
   A．程序是一组有序的静态指令，进程是一次程序的执行过程
   B．程序只能在前台运行，而进程可以在前台或后台运行
   C．程序可以长期保存，进程是暂时的
   D．程序没有状态，而进程是有状态的
8. 已知数组序列为{46，36，65，97，76，15，29}，以 46 为关键字进行一趟快速排序后，结果为（   ）。
   A．29 36 15 46 76 97 65   B．29 15 36 46 76 97 65
   C．29 36 15 46 97 76 65   D．15 29 36 46 97 76 65
9. 无向图 G=（V，E），其中 V={a，b，c，d，e，f}，E={<a，b>，<a，e>，<a，c>，

<b, e>, <e, f>, <f, d>, <e, d>}，对该图进行深度优先排序，得到的顶点序列正确的是（　　）。
  A．a, b, e, c, d, f   B．a, c, f, e, b, d
  C．a, e, b, c, f, d   D．a, e, d, f, c, b

二、多选题

1．以下属性能让 script 元素在下载时不阻塞 HTML 文档解析的是（　　）。
  A．crossorigin   B．type   C．defer   D．async

2．用 CSS 把一个宽和高都为 100 px 的正方形变成圆形，可以实现此效果的选项有（　　）。
  A．border-radius: 50%   B．border-radius: 100%
  C．border-radius: 50px   D．border-radius: 0

3．下面对 TCP 的描述中，正确的是（　　）。
  A．TCP 是一种面向连接的通信协议   B．TCP 位于 OSI 参考模型的传输层中
  C．TCP 没有重传控制   D．TCP 没有拥塞控制

三、填空题

1．假设视口的宽为 50 px，高为 70 px，执行下面的代码后，div 元素的宽经过计算后为 _____ px，高为 _____ px。

```
div {
    width: 10vmax;
    height: 10vmin;
}
```

2．执行下面的代码，得到的结果为 _____。

```
Array.prototype.isPrototypeOf([1, 2])
```

3．在下面的代码中，调用了 3 次 test() 方法，得到的结果分别是 _____、_____ 和 _____。

```
var str = "pw1",
    pattern1 = /\d/,
    pattern2 = /\d/g;
pattern1.test(str);
pattern2.test(str);
pattern2.test(str);
```

4．执行下面的代码，最后在控制台输出的值为 _____。

```
(function() {
    var age = 1;
    var obj = {
        age: 10,
        double: function() {
            age *= 2;
        }
    };
    obj.double();
    console.log(age + obj.age);
})();
```

四、问答题

1．img 元素中的 title 和 alt 属性有何区别？

2．外部样式可用 link 元素引用，代码如下所示，其中 rel 属性的作用是什么？

```
<link rel="stylesheet" type="text/css" href="css/style.css" />
```

3．伪类:first-child 与:first-of-type 有什么区别？
4．什么叫 Web 安全色？
5．在 CSS 中使用 background:transparent 与 opacity:0 有什么区别？
6．请描述一下 TCP 三次握手的过程。
7．请简单描述一下你所理解的原型链。
8．前端为什么提倡模块化开发？
9．ES6 是否扩展了对象字面量中的属性名？
10．什么是块级函数？
11．如何理解 thenable？
12．diff 算法在执行时会有哪些策略？
13．如何让 React 组件不在页面上渲染 HTML 元素？
14．Redux 有哪些缺点？
15．在 npm 中，包和模块有什么区别？
16．如何理解 webpack 中的 Tree Shaking？
17．请谈一下你对 Vue 响应式原理的理解。
18．在 Vue 中，什么是插件？怎么使用？
19．装饰器的执行顺序是怎么样的？

五、编程题

1．用 CSS 中的定位实现元素的水平居中。
2．如何计算两个日期相隔的天数？
3．编写一个函数，用于清除字符串前后的空格。
4．取出下面数组中的最大值。

```
var list = [3, 2, 1, 5, 4];
```

5．如何将额外参数传递给 React 的事件处理程序？

六、面试题

1．你为什么更倾向于我们公司？
2．我们为什么要录用你？

真题 10 某知名门户网站前端工程师笔试题

一、单选题

1．以下并非是 HTML 元素的布尔属性的是（　　）。

　　A．disabled　　　　B．check　　　　C．readonly　　　　D．selected

2．执行下面的代码后，span 元素的宽度是（　　）。

```
span {
    position: absolute;
    top: 10px;
    left: 20px;
    width: 100px;
```

```
height: 50px;
padding: 10px;
}
```
  A．120 px B．100 px C．60 px D．由内容决定

3．能正确匹配正则表达式/^\d+*[^\w]*[\w]{1}$/的是（　　）。

  A．123*A1 B．123*$$ C．123*AA D．123*$A

4．当建立 TCP 连接时，下面发送的数据包顺序正确的是（　　）。

  A．SYN，SYN+ACK，ACK B．SYN，ACK，SYN

  C．SYN，ACK，SYN+ACK D．ACK，SYN+ACK，ACK

5．PING 命令使用 ICMP 以下的（　　）代码类型。

  A．重定向 B．Echo 响应 C．源抑制 D．目标不可达

6．当路由器接收的 IP 报文的目的地址不是本路由器的接口 IP 地址，并且在路由表中未找到匹配的路由项，则采取的策略是（　　）。

  A．丢掉该分组   B．将该分组分片

  C．转发该分组   D．将分组转发或分片

7．在主存和 CPU 之间增加 Cache 的目的是（　　）。

  A．增加内存容量

  B．为程序员编程提供方便

  C．解决 CPU 与内存间的速度匹配问题

  D．提高内存工作的可靠性

8．若输入序列已经是排好序的，下列排序算法中，速度最快的是（　　）。

  A．插入排序 B．Shell 排序 C．归并排序 D．快速排序

9．一个具有 8 个顶点的连通无向图，最多有（　　）条边。

  A．28 B．7 C．26 D．8

二、多选题

1．通过元素的事件属性嵌入的脚本，代码如下所示，它的缺点是（　　）。

```
<input type="button" onclick="print()" />
```

  A．不可复用   B．不能用于复杂的函数声明

  C．可读性低   D．不能实时调试

2．下面关于 border:none 以及 border:0 的区别的描述中，错误的是（　　）。

  A．当 border 为 none 的时候，边框无外观

  B．当 border 为 0 的时候，边框宽度为 0

  C．当 border 为 none 的时候，边框宽度为 0

  D．只要定义了边框宽度，就能显示边框

3．在 jQuery 中，能遍历同辈结点的方法是（　　）。

  A．siblings() B．closest() C．children() D．next()

三、填空题

1．执行下面的代码后，p 元素的字体大小为_____。

```
<style>
section {
```

```
            font-size: 32px;
        }
        section > div {
            font-size: 50%;
        }
    </style>
    <section>
        <div>
            <p>文字说明</p>
        </div>
    </section>
```

2. 下面代码最终的打印结果是_____。

```
var obj1 = {
    names: []
};
var obj2 = obj1.names;
obj2.push("strick");
console.log(obj1.names);
```

3. 执行下面的代码后，arr1.length 为_____。

```
var arr1 = "ping".split(""),
    arr2 = arr1.reverse(),
    arr3 = "pw".split("");
arr2.push(arr3);
```

4. 执行下面的代码，obj1 对象的 name 属性值为_____。

```
var obj1 = { age: 10 },
    obj2 = obj1;
obj1.name = obj2 = { age: 20 };
```

四、问答题

1. CSS 有几种引入方式？它们有哪些区别？
2. 下面代码中的图像是否会被延迟下载？为什么？

    ```
    <link rel="stylesheet" href="css/style.css" type="text/css" />
    <script>
        setTimeout(function() {
            console.log(123);
        }, 3000);
    </script>
    <img src="img/lake.png" />
    ```

3. 请说一下对元素浮动（float）的理解。
4. CSS 中的 @font-face 有什么作用？
5. 请说一下对 CSS 中行高（line-height）的理解。
6. TCP 为什么采用三次握手，而不是二次握手？
7. 用 new 运算符创建对象时，如 new Fn()，具体的创建过程有哪几步？
8. Zepto 和 jQuery 有哪些区别？
9. 请谈一下你对 Symbol 的理解。
10. new.target 是由 ES6 引入的一个元属性，它有何用途？
11. Promise.resolve()有什么作用？

12. 请描述一下 React 的组件。
13. HTML 和 React 对事件的处理有哪些区别？
14. react-redux 库中的 mapStateToProps()和 mapDispatchToProps()各有什么作用？
15. npm 有哪些常用的应用场景？
16. 如何清理 webpack 输出目录中的文件？
17. Vue 实例常用的生命周期包括哪些？
18. 在 Vue Router 中，什么是导航守卫？

五、编程题

1. 用 CSS 中的表格盒类型（即把 display 属性设为表格相关的盒类型）实现元素的垂直居中。
2. 如何将字符串"get-element-by-id"转化成驼峰表示法的"getElementById"？
3. 用数组方法把下面数组中的元素加起来，得到的和赋给 result 变量。
   var arr = [1, 2, 3, 4, 5], result;
4. 编写一个函数，它没有参数，函数的返回值是一个数组，数组内是 8 个随机且不重复的整数，整数范围在[5, 20]之间。
5. 在 React v16 中怎么使用错误边界？
6. Vue 的:style 可接收哪几种类型的值？

六、面试题

你的职业规划是什么？

真题 11　某知名互联网金融企业前端工程师笔试题

一、单选题

1. 以下选项表示虚元素的是（　　）。
   A．input　　　　B．div　　　　C．script　　　　D．textarea
2. 假设有个宽和高都是 100 px 的 div 元素，它有两个子元素 section，宽和高都是 50 px。第一个设为绝对定位，第二个设为固定定位，代码如下所示。当两个元素都偏移到了父元素的外面，并且父元素设置了溢出内容会被裁剪时，第一个 section 元素会（　　），第二个 section 元素会（　　）。

```
<style>
  .container {
    position: relative;
    overflow: hidden;
  }
  .absolute {
    position: absolute;
    left: 120px;
    top: 10px;
  }
  .fixed {
    position: fixed;
    left: 10px;
```

```
        top: 120px;
      }
    </style>
    <div class="container">
      <section class="absolute">absolute</section>
      <section class="fixed">fixed</section>
    </div>
```

  A．裁剪　显示 B．裁剪　裁剪 C．显示　显示 D．显示　裁剪

3．在下面代码中，用两种方式为<button>元素注册单击事件。第一种方式是将 func()函数直接赋给元素的 onclick 属性，第二种方式是在事件处理程序中调用 func()函数。这两种方式中的 this 分别指向（　　）。

```
<button type="button" id="btn">提交</button>
<script>
  var btn = document.getElementById("btn");
  function func() {
    console.log(this);
  }
  btn.onclick = func;              //方式一
  btn.onclick = function() {       //方式二
    func();
  };
</script>
```

  A．Window Window   B．Window Button
  C．Button Window   D．Button Button

4．内联样式是指在元素的全局属性 style 中定义 CSS 样式，代码如下所示，对内联样式的描述错误的是（　　）。

```
<p style="color:red">Pwstrick</p>
```

  A．它的特殊性最高   B．不能定义伪类和伪元素
  C．声明简便，即时生效   D．可在当前文档中重用

5．闭包的特性不包括（　　）。
  A．降低内存的使用量   B．变量不会被垃圾回收
  C．访问其他作用域中的变量   D．保存变量的引用

6．以下不可以查看某 IP 是否可达的方式/命令是（　　）。
  A．telnet B．PING C．tracert D．top

7．下列功能中，能使 TCP 准确可靠地从源设备到目的地设备传输数据的是（　　）。
  A．封装 B．流量控制 C．无连接服务 D．编号和定序

8．对于顺序存储的线性数组，访问结点和增加结点、删除结点的时间复杂度分别为（　　）。
  A．O(n)，O(n) B．O(n)，O(1) C．O(1)，O(n) D．O(n)，O(n)

9．现有一个约为 50000 的数列需要进行从小到大排序，数列特征是基本逆序（多数数字从大到小，个别乱序），以下排序算法中，在事先不了解数列特征的情况下性能大概率最优（不考虑空间限制）的是（　　）。
  A．冒泡排序 B．堆排序 C．选择排序 D．快速排序

二、多选题

1. 为 meta 元素的 name 属性定义为 viewport 后，在 content 属性中定义的关键字可以是（　　）。

   A．width　　　　　　　　　　　B．initial-scale

   C．maximum-scale　　　　　　　D．user-scalable

2. 以下选项表示 CSS 中的通用字体系列的是（　　）。

   A．sans-serif　　　　　　　　　B．cursive

   C．fantasy　　　　　　　　　　D．Microsoft YaHei

3. 在以下选项中，表示全局函数的有（　　）。

   A．ceil()　　　B．parseInt()　　　C．stringify()　　　D．isNaN()

三、填空题

1. 执行下面的代码后，p 元素的 left 属性值为_____px，top 属性值为_____px。

```
<style>
    div {
        width: 200px;
        height: 100px;
        position: relative;
    }
    div p {
        position: absolute;
        left: 50%;
        top: 50%;
    }
</style>
<div>
    <p></p>
</div>
```

2. ~{} 等于_____，~1.25 等于_____。

3. 执行下面的代码后，arr 数组的值为_____。

```
var arr = [4, 1, 5, 2, 3];
arr.sort(function(a, b) {
    return a > b;
});
```

4. 执行下面的代码，在控制台依次输出的值为_____、_____、_____ 和_____。

```
function digit(i) {
    if (i == 2) {
        i++;
    } else if (i == 3) {
        i += 2;
    } else if (i == 4) {
        ++i;
    }
    return i;
}
```

```
for (var i = 1; i < 5; i++) {
    console.log(digit(i));
}
```

四、问答题

1. JavaScript 有几种引入方式？它们有哪些区别？
2. meta 元素可以定义文档的哪些元数据？
3. 执行下面的代码，效果如下图所示，虽然给 p 元素定义了 15 px 的上外边距，但为何失效了？

```
<style>
    div {
        float: left;
        width: 80px;
        height: 80px;
        background: #FFCC00;
    }
    p {
        clear: both;
        margin-top: 15px;
    }
</style>
<section>
    <div></div>
    <p>已设置上外边距</p>
</section>
```

4. 绝对定位（absolute）和浮动（float）有哪些异同？
5. 字体风格（font-style）有两个关键字，分别是 italic 和 oblique，它们有什么区别？
6. 请描述一下 TCP 四次挥手的过程。
7. 全局函数 eval() 有什么作用？
8. 什么是 MVVM 模式？
9. 如何理解 ES6 中的内置符号？
10. 箭头函数有哪些注意点？
11. 在 ES6 中，什么是代理？
12. 在 React 中，如何选择类组件和函数组件？
13. React 中的合成事件是什么？
14. 能否在 Reducer 函数中派发一个 Action？
15. 在 npm 中，什么是域级包（Scoped Package）？
16. webpack-merge 插件有什么作用？

17．请谈一下你对 Vue 的理解。

18．Vue Router 有几种路由模式？

五、编程题

1．用伸缩盒实现子元素的水平和垂直居中。

2．不用循环语句（如 for、while 等）创建一个长度为 50 的数组，每个元素的值等于它的索引。

3．用递归实现一个简单的函数，返回一个布尔值，检测某个字符串是否为回文，例如，"aabaa"返回 true，而"aabcc"返回 false。

4．编写一个函数，求字符串的字节数。

5．下面是一个 Context 的示例，其中 Son 组件包含了多个 Consumer 组件，该示例存在性能方面的问题，该如何解决？

```
const Context = React.createContext();
class Grandpa extends React.Component {
  render() {
    return (
      <Context.Provider value={{name: "strick"}}>
        <Son />
      </Context.Provider>
    );
  }
}
```

6．什么是 Vue 的单文件组件？如何使用？

六、面试题

你对薪资有什么要求？

真题 12　国内某知名网络设备提供商前端工程师笔试题

一、单选题

1．以下表示替换元素的是（　　）。
　　A．span　　　　　B．div　　　　　C．img　　　　　D．p

2．假设 4 个 section 元素处于相同的层叠上下文中，并且都被设为了绝对定位，然后分别给 4 个 section 元素定义 z-index 属性，代码如下所示。叠放在最上面的背景色是（　　）。

```
.zindex1 {
  background: blue;
  z-index: auto;
}
.zindex2 {
  background: red;
  z-index: -1;
}
.zindex3 {
```

```
      background: black;
      z-index: 0;
    }
    .zindex4 {
      background: yellow;
      z-index: 1;
    }
```
    A．blue   B．red   C．black   D．yellow

3．执行下面代码后在控制台输出的结果是（　　）。
```
name = "freedom";    //全局变量
var obj = {
  name: "strick",
  func: function() {
    var self = this;
    console.log(this.name);
    (function() {
      console.log(this.name);
      console.log(self.name);
    })();
  }
};
obj.func();
```
    A．"strick" "freedom" "strick"　　　　　　B．"strick" undefined "freedom"
    C．"freedom" "freedom" "freedom"　　　　D．"freedom" "strick" "strick"

4．在以下 iframe 元素的属性中，用于设置嵌入文档的安全规则的是（　　）。
    A．seamless   B．sandbox   C．scrolling   D．src

5．在下面的表达式中，能返回 false 的是（　　）。
    A．1 == true   B．"" == false
    C．null == undefined   D．false == null

6．HTTPS 采用（　　）实现安全网站访问。
    A．SSL   B．IPSec   C．PGP   D．SET

7．操作系统不执行以下操作中的（　　）。
    A．分配内存   B．输出/输入
    C．资源回收   D．用户访问数据库资源

8．在有 n 个结点的顺序表中，算法的时间复杂度是 O(1) 的操作是（　　）。
    A．访问第 i 个结点（1<=i<=n）和求第 i 个结点的直接前驱（2<=i<=n）
    B．在第 i 个结点后插入一个新结点（1<=i<=n）
    C．删除第 i 个结点（1<=i<=n）
    D．将 n 个结点从小到大排序

9．下面排序算法中，初始数据集的排列顺序对算法的性能无影响的是（　　）。
    A．堆排序   B．插入排序   C．冒泡排序   D．快速排序

二、多选题
1．在以下 a 元素的 href 属性中，使用"javascript:"伪协议实现的特殊功能有（　　）。

A. 禁止元素的默认行为   B. 调用函数
C. 制作浏览器书签   D. 声明函数

2. 过渡（transition）的子属性包括（   ）。
A. transition-property   B. transition-duration
C. transition-delay   D. transition-timing-function

3. 在执行时会发生异常的语句是（   ）。
A. var obj = ()   B. var obj = //
C. var obj = {}   D. var obj = []

三、填空题

1. 执行下面的代码，p 元素经过计算后的 margin 为_____px，padding 为_____px。

```
div {
    width: 200px;
    height: 100px;
}
div > p {
    margin: 10%;
    padding: 10%;
}
```

2. 执行下面的代码，result 的值为_____。

```
var arr = [1, 2, 3, 4, 5], result;
result = arr.splice(-2);
```

3. 下面代码执行后，控制台会输出 age 变量，它的值是_____。

```
var age = 30;
function func() {
    if (!age) {
        var age = 28;
    }
    console.log(age);
}
func();
```

4. 执行下面的代码，在控制台依次输出的值为_____、_____和_____。

```
function add() {
    var number = 0;
    return function() {
        console.log(number++);
    };
}
var func1 = add(),
    func2 = add();
func1();
func1();
func2();
```

四、问答题

1. 什么是锚点？

2．什么是分区响应图？

3．在默认情况下，当 img 元素（即图像）和 span 元素（即文本）混排时，图像下方会留出几个像素的空隙（见下图），这是为什么？

备注：My name is pwstrtick

4．什么是 CSS Sprite？它有何利弊？
5．CSS 中的过渡与动画有哪些区别？
6．TCP 有哪些重传机制？
7．JSON 格式的数据与 XML 格式的数据相比，有哪些优势？
8．CDN 是什么？
9．模块的默认值是指什么？
10．箭头函数中是否包含 this？如包含，this 从哪里继承？
11．什么是反射？
12．什么是 PureComponent（纯组件）？
13．请简单介绍一下 react-dom 库。
14．请描述一下 React Redux 中的容器组件和展示组件。
15．package-lock.json 是什么文件？有什么作用？
16．请谈一下你对 Git 的理解。
17．Vue 和 React 有哪些不同？
18．如何重用 Vuex 中的模块？

五、编程题

1．如何让一个浮动中的元素水平居中？
2．设计一个函数能够补全整数的前置零，例如，为 3 补全两个前置零，得到的结果为"003"。
3．请封装一个函数，用于判断某个数是否为质数。
4．实现一个 isArray()函数，可判断传入的参数是否是数组。
5．如何使用 Render Props？
6．在 Vue 的自定义事件中，父组件怎么接收从子组件传来的参数？

六、面试题

女程序员如何成为职场"花木兰"？

真题 13 国内某知名手机制造商前端工程师笔试题

一、单选题

1．不能作为 meta 元素中的 name 属性值的选项是（　　）。
　　A．description　　B．keyword　　C．author　　D．viewport
2．能让元素中的文本强制换行的是（　　）。
　　A．overflow: scroll　　　　　　　B．word-break: break-all

C．text-overflow: ellipsis　　　　　　D．word-wrap: normal
3. 下面对 Window 对象的 pageYOffset 属性的描述中，正确的是（　　）。
   A．滚动条到视口顶端的距离　　　　　B．滚动条到视口底部的距离
   C．滚动条到视口左边的距离　　　　　D．滚动条到视口右边的距离
4. 把 CSS3 新增的 background-size 属性设为下面的（　　），能在保持原图像的宽高比的前提下，缩放到能放进背景区的尺寸。
   A．auto　　　　B．contain　　　　C．cover　　　　D．100% 100%
5. 应用程序 PING 发出的是（　　）报文。
   A．ICMP 应答　　B．TCP 请求　　C．TCP 应答　　D．ICMP 请求
6. 以下命令中，可以用来查看当前系统启动时间的是（　　）。
   A．w　　　　　B．top　　　　　C．ps　　　　　D．uptime
7. 二叉树是非线性数据结构，以下关于其存储结构的描述中，正确的是（　　）。
   A．它不能用链式存储结构存储
   B．它不能用顺序存储结构存储
   C．顺序存储结构和链式存储结构都不能使用
   D．顺序存储结构和链式存储结构都能存储
8. 假设某文件经内排序后得到 100 个初始归并段（初始顺串），若使用多路归并排序算法，且要求三趟归并完成排序，问归并路数最少为（　　）。
   A．8　　　　　B．7　　　　　C．6　　　　　D．5
9. 对于一个具有 n 个顶点的无向图，若采用邻接表数据结构表示，则存放表头结点的数组大小为（　　）。
   A．n　　　　　B．n+1　　　　C．n-1　　　　D．n+边数

二、多选题
1. 在严格模式中会抛出错误的是（　　）。
   A．function sum(x, x){ }　　　　　B．delete window.location
   C．var x = 010　　　　　　　　　D．var eval = "strick"
2. 下面对 HTTPS 的描述中，正确的是（　　）。
   A．HTTPS 能保障报文的完整性　　　B．HTTPS 是 HTTP 的安全版本
   C．HTTPS 中的数据以密文传递　　　D．HTTPS 不能验证通信两端的身份
3. 浏览器可以实现自己私有的属性，私有属性之前都会加一个特有的前缀，下面的前缀不是-webkit-的有（　　）。
   A．Chrome　　B．IE　　　　　C．Firefox　　　D．Safari

三、填空题
1. 执行下面的代码，div 元素经过计算后，水平位移_____px，垂直位移_____px。

```
div {
    width: 200px;
    height: 100px;
    padding: 10px;
    transform: translate(50%, 50%);
```

}

2. 执行下面的代码，result 的值为_____。

```
var arr = [1, 2, 3, 4, 5], result;
result = arr.slice(NaN, 1);
```

3. 下面代码执行后，控制台会输出 name 变量，它的值是_____。

```
var name = "strick";
function func1() {
  console.log(name);
}
function func2() {
  var name = "freedom";
  function inner() {
    func1();
  }
  inner();
}
func2();
```

4. 执行下面的代码，在控制台会输出_____和_____。

```
function outer() {
  console.log(a);
  var a = 1;
  console.log(inner());
  function inner() {
    return a;
  }
}
```

四、问答题

1. a 元素除了可以用于导航外，还有什么其他的功能？
2. 请列举几个 HTML5 新增的图像相关的语义化元素。
3. 在下面的代码中，为第一个 span 元素设置了 vertical-align 属性（即垂直对齐），代码执行后，可以得到下图右边部分的效果，下图左边部分是没有设置 vertical-align 属性时的效果。虽然设置了第一个 span 元素，但第二个元素的垂直对齐也被影响了，这是为什么？

```
<style>
  p {
    line-height: 40px;
  }
  .first {
    font-size: 30px;
    background: rgb(242, 242, 242);
    vertical-align: middle;
  }
  .second {
    font-size: 20px;
    background: rgb(0, 176, 240);
  }
</style>
<p>
  <span class="first">备注：</span>
```

```
<span class="second">My name is pwstrtick</span>
</p>
```

备注：My name is pwstrtick   备注：My name is pwstrtick

4. 背景图像可以用 Data URI 描述，那什么是 Data URI？
5. 设置了元素的过渡后，不能立刻看到效果，需要有触发条件。请列举可用的触发条件。
6. 请谈一下对 UDP 的理解。
7. 函数声明和函数表达式有哪些区别？
8. 平时会用到哪些方法来优化页面的性能？
9. 代码模块化有哪些限制？
10. 如何理解尾调用优化？
11. 请介绍一下 React 组件中的 state。
12. 请列举出你所知的 React 支持的指针事件。
13. 什么是 redux-devtools？
14. 什么是 Babel？
15. 什么是版本控制系统？
16. 为什么要避免同时使用 v-for 和 v-if 两条指令？
17. 如何开启 Vuex 的严格模式？它有什么作用？

五、编程题

1. 用 meta 元素的两种声明方式，把当前 HTML 文档中的内容用 UTF-8 进行编码。
2. 请封装一个函数，可序列化 URL 中的查询字符串，也就是把字符串转换为一个包含所有参数的对象。
3. 请设计一个函数，用于判断一个 HTML 元素是另一个 HTML 元素的后代。例如，下面 HTML 文档中的<span>和<li>元素是<ul>元素的后代。

```
<ul>
  <li>
    <span></span>
    <span></span>
  </li>
</ul>
```

4. 用 CSS 为下面的 div 元素添加一组动画。在 3 s 的时间中，水平位移 100 px，并且同时放大 1.5 倍，最后再用 3 s 时间逆向返回并恢复成原先的大小，动画结束。

```
div {
  width: 100px;
  height: 100px;
  background: #F60;
}
```

5. 请用代码演示 React 中的渲染劫持。
6. 如何在 Vue Router 中配置 404 页面？

六、面试题

你平时读的专业书籍有哪些？

真题 14　某知名大数据综合服务提供商前端工程师笔试题

一、单选题

1. 某个页面被嵌在 iframe 元素中，并且页面中有一个 a 元素。将 a 元素的 target 属性设为下面（　　）关键字后，可在新窗口中显示链接的资源。

   A．_self　　　　　　B．_blank　　　　　　C．_parent　　　　　　D．_top

2. 要在文本下面添加一条红色的波浪线，需要为元素设置（　　）。

   A．text-decoration: underline wavy red

   B．text-decoration: overline

   C．text-decoration-style: wavy

   D．text-decoration-color: red

3. 下列选项可以获得 Select 元素（选择框）中选中项的索引的是（　　）。

   A．selectedIndex　　B．selected　　　　C．index　　　　D．options

4. 把 CSS 属性 background-attachment 设为下面的（　　），能把背景图像附着到内容上，使得图像会随着内容一起滚动。

   A．local　　　　　　B．scroll　　　　　　C．fixed　　　　　　D．auto

5. 以下用于用户拨号认证的是（　　）。

   A．PPTP　　　　　　B．IPSec　　　　　　C．L2TP　　　　　　D．CHAP

6. 如果系统的 umask 设置为 244，那么创建一个新文件后，它的权限是（　　）。

   A．--w-r--r--　　　　B．-r-xr--r--　　　　C．-r---w--w-　　　　D．-r-x-wx-wx

7. 线性表如果要频繁地执行插入和删除操作，该线性表采取的存储结构应该是（　　）。

   A．散列　　　　　　B．顺序　　　　　　C．链式　　　　　　D．索引

8. 对一个已经排好序的数组进行查找，时间复杂度为（　　）。

   A．O(n)　　　　　　B．O(logn)　　　　　C．O(nlogn)　　　　　D．O(1)

9. 图的广度优先搜索算法需使用的辅助数据结构为（　　）。

   A．三元组　　　　　B．队列　　　　　　C．二叉树　　　　　　D．栈

二、多选题

1. meta 元素的 http-equiv 属性所拥有的功能包括（　　）。

   A．定义 MIME 类型与字符编码　　　　　B．指定首选样式表

   C．执行重载或重定向　　　　　　　　　D．缩放视口

2. 下列选项属于 JavaScript 内置对象的是（　　）。

   A．String　　　　　B．Function　　　　C．RegExp　　　　D．Array

3. 典型的瀑布模型的 4 个阶段是（　　）。

   A．分析　　　　　　B．设计　　　　　　C．编码　　　　　　D．测试

三、填空题

1. 在表格中，两个相邻的单元格，有一条边框会共用，当一边的 border-style 设为 hidden，另一边的 border-style 设为 yellow 时，代码如下所示，最终的 border-style 属性的值为_____。

```
<tr>
  <td style="border-right-style:hidden"></td>
  <td style="border-right-style:yellow"></td>
</tr>
```

2. 下面分别用对象 obj 和 obj.child 调用 getName()方法，得到的结果是_____和_____。

```
var name = "freedom";      //全局变量
var obj = {
  name: "justice",
  getName: function() {
    return this.name;
  },
  child: {
    name: "strick",
    getName: function() {
      return this.name;
    }
  }
};
obj.getName();
obj.child.getName();
```

3. 下面代码执行后，在控制台会输出 b 变量，得到的结果是_____。

```
(function() {
  var a = b = 5;
})();
console.log(b);
```

4. 执行下面的代码，在控制台输出的 length 属性值为_____。

```
var arr = [];
arr[3] = 3;
arr.push(4);
console.log(arr.length);
```

四、问答题

1. 嵌入在 HTML 文档中的图像格式有哪些？都有些什么特点？
2. input 元素中的 form 属性有什么作用？
3. 什么是设备像素比？
4. 什么是响应式设计？
5. 在 CSS 中，可以将 line-height 设置为纯数字或百分数（代码如下所示），这两种赋值方式有何异同？

```
p {
  font-size: 20px;
  line-height: 1.2;      /*数字*/
  line-height: 120%;     /*百分数*/
}
```

}

6. 为什么说 HTTP 不安全？
7. Function 构造器有哪些功能？
8. 页面性能分析一般会关注哪些参数？
9. 请谈一下你对 Unicode 的理解。
10. WeakSet 和 Set 有哪些差异？
11. React 有哪些特点？
12. 请介绍一下 React 组件中的 props。
13. 什么是 react-window？
14. 什么是 redux-saga？
15. Babel 的可配置文件有哪几种？
16. Git 的快照是指什么？
17. Vue 的事件绑定方式相比于传统的 DOM 方式有哪些优势？
18. Vuex 的 Mutation 和 Action 有哪些区别？

五、编程题

1. 如何用 iframe 元素实现无刷新文件上传？
2. 创建一个<dd>元素，设置该元素的内容为 4，并插入到 id 属性为 "third" 的<dd>元素之前。要求不能使用第三方类库，只能用 DOM 方法实现。

```
<dl id="numbers">
    <dd>1</dd>
    <dd>2</dd>
    <dd id="third">3</dd>
</dl>
```

3. 有一个数组，其值为[1,[2,[3,4,2],2],5,[6]]，如何才能输出[1,2,3,4,2,2,5,6]？
4. 下面是一个有序的数组，接下来用二分查找搜索某个值，判断它是否在数组中。

```
var arr = [1, 2, 3, 4, 5, 6];
```

5. 如何在 React Router 中设置默认页面？
6. 如何在 Vue Router 中切换路由时，保持原先的滚动位置？

六、面试题

你有什么问题需要问我的吗？

真题 15 某知名社交类上市公司前端工程师笔试题

一、单选题

1. 以下图像格式支持 alpha 透明的是（　　）。

　　A. gif　　　　B. png　　　　C. jpeg　　　　D. bmp

2. 使用 CSS 属性 white-space 的（　　）关键字可以保留 HTML 文档中的空格、换行和 Tab 制表符。

　　A. normal　　　B. pre　　　　C. nowrap　　　D. pre-line

3. 下列 4 个选项都是 XHR 对象中的 readyState 属性的值，其中表示 Ajax 通信处于接收状态的是（　　）。

　　A．0　　　　　　B．1　　　　　　C．2　　　　　　D．3

4. 下面关于 Bootstrap 的描述中，错误的是（　　）。

　　A．Bootstrap 是一种前端类库

　　B．Bootstrap 给元素配置了合适的 ARIA 属性

　　C．Bootstrap 提供了栅格系统

　　D．Bootstrap 实现了响应式布局

5. 以下关于 TCP 的关闭过程的描述中，正确的是（　　）。

　　A．TIME_WAIT 状态称为 MSL（Maximum Segment Lifetime）等待状态

　　B．对一个 established 状态的 TCP 连接，在调用 shutdown 函数之前调用 close 接口，可以让主动调用的一方进入半关闭状态

　　C．主动发送 FIN 消息的连接端，收到对方回应 ack 之前不能发送只能接收，在接收到对方回复 ack 之后不能发送也不能接收，进入 CLOSING 状态

　　D．在已经成功建立连接的 TCP 连接上，如果一端收到 RST 消息，可以让 TCP 的连接端绕过半关闭状态并允许丢失数据

6. 在 bash 中，以下说法正确的是（　　）。

　　A．$#表示参数的数量　　　　　　　　B．$$表示当前进程的名字

　　C．$@表示当前进程的 pid　　　　　　D．$?表示前一个命令的返回值

7. 链表要求元素的存储地址（　　）。

　　A．必须连续　　　　　　　　　　　　B．部分连续

　　C．必须不连续　　　　　　　　　　　D．连续与否均可

8. 一个文件包含了 200 个记录，若采用分块查找法，每块长度为 4，则平均查找长度为（　　）。

　　A．30　　　　　　B．28　　　　　　C．29　　　　　　D．32

9. 用深度优先遍历方法遍历一个有向无环图，并在深度优先遍历算法中按退栈次序打印出相应的顶点，则输出的顶点序列是（　　）。

　　A．逆拓扑有序　　B．无序　　　　　C．拓扑有序　　　D．深度优先遍历序列

二、多选题

1. 以下对 a 元素功能的描述中，正确的是（　　）。

　　A．导航到其他网站　　　　　　　　　B．拨打电话

　　C．发送短信　　　　　　　　　　　　D．发送邮件

2. 执行下面的代码后，对 name 属性的描述中，错误的是（　　）。

```
var obj = {};
Object.defineProperty(obj, "name", {
    configurable: false
});
```

　　A．可以用 delete 运算符删除该属性

　　B．可以再把该属性的 configurable 特性设为 true

　　C．可以再修改可枚举特性（enumerable）

D．可写特性（writable）只能从 true 改为 false

3．以下可以工作于数据链路层的是（　　）。

　A．tcpdump　　　　B．集线器　　　　C．交换机　　　　D．路由器

三、填空题

1．执行下面的代码后，p 元素的字体颜色是_____。

```html
<meta http-equiv="Default-Style" content="red" />
<style title="red">
  p {
    color: red;
  }
</style>
<style title="blue">
  p {
    color: blue;
  }
</style>
```

2．在表格中，两个相邻的单元格，有一条边框会共用，当一边的 border-style 设为 none，另一边的 border-style 设为 yellow 时，代码如下所示，最终的 border-style 属性的值为_____。

```html
<tr>
  <td style="border-right-style:none"></td>
  <td style="border-right-style:yellow"></td>
</tr>
```

3．在下面代码中，将 obj 对象的 getName() 方法作为一个值，赋给 childName 变量，然后再执行它，得到的结果是_____。

```javascript
var name = "freedom";            //全局变量
var obj = {
  name: "justice",
  getName: function() {
    return this.name;
  }
};
var childName = obj.getName;
childName();
```

4．执行下面的代码，在控制台依次输出的值为_____、_____和_____。

```javascript
var a = 1;                       //全局变量
function func() {
  console.log(a);
  a = 2;
  console.log(this.a);
  var a;
  console.log(a);
}
func();
```

四、问答题

1．请列举几个 HTML5 新增的 input 元素的 type 类型（即 type 属性的值）。

2. 元素的布尔属性 disabled 和 readonly 有何区别？
3. 请谈一下对 CSS Hack 的理解。
4. 请谈一下对定位布局的理解。
5. HTTPS 有哪些缺点？
6. 执行下面的代码，为何输出的都是 3？

```
for (var i = 0; i < 3; i++) {
    setTimeout(function() {
        console.log(i);
    }, 0);
}
```

7. 请谈一下对闭包的理解。
8. 请谈一下用过的性能分析工具。
9. 什么叫 Unicode 标准化？
10. 如何理解 ES6 新增的数据结构 Map？
11. React 有哪些优点？
12. React 组件的 state 和 props 有哪些区别？
13. 请描述一下 React 中的受控组件和非受控组件。
14. 什么是 redux-thunk？
15. Babel 插件的执行顺序是怎样的？
16. Git 的工作区域由哪三部分组成？
17. Vue 中元素的 key 特性有什么作用？
18. 请谈一下你对 Vuex 的理解。

五、编程题

1. 用 canvas 元素画一个蓝底白字的矩形按钮，如下图所示。

2. 如何动态地添加外部脚本？
3. 用多种方式为下面的 <div> 元素设置一个名为 ui-border 的 CSS 类。
   `<div id="info"></div>`
4. 下面是一个带重复元素的数组，请将重复的元素只保留一个，多余的全部去除掉。
   `var arr = [1, 5, 4, 5, 2, 6, 6, "1"];`
5. 在 React 中，如何用浅层渲染进行测试？
6. 在 Vue Router 中，怎么实现路由懒加载？

六、智力题

有 A、B、C 3 个学生，他们中一个出生在西安，一个出生在武汉，一个出生在深圳。一个学化学专业，一个学英语专业，一个学计算机专业。其中①学生 A 不是学化学的，学生 B 不是学计算机的；②学化学的不出生在武汉；③学计算机的出生在西安；④学生 B 不出生在深圳。根据上述条件可知，学生 A 的专业是（　　）。

　　A．计算机　　　B．英语　　　　C．化学　　　　D．3 种专业都可能

真题 16　某知名互联网公司前端工程师笔试题

一、单选题

1. 下面的选项都是 input 元素的 type 属性值，其中 HTML5 新增的是（　　）。

　　A．hidden　　　B．text　　　　C．password　　　D．tel

2. 以下不属于 CSS 中的通用字体系列的是（　　）。

　　A．serif　　　　B．monospace　　C．SimSun　　　D．fantasy

3. CSS 属性 vertical-align 的默认值是（　　）。

　　A．super　　　B．top　　　　　C．baseline　　　D．text-bottom

4. 在下面的 CSS 类中，能变成 Bootstrap 提供的默认文本框样式的是（　　）。

　　A．.form-horizontal　　　　　　B．.form-control

　　C．.form-group　　　　　　　　D．.form-inline

5. 下列不属于 RTSP 的方法的是（　　）。

　　A．OPTIONS　　B．CALL　　　C．PLAY　　　　D．PAUSE

6. 在 bash 中，下列语句是赋值语句的是（　　）。

　　A．a="test"　　B．$a="test"　　C．a ="test"　　D．$a ="test"

7. 以链接方式存储的线性表（X1，X2，…，Xn），访问第 i 个元素的时间复杂度为（　　）。

　　A．O (1)　　　B．O (n)　　　　C．O (logn)　　　D．O (n^2)

8. 设某棵二叉树中有 360 个结点，则该二叉树的最小高度是（　　）。

　　A．7　　　　　B．9　　　　　　C．10　　　　　　D．8

9. 下列有关图的遍历的描述中，不正确的是（　　）。

　　A．有向图和无向图都可以进行遍历操作

　　B．基本遍历算法两种：深度优先遍历和广度优先遍历

　　C．图的遍历必须用递归实现

　　D．图的遍历算法可以执行在有回路的图中

二、多选题

1. 在下面的选项中，属于 a 元素的属性有（　　）。

　　A．download　　B．hreflang　　C．action　　　　D．src

2. 定义 txt 变量，指向一个<p>元素，以下能为该元素添加 CSS 类 primary 的选项有（　　）。

　　A．txt.class = "primary"　　　　B．txt.className = "primary"

　　C．txt.classList.add("primary")　　D．txt.classList.insert("primary")

3. 在使用浏览器打开一个网页的过程中，浏览器会使用的网络协议包括（　　）。

　　A．DNS　　　　B．TCP　　　　C．HTTP　　　　D．telnet

三、填空题

1. table 元素的 colspan 属性可用于_____，rowspan 属性可用于_____。
2. 执行下面的代码，经过计算后，p 元素的真实行高为_____px。

```
div {
    font-size: 18px;
    line-height: 14px;
}
div p {
    line-height: 50%;
}
```

3. 在下面的代码中，将 obj 对象的 getName()方法作为一个实参，传给 parentName()函数，然后再执行它，得到的结果是_____。

```
var name = "freedom";        //全局变量
var obj = {
    name: "justice",
    getName: function() {
        return this.name;
    }
};
function parentName(fn) {
    return fn();
}
parentName(obj.getName);
```

4. 执行下面的代码，在控制台会输出_____和_____。

```
var a = 1;                   //全局变量
(function() {
    console.log(++a);
    var a = 2;
    console.log(++a);
})();
```

四、问答题

1. HTML5 已废弃控制样式的属性，请列举几个这样的 table 元素的属性，并用合适的 CSS 属性替代。
2. iframe 元素有哪些缺点？
3. 在移动端通常会用弹性布局，请简单介绍一下弹性布局。
4. 为什么要重置浏览器中的 HTML 元素默认的 CSS 样式？
5. 什么是运营商劫持？有什么办法预防？
6. 请谈一下对 Node.js 的理解。
7. 什么是事件循环？
8. 请介绍下 HTTP 中的 Cache-Control 首部。
9. 正则表达式的 u 标志有什么作用？
10. 什么是迭代器？
11. React 有哪些局限？

12. 在 React 中，为什么不能像下面这样直接更新 state，而是需要调用 setState()函数？
    this.state.text = "提交";
13. React.strict Mode 是指什么？
14. 如何向 Redux 添加多个中间件？
15. 在 Babel 中，预设是指什么？
16. 请谈一下你对 Git 分支的理解。
17. 请列举你所知的 v-on 指令的修饰符。
18. TypeScript 是什么？

五、编程题

1. 请封装一个函数，模拟 getBoundingClientRect()方法，但只要返回元素到视口顶部（top）和左边（left）的距离。

2. 如何禁用下面 HTML 文档中的提交按钮？
   `<button type="submit" id="btn">提交</button>`

3. 用 JavaScript 为下面的<div>元素设置两个 CSS 属性：字体大小和宽度，把字体大小设为 18 px，宽度设为 100 px，请用多种方式实现。
   `<div id="info"></div>`

4. 为数字添加两个方法：add()和 minus()，分别表示加法和减法，例如，下面的代码相当于表达式 1+2-3。
   (1).add(2).minus(3)

5. 如何开发一个 Babel 插件？

6. TypeScript 支持混合类型的接口，即其成员包含函数、属性和方法（代码如下所示），如何实现这类接口？

```
interface Person {
    (name: string): boolean;
    age: number;
    getAge(): number;
}
```

六、智力题

1. 下列描述中，唯一错误的是（　　）。
   A．本题有 5 个选项是正确的　　B．选项 B 正确
   C．选项 D 正确　　　　　　　　D．选项 DEF 都正确
   E．选项 ABC 中有一个错误　　　F．如果选项 ABCDE 都正确，那么选项 F 也正确

2. 某团队负责人接到一个紧急项目，他要考虑在代号为 ABCDEF 这 6 个团队成员中的部分人员参加项目开发工作。人选必须满足以下几点：
   （1）AB 两人中至少一个人参加　（2）AD 不能都去　（3）AEF 3 个人中要派两个人参加
   （4）BC 两人都去或都不去　　　（5）CD 两人中有一人参加
   （6）若 D 不参加，E 也不参加
   那么最后参加紧急项目开发的人是（　　）。
   A．BCEF　　　　B．BCF　　　　C．ABCF　　　　D．BCDEF

真题 17　某知名网络安全公司校园招聘技术类笔试题

一、单选题

1．HTML5 为 input 元素新增了多个提交相关的属性，以下选项属于这一类属性的是（　　）。

　　A．formation　　　　B．enctype　　　　C．method　　　　D．novalidate

2．以下用来关联表头的单元格属性是（　　）。

　　A．colspan　　　　B．rowspan　　　　C．headers　　　　D．valign

3．能够缩放背景图像的 CSS 属性是（　　）。

　　A．background-clip　　　　　　　　B．background-attachment

　　C．background-position　　　　　　D．background-size

4．以下选项能实现无数次循环的动画是（　　）。

　　A．animation: drift 2s infinite both

　　B．animation: color 1s 5s steps(3)

　　C．animation: drift 2s 0 both

　　D．animation: color 0s alternate

5．HTTP 应答中的 500 错误指的是（　　）。

　　A．服务器内部错误　　　　　　　　B．文件未找到

　　C．客户端网络不通　　　　　　　　D．没有访问权限

6．使用 dkpg 命令安装的软件为（　　）。

　　A．.rpm　　　　B．.tar.gz　　　　C．.tar.bz2　　　　D．.deb

7．从表中任意一个结点出发可以依次访问到表中其他所有结点的结构是（　　）。

　　A．线性单链表　　B．双向链表　　C．循环链表　　D．线性链表

8．将一棵有 100 个结点的完全二叉树从根这一层开始，进行广度遍历编号，那么编号最小的叶子结点的编号是（　　）。

　　A．49　　　　B．50　　　　C．51　　　　D．52

9．当分析 XML 时，需要校验结点是否闭合，如必须有与之对应，用（　　）数据结构实现比较好。

　　A．链表　　　　B．树　　　　C．队列　　　　D．栈

二、多选题

1．HTML5 去除了 img 元素的一些过时属性，包括下面的（　　）。

　　A．align　　　　B．crossorigin　　　　C．border　　　　D．usemap

2．在下面的选项中，表示媒体查询中的媒体特性的有（　　）。

　　A．max-width　　　　　　　　B．aspect-ratio

　　C．device-pixel-ratio　　　　　D．device-width

3．下面是对称加密算法的有（　　）。
   A．DES　　　　　B．AES　　　　　C．DSA　　　　　D．RSA

三、填空题

1．如果要用 JavaScript 中的 setTimeout()函数来实现动画，那么执行函数的时间间隔设为_____ms 会比较合理。

2．1 instanceof Number 的返回值是_____，2 in [1,2]的返回值是_____。

3．执行下面的代码，结果的输出顺序是_____、_____、_____。
```
console.log(1);
setTimeout(function() {
  console.log(2);
}, 0);
console.log(3);
```

4．["1", "2", "3"].map(parseInt)得到的结果为_____，
　 ["1", "2", "3"].map(Number)得到的结果为_____。

四、问答题

1．请列举表格布局的弊端。
2．请列举几个 HTML5 新增的多媒体元素，并说明它们的功能。
3．请谈一下对 Normalize.css 的理解。
4．Sass 和 SCSS 有哪些区别？
5．HTTP/1.1 有哪些不足？
6．请谈一下对 npm 的理解。
7．在下面代码中，全局变量 age 没有事先声明，在控制台能否输出它的值？
```
console.log(age);
```
8．localStorage 和 sessionStorage 有哪些异同？
9．正则表达式的 y 标志有什么作用？
10．什么样的对象是可迭代的？
11．React.lazy()函数有什么作用？
12．React 元素的 key 属性有何作用？
13．Formik 库有什么作用？
14．什么是 React Router？
15．什么是@babel/polyfill？
16．在 Git 中，如何为提交的版本打标签？
17．Vue 为 v-model 指令提供了哪些修饰符？
18．TypeScript 中的 void 和 null 与 undefined 两种类型的区别是什么？

五、编程题

1．在下面的代码中，子元素 div 的宽度设为了百分数，如何用 JavaScript 获得经过计算后的真正宽度？
```
<style>
  .container {
    width: 100px;
    height: 100px;
```

```
        }
        #info {
            width: 10%;
        }
    </style>
    <section class="container">
        <div id="info"></div>
    </section>
```

2. 如何用 JavaScript 隐藏下面的提交按钮？
   `<button type="submit" id="btn">提交</button>`
3. 请封装一个注册事件的函数，要求能够跨浏览器运行。
4. 找出下面数组中重复出现的元素。
   `var arr = [1, 2, 2, 3, 4, 4, 5];`
5. 如何创建一个 Babel 预设？
6. 如何用 TypeScript 的接口来约束函数的结构？

六、智力题

甲、乙两个人在玩猜数字游戏，甲随机写了一个在[1,100]区间之内的数字，将这个数字写在了一张纸上，然后让乙来猜。

如果乙猜的数字偏小，甲会提示："数字偏小"。

一旦乙猜的数字偏大，甲以后就再也不会提示了，只会回答"猜对或猜错"。

问：乙至少猜多少次才可以准确猜出这个数字，在这种策略下，乙猜的第一个数字是什么？

真题 18　某知名互联网游戏公司校园招聘前端开发岗位笔试题

一、单选题

1. 以下专门用于播放音频的元素是（　　）。
   A．video　　　　B．source　　　　C．track　　　　D．audio
2. 下面对位图图像描述错误的是（　　）。
   A．由点和线组成　　　　　　　　B．常用于数码照片
   C．特点是色彩变化丰富　　　　　D．当无限放大时，图像会失真
3. transform 属性的值是一个变形函数，下面选项表示倾斜函数的是（　　）。
   A．translate()　　B．scale()　　　C．skew()　　　D．rotate()
4. 以下浏览器前缀能被 IE 支持的是（　　）。
   A．-ms-　　　　B．-webkit-　　　C．-moz-　　　D．-o-
5. 以下关于 RARP 的说法中，正确的是（　　）。
   A．RARP 用于对 IP 进行差错控制
   B．RARP 根据主机 IP 地址查询对应的 MAC 地址
   C．RARP 根据 MAC 地址求主机对应的 IP 地址
   D．RARP 根据交换的路由信息动态改变路由表

6. 批处理操作系统的目的是（　　）。
   A．提高系统资源利用率　　　　　　B．提高系统与用户的交互性能
   C．减少用户作业的等待时间　　　　D．降低用户作业的周转时间
7. 以下关于链式存储结构的描述中，错误的是（　　）。
   A．查找结点时链式存储比顺序存储快　　B．每个结点由数据域和指针域组成
   C．比顺序存储结构的存储密度小　　　　D．逻辑上不相邻的结点物理上可能相邻
8. 已知一棵二叉树，如果先序遍历的结点顺序为 ADCEFGHB，中序遍历的结点顺序为 CDFEGHAB，则后序遍历的结点顺序为（　　）。
   A．CFHGEBDA　　　　　　　　　B．CDFEGHBA
   C．FGHCDEBA　　　　　　　　　D．CFHGEDBA
9. 一棵哈夫曼树有 4 个叶子，则它的结点总数为（　　）。
   A．5　　　　　B．6　　　　　C．7　　　　　D．8

二、多选题
1. 每张表格都需要包含几个元素，这些元素是（　　）。
   A．table　　　　B．tr　　　　C．td　　　　D．tbody
2. 在一条媒体查询中，有可能包含一些操作符，在下面选项中，合法的操作符是（　　）。
   A．or　　　　　B．and　　　　C．not　　　　D．all
3. 在以下工具中，可以显示源机器与目标机器之间的路由数量，以及各路由之间的 RTT 的是（　　）。
   A．Traceroute　　B．PING　　　C．FTP　　　　D．Telnet

三、填空题
1. 将 ul 元素的默认样式设成无，可以改变＿＿＿＿、＿＿＿＿和＿＿＿＿属性。
2. typeof undefined 的返回值是＿＿＿＿，typeof null 的返回值是＿＿＿＿。
3. 执行下面的代码，调用 isPrototypeOf()方法得到的结果是＿＿＿＿，执行 instanceof 运算符得到的结果是＿＿＿＿。

```
function child() {}
function ancestor() {}
child.prototype = ancestor;
var obj = new child();
ancestor.isPrototypeOf(obj);
obj instanceof ancestor;
```

4. void(0)得到的结果为＿＿＿＿，NaN * 4 得到的结果为＿＿＿＿。

四、问答题
1. HTML5 新增了几个多媒体元素？请列举使用这些元素的优势。
2. 请简单描述一下 canvas 元素。
3. Eric Meyer 的 Reset.css 和现在流行的 Normalize.css 有什么区别？
4. 怎样制作一套自己的 UI 库？
5. 二进制分帧层是 HTTP/2.0 性能增强的关键，它是如何增强性能的？
6. 如何用脚本获取当前显示器的分辨率？

7. document.write()和 innerHTML 有哪些区别？
8. 移动端的屏幕种类众多，你是怎么适配它们的？
9. Object.is()有什么功能？
10. 如何使用 for-of 循环？
11. 在 React 中，什么是代码拆分？
12. React 组件的生命周期有哪几个阶段？每个阶段常用的回调函数有哪些？
13. 为什么 React 元素定义 CSS 类的属性用 className 而不是 class？
14. 请说明一下 React Router v5 中的 Router 组件。
15. webpack 是什么？
16. Git 与 SVN 的区别有哪些？
17. Vue.extend()方法有什么作用？
18. 什么是 TypeScript 的类型推论？

五、编程题

1. 下面是一个按钮，如何在单击类型的事件处理程序中阻止事件传播？

    `<button type="button" id="btn">提交</button>`

2. 不使用第三方类库，用 DOM 方法读取下面复选框中选中的值。

    `<label><input type="checkbox" name="color" value="1" checked/>红色</label>`
    `<label><input type="checkbox" name="color" value="2" checked/>白色</label>`
    `<label><input type="checkbox" name="color" value="3"/>黑色</label>`

3. HTML5 新增了 FileReader 对象，如何利用这个对象来读取下面上传按钮中选择的文件？

    `<input type="file" id="upload" />`

4. 有一个数组，它的元素都是数字，找出这个数组中的最大差值。
5. 如何使用 Vue 的侦听器？
6. 如何利用 TypeScript 的混入来模拟类的多重继承？

六、智力题

有 8 瓶酒，其中一瓶有毒，每次测试结果 8 小时后才会得出，如果只有 8 个小时的时间，那么最少需要（　　）只老鼠进行测试。

　　A．2　　　　　　B．3　　　　　　C．4　　　　　　D．6

真题 19　某知名监控产品供应商和解决方案服务商前端工程师笔试题

一、单选题

1. 下面对矢量图形描述错误的是（　　）。

    A．由无数个像素点组成　　　　B．色彩比较简单
    C．常用于三维建模　　　　　　D．当放大的时候，不会影响清晰度

2. IE 独有的数据存储技术是（　　）。

    A．cookie　　　　　　　　　　B．localStorage

C． sessionStorage   D． userData

3．执行下面的代码，在 IE6、IE7、IE8+、Firefox 中的情况是（   ）。

```
div {
    width: 20px;
    *width: 15px !important;
    *width: 10px;
}
```

A．Firefox 和 IE8+的宽度为 20 px；IE7 的宽度为 15 px；IE6 的宽度为 10 px

B．Firefox 和 IE8+的宽度为 20 px；IE7 和 IE6 的宽度为 15 px

C．Firefox 和 IE8+的宽度为 15 px；IE7 的宽度为 15 px；IE6 的宽度为 10 px

D．Firefox 和 IE8+的宽度为 15 px；IE7 和 IE6 的宽度为 10 px

4．在多列布局中，可让元素跨列的属性是（   ）。

A．column-count   B．column-gap

C．column-rule   D．column-span

5．下列用于产生数字签名的是（   ）。

A．接收方的私钥   B．发送方的私钥

C．发送方的公钥   D．接收方的公钥

6．操作系统的一些特别端口要为特定的服务做预留，以下关于必须要root 权限才能打开的端口的描述中，正确的是（   ）。

A．端口号在 64512～65535 之间的端口

B．所有小于 1024 的每个端口

C．RFC 标准文档中已经声明特定服务的相关端口，例如，HTTP 服务的 80 端口、8080 端口等

D．所有端口都可以不受权限限制打开

7．如果用数组 S[0...n]作为两个栈 S1 和 S2 的存储结构，对任何一个栈，只有当 S 全满时才不能做入栈操作，那么为 S1、S2 这两个栈分配空间的最佳方案是（   ）。

A．S1 的栈底位置为 0，S2 的栈底位置为 n+1

B．S1 的栈底位置为 1，S2 的栈底位置为 n/2

C．S1 的栈底位置为 0，S2 的栈底位置为 n/2

D．S1 的栈底位置为 1，S2 的栈底位置为 n+1

8．某二叉树按中序遍历的序列为 SYZ，则该二叉树可能存在（   ）种情况。

A．2   B．3   C．4   D．5

9．某产品团队由美术组、产品组、client 程序组和 server 程序组 4 个小组构成，每次构建一套完整的版本时，需要各个小组发布如下资源：美术组向 client 程序组提供图像资源（需要 10 min），产品组向 client 程序组和 server 程序组提供文字内容资源（同时进行，10 min），server 程序组和 client 程序组的源代码放置在不同工作站上，其完整编译时间均为 10 min，且编译过程不依赖于任何资源，client 程序组的程序（不包含任何资源）在编译完毕后还需要完成对程序的统一加密过程（10 min）。请问，要完成一次版本构建（client 与 server 的版本代码与资源齐备），至少需要（   ）。

A．60 min   B．40 min   C．30 min   D．20 min

二、多选题

1. 在下面的选项中，能作为 iframe 的用途的有（　　）。
   A．嵌入第三方内容　　　　B．长轮询
   C．跨域通信　　　　　　　D．无刷新文件上传

2. 下列由鼠标触发的事件有（　　）。
   A．click　　　B．mouseover　　　C．keydown　　　D．touchstart

3. 下列描述错误的是（　　）。
   A．插入排序算法在某些情况下时间复杂度为 O(n)
   B．排序二叉树元素查找的时间复杂度可能为 O(n)
   C．对于有序列表的排序最快的是快速排序
   D．在有序列表中通过二分查找的时间复杂度一定是 O(nlogn)

三、填空题

1. 如果伸缩容器的宽度为 300 px，并且容器中有 3 个子元素，这 3 个子元素的 flex-basis 属性值分别为 50 px、80 px、100 px（代码如下所示），那么这 3 个子元素的真实宽度分别是 _____px、_____px 和_____px。注意，得到的结果保留两位小数，最后一位四舍五入。

```
section:nth-child(1) {
    flex: 1 1 50px;
}
section:nth-child(2) {
    flex: 2 2 80px;
}
section:nth-child(3) {
    flex: 3 3 100px;
}
```

2. 如果要设置伸缩容器中子元素的显示顺序，可以用_____属性实现。

3. 将 Object 的 toString()方法分别应用于 null 和 undefined（代码如下所示），得到的结果为_____和_____。

```
var toString = Object.prototype.toString;
toString.call(null);
toString.call(undefined);
```

4. 执行下面的代码，在控制台会输出_____。

```
var a = 1;
function outer() {
    console.log(a);
}
(function(func) {
    var a = 2;
    func();
})(outer);
```

四、问答题

1. 除了 video 和 audio 元素，HTML5 还支持哪些其他的多媒体元素？
2. 请简单描述一下 Web 存储。

3. 如果要制作 UI 库需要考虑哪些方面？
4. Bootstrap 有哪些优势？
5. TCP 中的队首阻塞是怎么回事？
6. 请介绍一下 DocumentFragment 类型的结点。
7. jQuery 有哪些特色？
8. 在移动开发中，把 meta 元素的 name 属性设置为 viewport 后，就能在 content 属性中设置视口相关的参数，具体能设置哪些参数？
9. Object.assign()有什么功能？
10. function*用来做什么？
11. 什么是 Suspense 组件？
12. 在 React 中，什么是无状态组件，它有哪些优点？
13. 如何在 React 中使用内联样式？
14. 在 React Router 中，history 对象的 push()和 replace()两个方法各有什么作用？
15. 在 webpack.config.js 中，entry 字段有什么作用？
16. 什么是 Fiddler？
17. 在 Vue 中，组件的命名方式有哪些？
18. 在 TypeScript 中，readonly 和 const 两个关键字有什么区别？

五、编程题

1. 什么是事件委托？请用一个例子来描述委托。
2. 不借助第三方类库，请实现一次简单的 Ajax 请求。
3. 如何用 jQuery 来创建插件？
4. 下面是两个数组，求出这两个数组的交集。

    ```
    var arr1 = [1, 2, 3, 4, 5];
    var arr2 = [4, 1, 5, 8, 9, 6, 7];
    ```
5. 如何自定义 Vue 的指令？

六、智力题

把校园中同一区域的两张不同比例尺的地图叠放在一起，并且使其中较小尺寸的地图完全在较大尺寸的地图的覆盖之下。每张地图上都有经纬度坐标，显然这两个坐标系并不相同，把恰好重叠在一起的两个相同的坐标称为重合点。下面关于重合点的说法中，正确的是（　　）。

A．可能不存在重合点　　　　　　B．必然有且只有一个重合点
C．可能有无穷多个重合点　　　　D．重合点构成了一条直线
E．重合点可能在小地图之外　　　F．重合点是一小片连续的区域

真题 20　某知名即时通信软件服务公司前端工程师笔试题

一、单选题

1. 以下选项不能作为 Cookie 的缺陷的是（　　）。

A．增加 HTTP 首部的内容　　　　　B．容易被劫持
  C．保持请求状态　　　　　　　　　D．存储 4 KB 左右的信息
2. 以下对 Web 存储的描述中，错误的是（　　）。
  A．Web 存储的存储容量一般在 2.5 MB 到 10 MB
  B．Web 存储分为本地存储和会话存储
  C．作为请求报文中的额外信息传递给服务器
  D．比较容易实现网页或应用的离线化
3. 在下面的属性中，能让伸缩容器中的子元素主轴对齐的是（　　）。
  A．align-items　　　　　　　　　　B．align-self
  C．align-content　　　　　　　　　D．justify-content
4. Bootstrap 中的类前缀 .col-xs- 适用的屏幕是（　　）。
  A．超小屏幕（<768 px）　　　　　B．小屏幕（≥768 px）
  C．中等屏幕（≥992 px）　　　　　D．大屏幕（≥1200 px）
5. 下列不是实现防火墙的主流技术的是（　　）。
  A．包过滤技术　　　　　　　　　　B．应用级网关技术
  C．NAT 技术　　　　　　　　　　　D．代理服务器技术
6. Linux 系统可执行文件属于 root 并且有 setid，当一个普通用户 mike 运行这个程序时，产生的有效用户和实际用户分别是（　　）。
  A．root mike　　B．root root　　C．mike root　　D．mike mike
7. 一个栈的入栈序列是 ABCDE，则该栈的出栈序列不可能是（　　）。
  A．EDCBA　　　B．DECBA　　　C．DCEAB　　　D．ABCDE
8. 某棵完全二叉树上有 699 个结点，则该二叉树的叶子结点数为（　　）。
  A．349　　　　　B．350　　　　　C．188　　　　　D．187
9. 算法的空间复杂度是指（　　）。
  A．算法程序的长度　　　　　　　　B．算法程序中的指令条数
  C．算法程序所占的存储空间　　　　D．算法执行过程中所需要的存储空间

二、多选题
1. 多媒体元素 video 专门用于播放视频，它的属性包括（　　）。
  A．autoplay　　B．preload　　　C．controls　　D．poster
2. 以下选项中，属于 CSS 预处理器 Sass 的语法的是（　　）。
  A．混合　　　　B．继承　　　　　C．闭包　　　　D．函数
3. 下列选项中，能通过 jQuery 的方式获得代码中单选按钮的选中值的是（　　）。

  ```
  <input type="radio" name="gender" value="1" />
  <input type="radio" name="gender" value="2" />
  ```

  A．$(":radio:checked").val()

  B．$(":radio").val()

  C．$("[name=gender]:checked").val()

  D．$("[name=gender]").val()

三、填空题

1. 如果伸缩容器的宽度为 300 px，并且容器中有 3 个子元素，这 3 个子元素的 flex-basis 属性值分别为 100 px、130 px、150 px（代码如下所示），那么这 3 个子元素的真实宽度分别是_____px、_____px 和_____px。注意，得到的结果保留两位小数，最后一位四舍五入。

```
section:nth-child(1) {
    flex: 1 1 100px;
}
section:nth-child(2) {
    flex: 2 2 130px;
}
section:nth-child(3) {
    flex: 3 3 150px;
}
```

2. 执行下面的代码，<div>元素的 clientWidth 属性输出的值为_____px，offsetWidth 属性输出的值是_____。

```
<style>
    div {
        width: 20px;
        height: 10px;
        padding: 10px;
        margin: 10px;
        border: 1px solid #000;
    }
</style>
<div id="container"></div>
<script>
    var div = document.getElementById("container");
    console.log(div.clientWidth);
    console.log(div.offsetWidth);
</script>
```

3. 在下面的代码中，使用 jQuery 类库的方法读取元素的尺寸，其中 result1 的值为_____px，result2 的值为_____px，result3 的值为_____px。

```
<style>
    #container {
        width: 100px;
        height: 100px;
        padding: 10px;
        border: 1px solid #000;
    }
</style>
<div id="container"></div>
<script>
    var $container = $("#container");
    var result1 = $container.width();
    var result2 = $container.innerWidth();
    var result3 = $container.outerWidth();
</script>
```

四、问答题

1. 什么是 SVG？
2. 用什么方法可以防止 Cookie 被盗取？
3. 什么是前端框架？
4. HTTP/2.0 比 HTTP/1.1 优秀许多，为什么没有马上取代它？
5. HTML 元素的特性和属性是怎么定义的？
6. 什么是 Promise 模式？
7. jQuery UI 是什么？
8. 在 jQuery 中有哪些方法可以删除元素？
9. 有没有用过 JavaScript 的单元测试工具？
10. 在 ES6 中，自有属性的枚举顺序是怎样的？
11. yield 关键字有什么作用？
12. 什么是 JSX？
13. 在 React 中如何校验 props 的属性？
14. 将下面的 Btn 组件渲染到页面中，呈现的样式是怎样的？

```
class Btn extends React.Component {
    render() {
        let colors = {
            color: "red"
        },
        borders = {
            "border-top": "2px solid red"
        };
        return <button style={{ ...colors, ...borders }}>提交</button>;
    }
}
```

15. 如何在 React Router v5 中获取查询字符串的参数？
16. 在 webpack.config.js 中，output 字段有什么作用？
17. Fiddler 的用户界面包含哪 6 个区域？
18. 在 Vue 中，组件的 props 能校验哪些值类型？
19. 在下面的示例中，有 3 个类，其中 Programmer 是 Person 的派生类，People 与 Person 包含相同的成员，分别对 3 个类进行初始化，得到 3 个实例。

```
class Person {
    private name: string;
    constructor(name: string) {
        this.name = name;
    }
}
class Programmer extends Person {
    constructor(name: string) {
        super(name);
    }
}
class Teacher {
```

```
        private name: string;
        constructor(name: string) {
            this.name = name;
        }
    }
    let person = new Person("strick");
    let programmer = new Programmer("freedom");
    let teacher = new Teacher("justify");
```
是否能成功执行下面的两条赋值语句？
```
    person = programmer;
    person = teacher;
```

五、编程题

1. 用多种方式移除下面选择框（Select 元素）中的选项（Option 元素）。
```
    <select id="names">
        <option value="1">strick</option>
        <option value="2">freedom</option>
        <option value="3">jane</option>
        <option value="4">ping</option>
    </select>
```

2．请解释 JSONP 的工作原理，并用代码描述其过程。

3．给定两段字符串，检测是否是改变字母顺序而成的字符串，例如，"mena"是打乱"name"中的字母得到的。

4．Vue 的:class 可接收哪几种类型的值？

六、智力题

1．有 5 对夫妇，分别为甲、乙、丙、丁、戊，他们一起聚会，见面时互相握手问候，每个人都可以和其他人握手，但夫妇之间不能握手，聚会结束后，甲先生问其他人各握了几次手，得到的答案是 0，1，2，3，4，5，6，7，8。通过以上条件可知，甲太太握手次数是（   ）。

A．3   B．4   C．5   D．6

2．麦秋时节，庄园主雇佣了一个力大无穷的农民来帮他收割麦田里的麦子。因为劳动量很大，所以农民必须在 7 天之内割完麦田里的麦子。庄园主答应每天给他一块金条作为工钱，但是这 7 块相等的金子是连在一起的，然而工钱是必须每天都结清的。农民不愿意庄园主欠账，而庄园主也不肯预付一天工钱，那么庄园主最少掰断（   ）次才能做到按要求给雇工报酬。

A．2   B．3   C．4   D．7

真题详解篇

真题详解篇主要针对 20 套真题进行深度剖析,在写法上,庖丁解牛,针对每一道题目都有非常详细的解答。授之以鱼的同时还授之以渔,不仅告诉答案,还告诉读者以后再遇到同类型题目时该如何解答。读者学完基础知识后,可以抽出一两个小时的时间来完成本书中的习题,找到自己的知识盲区,查漏补缺,为自己加油、补课。

真题详解 1　某知名互联网下载服务提供商前端工程师笔试题

一、单选题

1. 答案：B。

分析：把网页抽象成三部分主要是为了使职责更分明，并且网页并不会因为抽象成三部分后才能跨平台。因此，选项 B 的描述并不准确。

2. 答案：A。

分析：选项 B 中的 box-shadow 属性用于添加阴影；C、D 两个选项中的 box-flex 和 box-pack 都是旧版本的伸缩属性，前者用于创建伸缩容器，后者用于主轴对齐。

3. 答案：A。

分析：TCP/IP 是为互联网服务的协议簇，它将通信过程抽象为四层，分别是应用层、传输层、互联网层和网络接口层。SMTP、FTP、HTTP 等常用的协议都位于应用层。

4. 答案：B。

分析：setInterval() 是一个定时器函数，它接收两个参数，第一个参数是要执行的代码（字符串或函数），第二个参数是延迟时间（以毫秒为单位）。第一个参数中的代码能在指定的时间后重复执行，由此可知，只有选项 B 的描述是正确的。

5. 答案：D。

分析：敏捷软件开发方法是一种应对快速变化的需求的软件开发能力。它们的具体名称、理念、过程和术语都不尽相同，相对于"非敏捷"，敏捷更强调程序员团队与业务专家之间的紧密协作、面对面的沟通（认为比书面的文档更有效）、频繁交付新的软件版本、紧凑而自我组织型的团队、能够很好地适应需求变化的代码编写和团队组织方法，也更注重在软件开发中人的作用。所以，敏捷软件开发方法是一种创作与交流的协作观。选项 D 正确。

6. 答案：B。

分析：包过滤防火墙的作用通常是直接转发报文，它对用户完全透明，而且速度较快，一般包含有一个包检查模块（通常称为包过滤器），可以根据数据包中的各项信息来控制站点与站点、站点与网络、网络与网络之间的相互访问，但无法控制传输数据的内容，因为数据内容属于应用层，而包过滤器工作在传输层和网络层。

对于选项 A 与选项 D，无论是源 IP 地址还是目的 IP 地址，都是网络层的 IP 地址，都在包过滤防火墙的控制范围内。因此，通过配置目的 IP 和源 IP，可以使公司员工只能访问互联网上与其业务联系的公司的 IP 地址，可以仅允许公司中具有某些特定 IP 地址的计算机可以访问外部网络。所以，选项 A 与选项 D 中的描述是正确的。

对于选项 B，由于 HTTP 是超文本传输协议，是应用层协议，包过滤防火墙工作在传输层和网络层，因此，它无法实现对应用层协议的限制。所以，选项 B 中的描述是错误的。

对于选项 C，在默认情况下，FTP 开放的端口号是 21，它是传输层 TCP 的端口号。因此，虽然 FTP 是应用层协议，但是通过包过滤防火墙可以限制 TCP 端口号，即可以使员工不能直接访问 FTP 服务器端口号为 21 的 FTP 地址。所以，选项 C 中的描述是正确的。

7. 答案：D。

分析：对于选项 A，程序不应含有过多的 I/O 操作，是其中一个原因，但这不是主要原因。所以，选项 A 错误。

对于选项 B，显然该描述正好和虚存的目的相悖。所以，选项 B 错误。

对于选项 C，该程序的指令相关不应过多，是原因，但这不是主要原因。所以，选项 C 错误。

对于选项 D，程序应当具有较好的局部性，可以使虚存系统有效地发挥其预期的作用，描述正确。所以，选项 D 正确。

8. 答案：C。

分析：本题解题的关键是了解栈的后进先出的性质。通过入栈序列与出栈序列可以模拟一下其具体的出栈与入栈过程，过程如下。

第一步：a1 进栈，此时栈中元素为 1。
第二步：a3 进栈，此时栈中元素为 2。
第三步：a5 进栈，此时栈中元素为 3。
第四步：根据进栈出栈顺序，a5 出栈，a2 进栈，此时栈中元素为 3。
第五步：a4 进栈，此时栈中元素为 4。
第六步：根据进栈出栈顺序，a4 出栈，此时栈中元素为 3。
第七步：根据进栈出栈顺序，a2 出栈，此时栈中元素为 2。
第八步：a6 进栈，此时栈中元素为 3。
第九步：根据进栈出栈顺序，a6 出栈，此时栈中元素为 2。
第十步：根据进栈出栈顺序，a3 出栈，此时栈中元素为 1。
第十一步：根据进栈出栈顺序，a1 出栈，此时栈中元素为 0。

由以上分析可知，栈中元素最多的时候为 4 个，所以，栈容量至少为 4。选项 C 正确。

9. 答案：B。

分析：排序二叉树的特点为：对于一个结点而言，所有左子树结点元素的值都小于这个结点元素的值，所有右子树结点元素的值都大于这个结点元素的值，且左右子树都是排序二叉树。由于中序遍历的顺序为左子树、根、右子树，显然，中序遍历得到的序列是有序的。所以，选项 B 正确。

二、多选题

1. 答案：ABCD。

分析：网页由 3 部分组成，分别是 HTML、CSS 和 JavaScript，3 部分的职责正如选项 B、选项 C 和选项 D 中所描述的那样。

2. 答案：BCD。

分析：CSS3 是一个规范集合，包括升级到版本 3 的 CSS 规范以及版本号还是 1 的新规范，动画、伸缩盒和阴影是 CSS3 全新的特性。而选项 A 中的选择器原先就存在，CSS3 只是完善了它，使其拥有更丰富的功能。

3. 答案：BC。

分析：jQuery 的工厂函数是选项 B 中的 jQuery()，而该函数还有一个别名，也就是选项 C 中的 "$"，用一个美元符号来代替函数名称。

三、填空题

1．答案：122、100。

分析：IE 盒模型中内容的宽或高将会包含内边距和边框，题目中 div 元素的宽度为 100 px，那么 IE 盒模型中的宽度也是 100 px。而 W3C 盒模型中内容的宽或高并不会包含内边距和边框，如果要获取 W3C 盒模型的宽度，那么需要把内容的宽度、内边距以及边框相加，在此题中得到的结果是 122 px。

2．答案：0、1。

分析：如果把++运算符单独放在一行，那么它会和下面的语句合并，作为一个整体被解析。本题中的代码相当于"x;++y;"，代码执行后，x 变量保持原样，而 y 变量会加一。

3．答案：0。

分析：switch 语句中的 x 变量会与 case 子语句中的表达式进行全等（===）匹配，由于 x 变量是一个字符串，而 case 子语句中的条件是数字，因此无法匹配 case 子语句，只能执行 default 子语句中的代码块，y 变量最终会被定义为 0。

4．答案：1、0。

分析：逻辑或（||）在布尔运算过程中，如果碰到真值，那么就会返回这个操作数。由于第一个表达式中的第二个操作数是真值，因此计算结果就是这个值，也就是 1。逻辑与（&&）在布尔运算过程中，如果碰到假值，那么就会返回这个操作数。第二个表达式中的第一个操作数就是假值，因此直接返回它，也就是 0。

5．答案：3。

分析：数组解构可以有选择性的赋值，只要在数组指定的位置上不提供元素，就能为其省去解构赋值。数组的第 3 个元素提供了变量名，而在此之前只有两个用于占位的逗号。

四、问答题

1．答案：HTML（HyperText Markup Language）即超文本标记语言，是一种用于创建网页的标记语言。HTML 经历了过多个版本，包括 HTML 2.0、HTML 3.x、HTML 4.x 以及最新的 HTML 5。HTML 源于标准通用标记语言（Standard Generalized Markup Language，SGML），遵循 SGML 指定的语法和规则，但从 HTML 5 开始，将不再基于 SGML。

2．答案：HTML 的格式比较松散，这会导致一些问题，如兼容性差、移植性差等。为了解决上述所列的种种问题，W3C 在 2000 年发布了 XHTML 1.0。XHTML 是 XML 的一种应用，作为 HTML 的一个子集，它完全兼容 HTML，但格式更严谨。XHTML 有过 3 个版本，分别是 1.0、1.1 和 2.0。XHTML 1.0 与 HTML 4.01 的不同之处在于语法规则，前者需要按照 XML 的要求来规范 HTML，其中，XML 是 SGML 的一个子集。

3．答案：CSS 预处理器（CSS Preprocessor）能为 CSS 增加编程特性，通过编译器将使用新语法的文件输出为一个普通的 CSS 文件，解决 CSS 难以复用、代码冗余、可维护性低的问题。对 CSS 来说，它不是锦上添花而是雪中送炭，常用的预处理器有 Less、Sass 和 Stylus。

4．答案：盒模型（Box Model，也称为框模型）就是从盒子顶部俯视所得的一张平面图，用于描述元素所占用的空间。它有两种盒模型：W3C 盒模型和 IE 盒模型（IE6 以下，不包含 IE6 以及怪异模式下的 IE 5.5+），两者不同之处是对元素尺寸的计算方式。当用 CSS 给某个元素定义宽或高时，IE 盒模型中内容的宽或高将会包含内边距和边框，而 W3C 盒模型并不会包含。

5．答案：互联网一词现在已经家喻户晓，它是由许多网络互联构成的一个巨型网络。早期的网络仅仅是连接计算机，而现代的互联网连接的却是全世界的人。互联网已经不再是单纯的以数据为核心，而是以人为中心，它已经渗透到了生活中的方方面面，颠覆了许多传统模式，例如，足不出户就能购物、社交或娱乐。

6．答案：HTTP（HyperText Transfer Protocol）即超文本传输协议，是一种获取网络资源（如图像、HTML 文档）的应用层协议，它是互联网数据通信的基础，由请求和响应构成。通常，首先客户端会发起 HTTP 请求（在请求报文中会指定资源的 URL），然后用传输层的 TCP 建立连接，最后服务器响应请求，做出应答，回传数据报文。HTTP 自问世到现在，经历了几次版本迭代，目前主流的版本是 HTTP/1.1，新一代 HTTP/2.0 是 HTTP/1.1 的升级版，各方面都超越了前者，但新技术要做到软硬件兼容还需要时间。

7．答案：相等运算符用于比较两个操作数是否相等，操作数会进行类型转换。全等运算符用于比较两个操作数是否严格相等，操作数不会进行类型转换。代码如下所示，第一个表达式的计算结果为 true，而第二个表达式的计算结果却为 false。

```
1 == "1"       //true
1 === "1"      //false
```

8．答案：首先，两者所属的对象不同，split()方法属于 String 和 RegExp 对象，而 join()方法属于 Array 对象；其次，两者的功能不同，split()方法能将字符串分割为数组，join()方法能将数组中的元素衔接成一段字符串。

9．答案：两者之间主要有以下 3 个方面的区别。

（1）typeof 运算符用于检测数据类型，而 instanceof 运算符用于检测对象之间的关联性。

（2）typeof 运算符执行完后会返回一个小写字母的类型字符串，而 instanceof 运算符执行完后会返回一个布尔值。

（3）typeof 运算符只需一个操作数，这个操作数可以是基本类型或函数，而 instanceof 运算符需要两个操作数，并且左操作数不能是基本类型，右操作数必须是函数，否则运算结果将会没有意义。

10．答案：简单地说有以下 3 点不同之处。

（1）不允许声明提升。

（2）不允许重复声明。

（3）不覆盖全局变量。

11．答案：ES6 为 Array 对象新增的第一个静态方法是 of()，用于创建数组，它能接收任意数量的参数，返回值是由这些参数组成的新数组。

12．答案：yield 和 return 有许多区别，可简单概括出其中的 5 点，具体如下所列。

（1）yield 是一个关键字，而 return 是一个运算符。

（2）yield 只能出现在生成器中，而 return 无此限制。

（3）yield 能暂停函数的执行，而 return 是直接终止。

（4）在一个函数中，可执行多次 yield，而 return 只能执行一次。

（5）yield 只能返回 IteratorResult 对象，而 return 能返回任意值。

13．答案：Virtual DOM（虚拟 DOM）是构建在真实 DOM 之上的一层抽象，它将 DOM 元素映射成内存中的 JavaScript 对象（即通过 React.createElement()得到的 React 元素），形成一棵 JavaScript 对象树。

14．答案：有 3 个生命周期方法被标记为过时：componentWillMount()、componentWillReceiveProps() 和 componentWillUpdate()，虽然目前它们仍然有效，但不建议在新代码中使用，官方为它们新增了一个以"UNSAFE_"作为前缀的别名。

15．答案：兄弟组件之间不能直接通信，需要借助状态提升的方式间接实现信息的传递，即把组件之间要共享的状态提升至最近的父组件中，由父组件来统一管理。

16．答案：React Router 提供了 Redirect 组件，可导航到一个新地址，类似于服务端的重定向（HTTP 的状态码为 3XX）。

17．答案：加载器（loader）能在 webpack 加载模块时对其进行预处理，即对模块的源码进行转换，下面列出加载器的几个比较典型的用途。

（1）将浏览器无法识别的 JSX、Sass 等语言转换成可识别的 JavaScript、CSS 等语言。

（2）把图像转换成 Data URI 格式嵌入到 JavaScript 文件中。

（3）用 ES6 的 import 关键字将 CSS 文件导入到 JavaScript 中。

18．答案：FiddlerCore 是一个.NET 类库，可以集成到.NET 应用程序中，只提供了 Fiddler 的代理功能，可用来捕获、过滤或修改 HTTP 和 HTTPS 流量，而不必借助 Fiddler UI，像自动化测试这类情况就很适合使用 FiddlerCore。

19．答案：<keep-alive>元素能缓存组件的状态，虽然它能包裹任意数量的元素，但是只能渲染其中的一个子元素，并且自身不会渲染成一个 DOM 元素。由此可知，<keep-alive>元素内可包含条件指令（如下所示），但不能包含 v-for 指令。

```
<keep-alive>
    <tab1 v-if="current == 'tab1'"></tab1>
    <tab2 v-else></tab2>
<keep-alive>
```

20．答案：能。在为 people 变量声明类型时使用的是 typeof Person，就是取 Person 类的类型，而不是实例的类型。这个类型包含了类的所有静态成员和构造函数，而 people 相当于 Person 类的别名，所以也就能通过 new 来实例化了，调用 worker.name 在控制台会输出"strick"。

五、编程题

1．答案：先将元素（如 div）的宽高设为 0，边框的宽度设为 50 px，4 个部分的边框可拼成一个正方形。然后将其中 3 个部分的边框颜色设为透明，剩下的部分就是一个三角形，代码如下所示：

```
div {
    width: 0;
    height: 0;
    border: 50px solid transparent;
    border-top-color: gray;
}
```

2．答案：冒泡排序是一种最基本的排序算法。其核心思想是比较相邻两个位置的元素，当满足指定的条件时，交换两者的位置；当不满足条件时，保持不变。如果用冒泡排序实现从小到大的排列，则代码如下所示：

```
var arr = [3, 1, 5, 4, 2],
    temp;
for (var i = 0; i < arr.length; i++) {
```

```
        for (var j = i + 1; j < arr.length; j++) {
            if (arr[i] > arr[j]) {
                temp = arr[i];
                arr[i] = arr[j];
                arr[j] = temp;
            }
        }
    }
```

3. 答案：如果整数 A 除以非零整数 B，得到的商为整数并且余数为零，那么就说明 A 能被 B 整除。在 JavaScript 中，如果对两个整数（即两个操作数）进行取余运算，得到的余数为零，那么就能确定执行了一次整除操作，代码如下所示：

```
for (var digit = 1; digit <= 100; digit++) {
    if (digit % 3 == 0 && digit % 5 == 0) {
        console.log("all");
    } else if (digit % 3 == 0) {
        console.log("three");
    } else if (digit % 5 == 0) {
        console.log("five");
    }
}
```

4. 答案：先用 4 种方式查找到文本框（如下所列），再读取它的 value 属性。

（1）使用 DOM 中的查找方法 getElementById()获取文本框。

（2）使用 Document 对象的 forms 属性，先通过数字索引获取表单元素，再通过控件的 id 属性获取文本框。

（3）与第二种类似，只是通过 id 属性获取表单元素，其他都一样。

（4）获取表单元素的方式可以与第二种或第三种一样，但通过 Form 对象的 elements 属性来获取文本框，具体代码如下所示。

```
document.getElementById("txt").value;          //方式一
document.forms[0].txt.value;                   //方式二
document.forms.register.txt.value;             //方式三
document.forms[0].elements[0].value;           //方式四
```

5. 答案：在数组解构时，解构会按顺序作用于数组的元素上，也就是说，变量或对象属性要取谁的值与它所在的位置有关。位置交换后，变量被赋的值也会随之改变，代码如下所示：

```
[x, y] = [1, 2];
[y, x] = [1, 2];
```

六、面试题

1. 提示：回答这类问题的时候千万要谨慎，不要泛泛而谈，如果求职者的答案是完全不了解，那么就没有必要继续面试了，当然录用的可能性也几乎为零了。没有哪一家企业希望对自己一无所知的人成为企业的一员。求职者一定要有备而来，事先做好"功课"，多了解一些与企业有关的信息，最好能够表达出对企业有关方面非常感兴趣，所以求职者必须能够谈论关于这个企业的产品、收入、业界声望、服务、形象、目标、管理风格、职工、历史和企业文化等问题，但是也不要表现出对这个企业的一切都了如指掌，最好回答能够体现出自己对该公司做了一些研究，但是不要让面试官被你打败，同时表达出希望能够了解关于公司更多情况的愿望。

针对这样的问题，可以采用这样的态度来开始回答问题："我觉得贵公司是我最感兴趣的公司之一。在我的求职过程中，我也对比过很多其他同类型企业，我觉得贵公司在员工管理、人才培养、薪酬待遇等方面都非常优秀，出于这些原因，我还是更加倾向于贵公司。"但是也不要这样说："每个人都告诉我这个公司处于困境中，有各种各样的麻烦，这就是我来这儿的原因"，即使那是你来的真实原因，不管怎么样，还是应该用一个积极的态度来回答这个问题。

有一个小窍门，就是回答的时候，尽量能够与招聘广告或宣讲会上的内容一致，有条件的话，最好能同企业内部员工交流一下，做到知己知彼，那样效果可能会更好。

2．提示：求职是一个双向选择的过程，有接受就有拒绝，有成功就有失败。所以，作为一名求职者，一定要清楚这一点，有时候即使自己的实力达到了企业的标准，也不能保证万无一失，最终也有可能被企业拒绝。

当面试官对求职者提出此类问题时，并不表示求职者就没有希望了，就一定不会被录用。一般而言，没有哪个面试官是因为要拒绝求职者才提出此类问题。如果真要拒绝求职者，也不用多此一举提出此类问题了。提出这类问题的目的，主要是想考查求职者在遇到挫折时的一种应对措施，以此评价求职者的处事能力，毕竟未来的工作往往会有困难、有挫折。

作为面试官，一般希望求职者在遇到失败时，能够具备以下优良素质。

（1）敢于面对。面对失败不气馁，从心理意志和精神上体现出对这次失败的抵抗力。

（2）自信。相信自己经历了这次之后经过努力一定能行，能够超越自我。

（3）善于反思。对于失败的教训能认真客观地总结，能够从自身的角度找差距，而不是怨天尤人。不要抱怨面试官不是"伯乐"，首先要看自己是不是"千里马"。能够正确对待自己，实事求是地评价自己，辩证地看待自己的长短得失。

（4）能够走出阴影。每一次失败都会给自己的心灵上抹上一层阴影，能克服这一次失败带给自己的心理压力，时刻牢记自己的弱点，防患于未然，加强学习，提高自身素质。

（5）再接再厉，继续努力。能够在以后的学习工作中继续努力，争取取得下一次的成功。

3．提示：面试官提出该类问题一方面是为了考查求职者的应变能力，另一方面也是为了考查求职者是否有一个良好的规划，因为好的规划是成功的开始。

所以，在回答此类问题时，应该着重突出以下几个方面的内容。

（1）个人适应能力强。强调自己能够尽快熟悉工作环境，融入工作集体，了解本单位的工作职能、组织架构以及自己的工作职责。

（2）谦虚谨慎、低调做人，不自高自大。强调进入一个新单位，面临一个陌生的环境，自己作为一名新人，会有很多东西需要学习，自己一定会积极学习、虚心求教。向领导、向老同志、向同事学习，与他们多交流、多沟通，加深了解，增进感情；不争名夺利，不斤斤计较；识大体、顾大局，争取能够早日胜任新的工作。

（3）服从安排。强调自己会遵守纪律，服从组织安排，在争取自己权益的同时，也顾全企业大局，脚踏实地地从事本职工作。

（4）努力工作。强调自己尽快地进入工作角色，学习岗位相关知识，努力工作，以企业利益最大化为奋斗目标，不断开拓创新，为企业的美好明天贡献自己的力量。

如果求职者对于其应聘的职位没有足够的了解和对行业足够的洞察，不要直接说出自己开展工作的具体办法，可以尝试采用迂回战术来回答。例如，"首先会听取上级的指示和要求，然后就相关情况进行了解和熟悉，并在此基础上，制订一份近期的工作计划并报上级审批，最后根据审批后的工作计划开展本职工作"。

真题详解 2　某知名社交平台前端工程师笔试题

一、单选题

1．答案：C。

分析：万维网联盟（World Wide Web Consortium，W3C）制定了 HTML、CSS、XHTML 和 XML 等标准，但不包括网络相关的协议标准，选项 C 中的 OSI 参考模型是由国际标准化组织（ISO）制定的。

2．答案：A。

分析：BFC（Block Formatting Context）即块格式化上下文，能够决定元素的内容如何渲染以及与其他元素的关系和交互。除了选项 A，其他选项都能创建 BFC。

3．答案：C。

分析：选项 A、B 和 D 描述的都是 HTTP 的特性，只有选项 C 中的三次握手是 TCP 的一个特征。

4．答案：D。

分析：keyCode 属性能够获取键盘中按下的键码，B 的键码为 66，与选项 D 中的数字一致。

5．答案：D。

分析：极限编程（EXtreme Programming，XP）是一种轻量级的、灵巧的软件开发方法，同时，它也是一种非常严谨和周密的方法。它的核心是交流、朴素、反馈和勇气，即任何一个软件项目都可以从 4 个方面入手进行改善：加强交流、从简单做起、寻求反馈；勇于实事求是。它是敏捷开发的典型代表，其核心思想是强调人与人之间的合作因素和以敏捷性应对变化。所以，选项 D 正确。

6．答案：B。

分析：在计算机网络与通信中，子网掩码用来指明一个 IP 地址的哪些位标识的是主机所在的子网，它的作用就是将某个 IP 地址划分成网络地址和主机地址两部分。

子网掩码是一个 32 位地址，用于屏蔽 IP 地址的一部分以区别网络标识和主机标识，并说明该 IP 地址是在局域网上，还是在远程网上。本题中，/20 表示 IP 地址的前 20 位都是网络号，后 12 位是主机号。由此可以确定，子网掩码为 11111111.11111111.11110000.00000000，即 255.255.240.0。所以，选项 B 正确。

7．答案：A。

分析：Linux 操作系统中的每个文件和目录都有存取许可权限，存取权限规定了 3 种访问文件或目录的方式，即读（r）、写（w）、可执行或查找（x）。

对于文件的存取权限而言，读权限（r）表示只允许指定用户读取相应文件的内容，而禁止对它做任何的更改操作，将所访问的文件的内容作为输入的命令都需要有读的权限，如 cat（连接并显示指定的一个或者多个文件的有关信息）、more（类似 cat，不过会一页页地显示，方便使用者一页页阅读）等。写权限（w）表示允许指定用户打开并修改文件，如命令 vi、cp

等。执行权限（x）表示允许指定用户将该文件作为一个程序执行。

对于目录的存取权限而言，在 ls 命令后加上-d 选项，可以了解目录文件的使用权限。其中，读权限（r）表示可以列出存储在该目录下的文件，即读目录内容列表，这一权限允许 Shell 使用文件扩展名列出相匹配的文件名。写权限（w）表示允许用户从目录中删除或添加新的文件，通常只有系统管理员才具有写权限。执行权限（x）表示允许用户在目录中查找，并能用 cd 命令将工作目录改到该目录。

本题中，要想进入目录，都需要具有 x 权限（执行权限），而查看目录下的文件需要 r 权限（读权限）和 x 权限，因为相当于进入了目录。执行目录下某个可执行文件，需要进入目录的 x 权限。所以，选项 A 正确。

8．答案：D。

分析：栈的性质是先进先出。

对于选项 A，后缀表达式指的是不包含括号，运算符放在两个运算对象的后面，所有的计算按运算符出现的顺序，严格从左向右进行（不再考虑运算符的优先规则）。例如，对于表达式(2+1)*3，其后缀表达式为 21+3*，通过定义可知，可以通过栈来实现。所以，选项 A 正确。

对于选项 B，根据递归算法的性质可知，可以通过栈来实现。所以，选项 B 正确。

对于选项 C，根据过程调用的性质可知，可以通过栈来实现。所以，选项 C 正确。

对于选项 D，操作系统资源分配有多种分配策略，例如，先到先执行，此时就可以使用队列来完成。所以，选项 D 不正确。

9．答案：B。

分析：二叉查找树（Binary Search Tree）又称为二叉搜索树、二叉排序树，它或者是一棵空树，或者是具有下列性质的二叉树：若它的左子树不空，则左子树上所有结点的值均小于它的根结点的值；若它的右子树不空，则右子树上所有结点的值均大于它的根结点的值；它的左、右子树也分别为二叉查找树。

二叉搜索树的优点：树中的元素是有序的，对二叉搜索树的查找类似于二分查找，显然，查找过程中比较的次数越少，效率就越高。显然，选项 B 正确。

对于选项 A，二叉搜索树的好坏与关键码的个数没有直接关系。所以，选项 A 错误。

对于选项 C 与选项 D，如果所有结点的左孩子（右孩子）都为空，那么查找效率与线性查找相同，都为 O(n)。所以，选项 C 与选项 D 错误。

二、多选题

1．答案：BC。

分析：HTML 文档包必须包括 4 个 HTML 元素，分别是 DOCTYPE、html、head 和 body，选项 A 和 D 并不属于这 4 个元素，因此要排除。

2．答案：ABCD。

分析：以上 4 个选项都是 CSS3 新增的属性。选项 A 中的 column-count 属性用于多列布局，可指定允许的最大列数；选项 B 中的 border-radius 属性用于设置边框圆角；选项 C 中的 box-shadow 属性可向边框添加一个或多个阴影；选项 D 中的 background-size 属性可指定背景图像的尺寸或把原图像缩放到合适大小，使其适应元素的背景区。

3．答案：BC。

分析：选项 A 中的 User-Agent 表示用户代理信息，如操作系统、浏览器名称和版本等；选项 B 中的 Expires 会指定一个具体的缓存过期日期；选项 C 中的 Cache-Control 能指定资源处于新鲜状态的秒数；选项 D 中的 Server 表示服务器软件的名称和版本。

三、填空题

1．答案：20。

分析：由于两个元素之间发生了外边距塌陷，所以此时下外边距和上外边距会合并在一起，并且因为两个属性设置的都是正数，所以两个元素之间的间隔就是其中的较大值。

2．答案：undefined。

分析：当关键字 return、break 和 continue 后紧跟着换行时，JavaScript 会在换行处自动填补分号，上面的函数会被解析成下面的代码：

```
function isArray() {
    return;
    true;
}
```

3．答案：3、"69"。

分析：第一个表达式中的布尔值会先被转换成数字 1，然后再与数字 2 相加，得到的结果为 3。在第二个表达式中，字符串和数字相加会执行拼接操作，因此得到的结果为字符串 "69"。

4．答案：2、1。

分析：逻辑"与"的优先级要比逻辑"或"要高，因此上面两个表达式相当于下面这样代码。

```
(1 && 2) || 0        //第一个表达式
0 || (2 && 1)        //第二个表达式
```

5．答案：1、[2, 3]。

分析：可将...y 称为剩余元素。右侧数组的第一个元素赋给了 x 变量，剩下的两个元素被收集起来赋给了 y 数组。

四、问答题

1．答案：W3C 是一个制定各种标准的非营利性组织，标准包括 HTML、CSS、XHTML 和 XML 等。Web 标准制定后，有以下几个方面的优点。

（1）学习成本降低，只需按照已定的标准学习一套即可，否则将学习各个浏览器厂商制定的标准，繁而杂。

（2）统一开发流程，用标准化的工具（如 WebStorm、Sublime 等）开发，再用标准化的浏览器（如 Firefox、Chrome 等）测试网页，便于多人协作。

（3）简化网站代码的维护，不会有不同浏览器的多个版本，网页寿命也更长。

（4）跨平台，可方便迁移到不同设备中，如添加无障碍标准后，能让残障人士更便捷地使用设备访问网页。

（5）标准大部分是由使用它们的人决定的，如浏览器制造商、Web 开发人员等，这样的标准既实用又专业。

2．答案：HTML5 不仅仅是 HTML 的最新版本，它还是一系列 Web 技术的集合，包括 CSS3、JavaScript、多媒体、缓存和无障碍访问等。HTML5 的规范是由两个组织制定的，分别是 WHATWG（网页超文本技术工作小组）和 W3C。

3．答案：渐进增强（Progressive Enhancement）并不是一种技术，而是一种设计思想。各个浏览器的渲染能力各不相同，要做一个每个人都能看到的网页，感受到的体验都一致的网站几乎不可能。但还是需要确保网站的可访问性，保证用户在任何环境下都能正常访问核心内容或使用基本功能（避免页面打不开、排版错乱等），并为他们提供当前条件下最好的体验，这是渐进增强的核心思想。

优雅降级（Graceful Degradation）也是一种设计思想，保证在高版本浏览器中提供最好的体验，碰到低版本浏览器再降级进行兼容处理，使其能正常浏览。两种思想的区别如下所列。

（1）渐进增强是向上兼容，优雅降级是向下兼容。

（2）渐进增强是从简单到复杂，优雅降级是从复杂到简单。

（3）渐进增强关注的是内容，优雅降级关注的是浏览体验。

4．答案：CSS 预处理器的优点如下。

（1）用变量存储多次引用的信息（如颜色值、字体、边距等），只需修改一个地方，就能让所有引用之处都随之改变。

（2）新语法中的混合（Mixin）能够重用一段样式代码，可用混合将自动截取或列表中的小箭头样式组织在一起，需要这段代码的选择器只需简单引入即可。

（3）内置丰富的函数，可处理颜色、字符串、数字和选择器等，也可自定义函数，适应特定需求。

（4）可像 JavaScript 那样使用数学运算（如加、减、乘、除等），条件判断和循环，几句代码就可描述一大段 CSS 样式。

（5）选择器可嵌套选择器，沿着嵌套的选择器链向上组合形成最终的选择器，嵌套的形式模拟出了 HTML 的层级结构，同时形成了命名空间，选择器之间的关系更明显，增强了文件的可读性。

（6）导入规则可让各部分代码保持独立，模块化管理，各个导入的文件最终被编译生成一个 CSS 文件。

CSS 预处理器的缺点如下。

（1）通过编译生成 CSS 文件，降低了对 CSS 文件的控制力，如果书写不当，那么编译出的 CSS 文件将会巨大而复杂。

（2）调试难度增加，在浏览器中调试的是编译后的 CSS 文件，并不是编译前的源代码。

（3）带来了一定的学习成本，新人需要学习预处理器的语法规则，虽然内容不多，但要达到融会贯通，还是需要一定的锤炼。

5．答案：协议可简单地理解为计算机之间的一种约定，好比人与人之间对话所使用的语言。在我国，不同地区的人讲的方言都不同，如果要沟通，就要约定一种大家都会的语言，如全国通用的普通话，普通话就相当于协议，沟通相当于通信，说话内容相当于数据信息。

6．答案：TCP/IP 是为互联网服务的协议簇，它是网络通信协议的统称，由 IP、TCP、HTTP 和 FTP 等协议组成。TCP/IP 将通信过程抽象为 4 层，被视为简化的 OSI 参考模型，但负责维护这套协议簇的不是 ISO 而是互联网工程任务组（IETF）。TCP/IP 在标准化过程中注重开放性和实用性，需要标准化的协议会被放进 RFC（Request For Comment）文档中，RFC 文档详细记录了协议的实现、运用和实验等各方面的内容，并且这些文档可在线浏览。

7．答案：ECMAScript 5 引入了严格模式（Strict Mode）的概念。严格模式对 JavaScript 的语法和行为都做了一些更改，消除了语言中一些不合理、不确定、不安全之处；提供高效严谨的差错机制，保证代码安全运行；禁用在未来版本中可能会使用的语法，为新版本做好铺垫。在脚本文件第一行或函数内第一行引入"use strict"这条指令（代码如下所示），就能触发严格模式，这是一条没有副作用的指令，旧版本的浏览器会将其作为一行字符串直接忽略。

```
"use strict";            //脚本文件第一行
function sum(x) {
    "use strict";        //函数内第一行
    return x;
}
```

严格模式常见的限制有以下几条。

（1）所有的变量要先声明，无法再意外创建全局变量。
（2）函数中 this 对象的默认值是 undefined，而不是全局对象（window）。
（3）试图使用 delete 运算符删除不可删除的属性时会抛出异常。
（4）函数声明中定义两个或多个同名参数将产生一个语法错误，如 sum(x, x){ }。
（5）禁止使用以 0 为前缀的八进制数字（如 010），但以 0x 为前缀还是支持的。
（6）禁止使用 with 语句。
（7）不能将 eval 和 arguments 用作变量、函数或参数的名称。

8．答案：当用 typeof 运算符检测数据类型时，如果操作数是 null，那么返回的不是"null"，而是"object"。如果要区分 null 和对象，可以用基础对象 Object 的原型方法 toString() 对 null 做进一步的检测，代码如下所示：

```
var toString = Object.prototype.toString;
toString.call(null);          //"[object Null]"
```

9．答案：这是一种即时函数（immediate function），也就是那些刚定义好就能马上自动执行的函数。即时函数用途非常广泛，常用于创建块级作用域、解决循环中的异步回调问题和类库封装等。

10．答案：const 能声明一个常量。常量是指一个定义了初始值后固定不变的只读变量。const 在声明时必须初始化（即赋值），并且在设定后，其值无法再更改。注意，const 限制的其实是变量与内存地址之间的绑定，也就是说，const 让变量无法更改所对应的内存地址。

11．答案：fill()和 copyWithin()两个方法都能接收 3 个参数（见下表），表中的复制序列是指需要复制的元素序列，而位置就是数组的索引。

方法	第一个参数	第二个参数（可选）	第三个参数（可选）
fill()	value：需要填充的值	start：开始填充的位置	end：结束填充的位置
copyWithin()	target：开始执行复制的位置	start：复制序列的起始位置	end：复制序列的结束位置

在使用这两个方法时，有 5 个点需要注意，如下所列。

（1）不仅会修改原始数组，还会覆盖指定范围内的元素。
（2）复制或填充执行的都是浅拷贝。
（3）当方法中的索引参数为负数时，会先和数组的长度相加，再计算出最终的索引。
（4）保持数组的长度不变，在数组末尾停止复制或填充。

77

（5）end 参数的默认值为数组长度，并且该位置上的元素会被忽略。

12．答案：虽然两种类非常相似，但是 ES6 中的类有其独有的特性，具体如下所列。

（1）类声明和即将要讲解的类表达式都不会被提升。

（2）类中的代码在执行时，会强制开启严格模式。

（3）类的所有方法都不可枚举，并且不能与 new 组合使用。

13．答案：可将 Virtual DOM 的工作分为 3 个简单的步骤。

（1）每当对 DOM 结点执行增删改查等操作时，Virtual DOM 会将 DOM 元素转换成 JavaScript 对象。

（2）再通过 diff 算法找出新旧虚拟 DOM 之间的差异部分。

（3）最后只更新真实 DOM 中需要变化的结点，而不是将整棵 DOM 树重新渲染一遍。

14．答案：React v16 新增了两个生命周期方法，如下所列。

（1）static getDerivedStateFromProps(nextProps, prevState)

静态方法 getDerivedStateFromProps()用来替代 componentWillReceiveProps()。它在 render() 方法之前触发，包含两个参数：nextProps 和 prevState，分别表示新的 props 和旧的 state。如果返回一个对象，那么更新 state；如果返回 null，那么就不更新 state。

（2）getSnapshotBeforeUpdate(prevProps, prevState)

getSnapshotBeforeUpdate()方法用来替代 componentWillUpdate()。它在最近一次渲染输出（即更新 DOM）之前触发，包含两个参数：prevProps 和 prevState，分别表示旧的 props 和旧的 state，返回值会成为 componentDidUpdate()的第三个参数。

15．答案：Context 能存放组件树中需要全局共享的数据，也就是说，一个组件可以借助 Context 跨越层级直接将数据传递给它的后代组件。

16．答案：TestRenderer 是官方的一个测试库（包），提供了一个 React 渲染器，可将 React 组件渲染成 JavaScript 对象，而不依赖 DOM 或原生移动环境。

它的主要功能是在不依赖浏览器或 JSDOM（由 JavaScript 实现的一系列 Web 标准）的情况下，返回由 ReactDOM 或者 React Native 平台渲染出的视图结构（类似于 DOM 树）的快照，下面是一个示例。

```
import TestRenderer from 'react-test-renderer';
function Link(props) {
    return <a href={props.page}>{props.children}</a>;
}
const testRenderer = TestRenderer.create(
    <Link page="https://www.pwstrick.com/">Strick</Link>
);
/**
 * {
 *   type: "a",
 *   props: { href: "https://www.pwstrick.com/" },
 *   children: [ "Strick" ]
 * }
 */
console.log(testRenderer.toJSON());
```

17．答案：插件能够借助 webpack 引擎的能力，将自定义的行为注入 webpack 的构建流程中，解决加载器无法实现的功能，如分离打包、压缩文件等。插件不仅能处理模块和编译过的资源，还能监控文件的变化。与加载器一样，插件也可根据特定需求实现自定义。

18．答案：代理服务器能接收客户端发送的请求，然后再将其转发给其他服务器，相当于网络信息的中转站，其功能如下所列。

（1）提高访问速度。

（2）控制对内部资源的访问，例如，只对教育网开放的各类FTP。

（3）过滤内容，例如，限制对特定计算机的访问。

（4）隐藏真实IP，免受攻击。

（5）突破访问限制。

19．答案：.native修饰符能让组件绑定原生事件，以下面的btn组件为例，如果要实现单击组件执行handler()方法，那么在click事件之后得加上.native修饰符。

```
<div id="container">
  <btn @click.native="handler"></btn>
</div>
<script>
  Vue.component("btn", {
    template: '<button>提交</button>'
  });
  var vm = new Vue({
    el: "#container",
    methods: {
      handler: function() {
        console.log("click");
      }
    }
  });
</script>
```

本质上，click事件绑定的其实是btn组件的根元素，即<button>元素。如果在DOM元素上使用.native修饰符，那么会让事件失效。

20．答案：在func()函数中，声明了两个泛型参数，并且约束U是T的一个属性名称。例如，为func()函数传递一个包含a属性的对象，当第二个参数是"a"时，可编译成功；而当第二个参数是"b"时，则会编译失败，如下所示。

```
func({a: 1}, "a");      //正确
func({a: 1}, "b");      //错误
```

五、编程题

1．答案：阴影（box-shadow）是CSS3新增的属性，可向边框添加一个或多个阴影。利用阴影可以模拟边框，使得元素可以套无限层边框，代码如下所示。div元素通过阴影，让元素多了3条边框，外层加了两条，分别为灰色和黄色，内部加了一条红色边框，如下图所示。

```
div {
  box-shadow: 0 0 0 5px #CCC,
              0 0 0 10px #FC0,
              0 0 0 5px #F00 inset;
```

```
        width: 150px;
        height: 50px;
    }
```

2．答案：整数是指没有小数的数，包括正整数、负整数和零。在 JavaScript 中有 3 个特殊的数字：NaN、Infinity 或-Infinity。isInteger()函数不仅要能识别出小数，还要能识别出这 3 个特殊的数字。下面是一个满足条件的 isInteger()函数。

```
function isInteger(value) {
    return typeof value === "number" && isFinite(value) && value % 1 === 0;
}
```

其中，typeof 运算符能够检测出变量的数据类型；全局函数 isFinite()能够判断一个数字是否有限；百分号（%）用于取得余数，如果不是整数，那么取得的余数不会是 0。

3．答案：全局函数 isNaN()能够判断一个值是否为 NaN，不过有一个严重的缺陷，就是如果参数既不是 NaN，也不是数字。例如，是字符串，返回的结果不是 false，而是 true。因此需要加一个类型判断，完善后的 isNaN()函数代码如下所示：

```
function isNaN2(value) {
    return typeof value === "number" && isNaN(value);
}
```

4．答案：此题有两个特点，第一个是实参数量不定；第二个是用到了柯里化（Currying）。柯里化也叫不完全函数（Partial Function），是一种部分求值的技术，能把一个完整的函数调用分解成多次函数调用，每次只传入部分参数，返回一个接收剩下参数的函数，如此循环往复，直至将所有参数传递过去，最后得出结果。

第一个特点可以通过函数内部的一个特殊对象 arguments 实现，这是一个类数组对象，管理着实参列表，通过数字索引就能从 arguments 对象中读取到未命名的实参。第二个特点需要在函数内部再定义一个函数，在这个内部函数中合并每次传入的实参，并返回自身。然后重写该内部函数的 toString()方法，因为每次调用它都会返回其自身，而最后一次输出它（即执行 console.log()）的时候就会调用 toString()方法，此时返回计算出的和，就能实现要求的效果，具体代码如下所示：

```
function add() {
    var tmpSlice = [].slice,
        params = tmpSlice.apply(arguments);        //间接调用 slice()方法
    function currying() {
        var arr = tmpSlice.apply(arguments);
        //由于闭包的关系，所以能读取 params 变量
        params = params.concat(arr);               //合并参数
        return currying;
    }
    currying.toString = function() {
        var result = 0;
        params.forEach(function(value) {
            result += value;                       //将所有参数相加
        });
        return result;
    };
    return currying;
}
```

5. 答案：一个模块就是一个独立的 JavaScript 文件，如果要读取文件内的变量、函数或类（ES6 新增的概念），那么必须先将它们用 export 关键字导出（如下所示），因为它们默认都是私有的。

```
export let name = "strick";
export function getName() {
  return "strick";
}
export class people {
  getName() {
    return "strick";
  }
}
```

六、面试题

1. 提示：面试官提出这类问题，是想考查求职者对所应聘岗位的熟悉程度，以及对未来工作的一种认知程度。虽然求职者的回答不能完全反映其是否能够胜任招聘的岗位，但也能够基本反映出求职者对本行业、本公司、本岗位的了解程度。

针对这类问题，最好的回答要点是把岗位职责和任务及工作态度阐述清楚，而且回答应该简洁、明了，应该基于工作要求。在回答前，争取做到对这个职位的方方面面都有比较全面的认识。如果能够预先多掌握一些有关企业的资料，面试时描述清楚，一定会令面试官刮目相看，并且会认为你加入该企业的诚意无可置疑。如果能够做到对所应聘的职位的性质、工作内容、所需专业知识了如指掌，面试官将会更相信你比较适合所应聘的职位。但是如果确实不清楚或者有些方面的内容不确定，可以去询问面试官，他可能会帮助你回答这个问题。

例如，可以回答："我应聘的岗位是前端工程师，前端是离用户最近的开发人员，前端的能力就是实现设计稿中的产品，同时结合后台开发技术实现动态交互，致力于改善用户体验。××公司作为中国民营企业的杰出代表，能够进入世界 500 强，显示出了其强大的管理能力与研发能力。我平时也非常关注前端相关的技术，参与过多个实际的前端相关项目，对 React、Vue 等开源框架也具备一定的了解，现在××公司将前端作为未来的一个增长级，大力发展前端，我感觉对我个人来说，将是一个巨大的机会，所以我非常希望能够加入××公司这个大家庭，施展自己的才华。"

2. 提示：求职者最害怕面试官询问有关自己最大的缺点的问题，可是面试官却总是会对求职者提出此类问题，似乎非要让求职者在自己面前出丑。而作为求职者而言，最好的办法就是从容面对。

面试官通常不希望听到直接回答的缺点有很多，如求职者说自己小心眼、爱忌妒人、非常懒、脾气大、工作效率低、性格急躁、不注重家庭等，企业肯定不会录用，同时也要避免说出那些与求职岗位相冲突的缺点。例如，编程需要心细，可是却说自己的缺点是粗心，那么这份工作就不适合你了。

自作聪明的人的回答是，"我的缺点是没有任何缺点""我的缺点是过于追求完美""我最大的缺点就是优点太多了"等，往往会让面试官反感。

还有一种回答："我个人不太注意家庭生活，是一个名副其实的工作狂，虽然我也知道疯狂工作会影响身体，但是为了工作能够完成，我也没有办法"，表面上看，这种人会非常讨面试官开心，但其实不然。凡是做出这种类似回答的求职者，在面试官看来，往往是那些没什么想法或者说分析思考能力较弱的人，再或者是一些有一定分析思考能力，但弄巧成拙的人。

其实，回答这类问题并不困难，每个人都会有缺点，只要你的缺点不与求职岗位相冲突，不是正常人看来的劣行品质，也不会影响到面试官对你人品的怀疑或是对你工作能力的怀疑。而且缺点不是绝对的，缺点是相对的，不同的职业对缺点的定义也不一样，所以回答缺点时，不要有任何心理负担。在回答该类问题时，常常需要注意以下事项。

（1）不应该说没缺点。

（2）不应该把那些明显的优点说成缺点。

（3）不应该说出严重影响所应聘工作的缺点。例如，缺乏团队精神、承受压力的能力不强、缺乏领导能力、表达能力不强、过分追求完美等。

（4）不应该说出令人不放心、不舒服的缺点。

（5）可以说出一些对于所应聘工作"无关紧要"的缺点，甚至是一些表面上看是缺点，从工作的角度看却是优点的缺点。例如，我有时候做事情比较急于求成，一旦接受一个任务，总想最高效地完成，但是欲速则不达，有时候在追求高效的时候，却忽视了精确性；我做事情比较需要外界压力推动，压力越大，效率越高，但若是在压力小竞争强度小的环境下，有可能反而变得有些松散；我缺乏工作经验，导致我做事情时不够自信；为人处事，特别是处理上下级、同事间关系的经验还有待进一步提高。诸如此类回答，一般是面试官满意的答案。

有时候问完了求职者的缺点之后，面试官还会在此基础上引申一下，提出一个问题："你是如何处理别人的批评的。"其实每个人在工作中，都不可能一帆风顺，都会经历到各种各样的挫折甚至是苦难，当遇到别人批评自己时，不管别人是出于什么目的，我们都应该虚心接受，然后及时修正与处理，不应该因为别人批评自己就怀恨在心甚至大动干戈。例如，可以回答："对我提出批评的人，我并不怪他们，我觉得他们都是为了让我变得更好，都是帮助我的人，我会有则改之，无则加勉"或者回答"人非圣贤，孰能无过，过而能改，善莫大焉，人在职场，面对领导、同事或者朋友的批评在所难免，只有虚心听取他人意见，才能认识到自己的不足，进而提高自身水平。"

3．提示：相比回答最大的缺点，这个问题其实更有挑战性，回答得太直接，恨不得把自己从小到大所获得的奖项统统报出来，反而可能会给面试官一种夸夸其谈的感觉，而回答得太委婉，又突出不了优点，无法增加面试官对自己的印象分。

其实，面试官提出这类问题，主要是关注求职者的两点内容：第一，求职者的诚信；第二，求职者的素养，包括技术能力、为人处事能力、沟通能力等。

回答该问题的时候，应当首先强调自己已具有的技能。面试官是否雇用你很大程度上取决于你的这些技能。可以参考以下两种回答。

（1）一旦有了目标，我就会朝着目标不断努力，而一旦我下定决心做某事，我就要把它做好，绝不拖拖拉拉、半途而废。例如，我的志愿是成为一个出色的系统分析师，我喜欢学习新的技术，关注最新的IT业发展，为了实现这个目标，我目前正在修读有关课程，并且参与到了一个实际的项目开发中。

（2）我做事有计划、有安排，我觉得如果不好好规划，事情很难取得成功。所以每天早上起床，我的第一件事就是制订一个比较详细的计划，把当天要做的事情分为两类：必须要完成的与最好能完成的。在职业发展方面，从大三开始我就决定毕业后要从事互联网企业研发工作，所以平时尽量多参与到一些与互联网应用相关的项目中去，尽可能地学习到互联网软件开发技术。

例如，"我的学习能力""适应能力很强""人际关系很好"等都是可提出的优点，如果能够提供与工作相关的证据，将能起到锦上添花的效果，受到用人单位的青睐。

回答完自己的优点后，最好能够继续向面试官表达一个意思：虽然自己优点很多，而且也取得了一些成绩，但是这些都是历史，现在最希望的是在新的工作岗位上能够继续不断地完善自己。

当然，很多时候，有些个性对于某一个岗位可能是优点，对其他岗位可能是缺点。例如，对于研究性岗位，就需要那种偏内敛、坐得住的人；而对于销售岗位，则更青睐性格外向的人。

真题详解 3　某知名安全软件服务提供商前端工程师笔试题

一、单选题

1．答案：C。

分析：SVG 是一种用 XML 描述图形的标记语言，早在 2003 年就已成为 W3C 标准，因此选项 C 并不是 HTML5 的新特性。

2．答案：C。

分析：选项 A 中的[attr^="val"]表示属性值以字符串"val"开头；选项 B 中的[attr~="val"]表示属性值用空格分割为多个值，其中一个值与字符串"val"相同；选项 D 中的[attr$="val"]表示属性值以字符串"val"结尾，只有选项 C 表示属性值以"val-"开头。

3．答案：B。

分析：选项 A、C 和 D 都是 HTTP 请求报文的组成部分，只有选项 B 中的状态码是 HTTP 响应报文中的组成部分。

4．答案：C。

分析：选项 C 中的 split()属于 String 和 RegExp 对象，能将字符串分割为数组；选项 A 中的 push()能在数组尾部插入一个或多个元素；选项 B 中的 shift()能在数组头部移除一个元素；选项 D 中的 join()能用指定的分隔符将数组中的元素衔接在一起，组成一段字符串。

5．答案：A。

分析：净室软件工程是一种应用数学与统计学理论，以经济的方式生产高质量软件的工程技术，力图通过严格的工程化的软件过程达到开发中的零缺陷或接近零缺陷。它提倡开发者不需要进行单元测试，而是进行正确性验证和统计质量控制。所以，选项 A 正确。

6．答案：B。

分析：本题中，130.63.160.2 是 B 类 IP 地址，而 B 类 IP 地址的前 16 位（两个字节）为网络号，后 16 位是主机号，划分子网就是将主机号中的一部分拿出来当作子网号。本题中，子网掩码为 255.255.255.0，也就是把前三个字节当成网络号。

与 B 类 IP 地址默认的前两个字节作为网络号相比，第三个字节就是子网号，即 160，所以这个 IP 的网络号是 130.63，子网号为 160，主机号是 2。所以，选项 B 正确。

7. 答案：A。

分析：对于选项 A，可抢占式调度会导致系统的开销更大。可抢占式（Preemptive）调度严格保证在任何时刻具有最高优先级的进程占有处理机运行，因此，该方式增加了处理机调度的时间，同时需要为退出的进程保留现场，为获取到处理机的进程恢复现场等时间（和空间），因此，开销比较大。非抢占式（Nonpreemptive）调度是一种让进程运行直到结束或阻塞的调度方式（容易实现，适合专用系统，不适合通用系统）。所以，选项 A 不正确。

对于选项 B，在内核中，对于每个进程都有一个文件描述符表，表示这个进程打开的所有文件。文件描述符表中每一项都是一个指针，指向一个用于描述打开的文件的数据块——file 对象。file 对象中描述了文件的打开模式、读写位置等重要信息，当进程打开一个文件时，内核就会创建一个新的 file 对象。需要注意的是，file 对象不是专属于某个进程的，不同进程的文件描述符表中的指针可以指向相同的 file 对象，从而共享这个打开的文件。file 对象有引用计数，记录了引用这个对象的文件描述符个数，只有当引用计数为 0 时，内核才销毁 file 对象。因此，某个进程关闭文件，不会影响与之共享同一个 file 对象的进程。所以，选项 B 正确。

对于选项 C，只读存储器（Read Only Memory，ROM）和随机存取存储器（Random Access Memory，RAM）指的都是半导体存储器，ROM 在系统停止供电的时候仍然可以保持数据，而 RAM 通常都是在掉电之后就丢失数据，典型的 RAM 就是计算机的内存。磁盘是一种类似磁带的计算机的外部存储器，它将圆形的磁性盘片装在一个方形的密封盒子里。固态硬盘，简称固盘（Solid State Drives，SSD）是用固态电子存储芯片阵列而制成的硬盘，由控制单元和存储单元（FLASH 芯片、DRAM 芯片）组成。ROM、RAM、磁盘和 SSD 都是存储设备，其中访问速度最快的是 RAM，访问速度最慢的是磁盘，CPU 的高速缓存一般是由 RAM 组成的。所以，选项 C 正确。

对于选项 D，如果系统中存在多个进程，它们中的每一个进程都占用了某种资源而又都在等待其中另一个进程所占用的资源，那么这种等待永远都不能结束，就称系统出现了"死锁"。所以，选项 D 正确。

8. 答案：C。

分析：各种算法的性能见下表。由此可知，本题的答案为 C。

排序方法	最好时间复杂度	平均时间复杂度	最坏时间复杂度	辅助存储	稳定性	备注
简单选择排序	$O(n^2)$	$O(n^2)$	$O(n^2)$	$O(1)$	不稳定	n 小时较好
直接插入排序	$O(n)$	$O(n^2)$	$O(n^2)$	$O(1)$	稳定	大部分已有序时较好
冒泡排序	$O(n)$	$O(n^2)$	$O(n^2)$	$O(1)$	稳定	n 小时较好
希尔排序	$O(n)$	$O(n\log n)$	$O(n^s) 1<s<2$	$O(1)$	不稳定	s 是所选分组
快速排序	$O(n\log n)$	$O(n\log n)$	$O(n^2)$	$O(\log n)$	不稳定	n 大时较好
堆排序	$O(n\log n)$	$O(n\log n)$	$O(n\log n)$	$O(1)$	不稳定	n 大时较好
归并排序	$O(n\log n)$	$O(n\log n)$	$O(n\log n)$	$O(n)$	稳定	n 大时较好

9. 答案：A。

分析：度指的是与该顶点相关联的边数。在有向图中，度又分为入度（in-degree）和出度（out-degree）。以某顶点为弧头，终止于该顶点的弧的数目称为该顶点的入度。以某顶点为弧尾，起始于该顶点的弧的数目称为该顶点的出度。在某顶点的入度和出度的和称为该顶点的度。

在有向图的邻接表中，从一个顶点出发的弧链接在同一链表中，邻接表中结点的个数恰为图中弧的数目，所以顶点入度之和为弧数和的一倍。如果为无向图，同一条边有两个结点，分别出现在和它相关的两个顶点的链表中，因此，无向图的邻接表中结点个数为边数的两倍。本题中顶点的出度之和为 m，所以所有顶点的入度之和也为 m（一条弧对应一个入度与一个出度），通过以上分析可知，选项 A 正确。

二、多选题

1．答案：ABD。

分析：在怪异模式中，当内容超出容器高度时，将会把容器拉伸，而不是溢出。因此选项 C 并不正确。

2．答案：ABCD。

分析：在 CSS 中用 display 属性指定元素的盒类型（框类型），以上 4 个选项都是它的值。其中选项 A 中的 list-item 能指定元素为列表；选项 B 中的 table 能指定元素为表格；选项 C 中的 run-in 能根据周围元素来决定当前元素的盒类型；选项 D 中的 flex 能让普通元素变成一个伸缩容器。

3．答案：ABCD。

分析：状态码能让客户端知道请求结果，服务器是成功处理了请求，还是出现了错误，又或者是不处理。题中的 4 个选项都正确地描述出了指定的状态码的含义。

三、填空题

1．答案：100。

分析：虽然 ul 元素包含一个浮动的子元素，但因为创建了 BFC，所以不会引起 ul 元素的高度塌陷，它的高度就是 li 元素的高度。

2．答案："91"、"124"。

分析：加法运算符是从左往右结合的，第一个表达式先做数字运算再做拼接，最终得到的结果为"91"。第二个表达式由于第一个是字符串，因此只做拼接操作，最终得到的结果为"124"。

3．答案：3。

分析：由于递增运算符（++）的优先级高于加法运算符（+），因此表达式"x+++x"相当于"(x++)+x"。先执行后置递增操作，对操作数进行增量并返回未计算的值，也就是 1。然后 x 变量再与自身相加，此时 x 变量的值已变为 2，也就是"1+2"，最后得到的结果为 3。

4．答案：true、false。

分析：相等运算符（==）允许在比较中进行类型转换，而全等运算符（===）禁止类型转换。在第一个表达式中，由于左操作数是布尔值，右操作数是字符串，因此左操作数会转换为数字，也就是 0，表达式变为 0=="0"。当左操作数是数字，右操作数还是字符串时，右操作数也会转换为数字，也就是 0，两者一比较返回 true。而第二个表达式进行的是全等比较，不会有刚刚的转换过程，因此返回 false。

5．答案：6、6。

分析：对象解构允许出现多个同名属性，等号左侧的对象中虽然包含了两个 a 属性，但两个变量 e 和 f 都被成功赋值。

四、问答题

1．答案：HTML 和 HTML5 主要有以下 5 种区别。

（1）旧版本的 HTML 比较依赖浏览器的插件，例如，播放视频需要安装 Flash 插件。

（2）由于 HTML5 不再基于 SGML，所以文档声明类型（DOCTYPE）只有一种。

（3）HTML5 消除了过时或冗余的元素，如 font、center 等。

（4）HTML5 新增了许多语义化的元素（如 article、header 等）和新功能（如 video、canvas 等），并提供更好的跨平台支持。

（5）HTML5 制订了新的全局属性和元素属性，全局属性有 draggable、contenteditable 等，元素属性有 accept、placeholder 等。

2．答案：随着 HTML5 功能的不断完善，促进了 Web App 与 Hybrid App 的发展，同时也影响了 Native App 的市场占有率。下表对 3 种技术做了概要说明。

App 技术	说　明
Web App	利用 Web 浏览器和 Web 技术通过网络执行任务的应用
Native App	以特定编程语言编写的智能手机应用程序，例如，用于 iOS 系统的 Objective C 和用于 Android 系统的 Java
Hybrid App	将 Web App 包装在本机容器中（常用的有 WebView），从而可以通过使用本机 SDK 来增强 Web 代码的处理能力

3．答案：CSS（Cascading Style Sheets）即层叠样式表，是一种样式语言，用于控制页面的表现（外观和内容排版）。它对 HTML 来说是一种有效的补充。

4．答案：外边距塌陷（Margin Collapsing）也称为外边距合并，是指两个在正常流中相邻（兄弟或父子关系）的块级元素的外边距，组合在一起变成单个外边距。不过只有上下外边距才会有塌陷，左右外边距不会出现这种问题。

5．答案：在 20 世纪 80 年代，计算机网络诞生，它能够将一台台独立的计算机互相连接，使得位于不同地理位置的计算机之间可以进行通信，实现信息传递和资源共享，形成一组规模大、功能强的计算机系统。不过，计算机要想在网络中正常通信，必须遵守相关网络协议的规则，常用的网络协议有 TCP、UDP、IP 和 HTTP 等。

6．答案：MAC 地址，也称为物理地址，用来定义网络设备的位置，它总共有 48 位，以十六进制表示，由两大块组成：IEEE（电气电子工程师学会）分配给厂商的识别码和厂商内部定义的唯一识别码，代码如下所示：

```
00-36-76-47-D6-7A
```

7．答案：首先了解一下 JavaScript 的优势。

（1）JavaScript 可在客户端替服务器分摊掉一些工作（如数据验证、数学计算等），从而减少了和服务器的交互次数，降低了服务器压力。

（2）JavaScript 比较容易上手，日常开发涉及的大部分语法都比较简单。

（3）用户能快速得到页面上的反馈，除了一些必须与服务器通信的操作，如提交数据、验证昵称重复等，这些操作会有无法避免的网络延迟，而其他在客户端运行的大部分操作，都能得到即时反馈。

（4）跨平台，JavaScript 不会依赖操作系统（如 Windows、iOS 等），只要有浏览器，就能正常执行。

（5）丰富界面、增强交互，JavaScript 可以控制文档中的任何元素，定制元素的内容、样式或行为，用 JavaScript 替代 CSS 实现复杂而多样的动画或特效（如单击元素改变背景色）。

再来了解一下 JavaScript 的劣势，如下所列。

（1）兼容性低，各个浏览器对 JavaScript 的支持程度不同，同一套脚本在不同浏览器中的执行结果会不同，有的可以完美执行，有的可能会提示错误。

（2）安全性低，由于 JavaScript 在客户端运行，用户不但可以查看 JavaScript 源代码，还能嵌入恶意代码、替换或禁用脚本。

（3）中断运行，JavaScript 是一种直译语言，所以只要有一条出错，那么就会直接停止运行。

（4）权限限制，JavaScript 不能直接与操作系统交互，中间有浏览器，浏览器只赋予了 JavaScript 很少的权限，像写文件操作都是不允许的。

8. 答案：target 属性指向的是事件目标，currentTarget 属性指向的是正在处理当前事件的对象。在发生事件传播时，target 指向的可能不是定义时的事件目标。例如，只给按钮的容器元素注册单击事件，当单击按钮时，target 指向的是<button>元素，而不是<div>元素，而 currentTarget 指向的始终是<div>元素，具体的代码实现如下所示：

```
<div>
    <button type="button" id="btn">按钮</button>
</div>
<script>
    var btn = document.getElementById("btn");
    btn.parentNode.addEventListener("click", function(event) {
        console.log(event.target);           //<button>元素
        console.log(event.currentTarget);    //<div>元素
    }, false);
</script>
```

9. 答案：在 HTTP 响应报文中会包含通用首部、响应首部和实体首部等。例如，通用首部中的 Connection 用来管理持久连接，响应首部中的 Server 表示服务器软件的名称和版本，实体首部中的 Content-Encoding 可指定内容编码格式，告知客户端用这个编码格式解压。

10. 答案：扩展运算符的用途简单概括，可以分为以下 3 种。

（1）替代函数的 apply()方法。

（2）简化函数调用时传递实参的方式。

（3）处理数组和字符串。

11. 答案：find()是对 indexOf()的一种补充，indexOf()只能通过全等匹配（===）来搜索指定的值，而这个新方法却可以自定义匹配条件。

12. 答案：类的成员既可以是普通的原型方法或自有属性，还可以是有特殊功能的构造函数、生成器、静态方法和访问器属性等，并且成员名可以是表达式。

13. 答案：Shadow DOM 是一种浏览器技术，为 Web 组件中的 DOM 和 CSS 提供了封装，并且封装的部分能与主文档的 DOM 保持分离。而 Virtual DOM 是一种由 Javascript 类库基于浏览器 API 实现的概念。

14．答案：如果 render()方法依赖于其他数据（如更新的数据不在 state 中），则可以调用组件的 forceUpdate()方法（如下所示）强制让其重新渲染。调用 forceUpdate()会让组件跳过 shouldComponentUpdate()方法，直接调用 render()方法。

```
component.forceUpdate(callback)
```

15．答案：高阶组件（High Order Component，HOC）不是一个真的组件，而是一个没有副作用的纯函数，以组件作为参数，返回一个功能增强的新组件，在很多第三方库（如 Redux、Relay 等）中都有高阶组件的身影。由于遵循了装饰者模式的设计思想，因此不会入侵传递进来的原组件，而是对其进行抽象、包装和拓展，改变原组件的行为。这样不仅增强了组件的复用性和灵活性，还保持了组件的易用性。

16．答案：Jest 是由 Facebook 基于 Jasmine 开源的一套 JavaScript 单元测试框架，不仅性能优越，还提供了断言、Spies、代码覆盖检查等功能。

17．答案：chunkFilename 属性用于声明未被列在入口中的 chunk 所生成的 bundle 文件的名称（配置如下所示），其取值与 filename 属性相同，但要注意占位符[name]会被替换为[id]。

```
module.exports = {
  entry: {
    index: "./index.js"
  },
  output: {
    chunkFilename: "[id].bundle.js"
  }
};
```

当使用 require.ensure()方法加载模块时，此模块就会被打包成指定的 bundle 文件，例如，下面的 list.js 文件会变成 0.bundle.js。

```
require.ensure(["./list.js"], function(){});
```

18．答案：GZIP 是 GNU ZIP 的缩写，其核心是 DEFLATE，而 DEFLATE 是一种同时使用 LZ77 与哈夫曼编码（Huffman Coding）的无损数据压缩算法。简单地说，GZIP 压缩是在一个文本文件中找出类似的字符串，并临时替换它们，从而使整个文件变小。这种压缩方式很适合 Web，因为 HTML、CSS 等文件经常充斥着大量的重复字符串，如空格、标签等。于是 HTTP 就收纳了 GZIP，让它成为一种编码格式，通过缩小数据尺寸来为传输提速。

19．答案：在说明.sync 修饰符之前，先通过一个示例来了解一下如何对传递的特性进行双向数据绑定，代码如下所示：

```
<div id="container">
  <btn :digit="digit" @update:digit="val => digit = val"></btn>
</div>
<script>
  Vue.component("btn", {
    props: ["digit"],
    template: '<button @click="handler">提交</button>',
    methods: {
      handler: function(e) {
        this.$emit("update:digit", this.digit + 1);
```

```
          }
        }
      });
      var vm = new Vue({
        el: "#container",
        data: {
          digit: 1
        }
      });
    </script>
```

　　btn 组件能接收从根实例传递过来的 digit 属性；单击模板中的按钮会触发特殊的 update:digit 事件，并传入一个 digit 属性的新值；在 btn 组件上声明的 update:digit 事件，能接收回传过来的新值，并对 digit 属性进行更新；更新后的 digit 属性又能传递给 btn 组件，从而实现了双向数据绑定。

　　.sync 修饰符功能和上面的示例相同，它只是一个语法糖，可在声明组件时省略 update:digit 事件，如下所示。

```
        <btn :digit.sync="digit"></btn>
```

　　20．答案：泛型是程序设计语言中的一种风格或范式，相当于类型模板，允许在声明类、接口或函数等成员时忽略类型，而在未来使用时再指定类型，其主要目的是为它们提供有意义的约束，提升代码的可重用性。

　　五、编程题

　　1．答案：可以使用 text-overflow 属性，这个属性用于显示内容溢出时的省略标记，如内容太多，将超出部分替换为省略号（...）。但要实现这个效果，需要先满足 3 个条件，那就是容器要有明确的宽度，强制在一行显示以及隐藏溢出内容，代码如下所示：

```
        p {
            width: 200px;              /*容器宽度*/
            white-space: nowrap;       /*强制在一行*/
            overflow: hidden;          /*隐藏溢出*/
        }
```

　　把 text-overflow 设为 ellipsis 后（代码如下所示），就能将溢出内容替换为省略号，结合刚刚的 3 个条件就能实现题中要求的效果。

```
        .overflow-ellipsis {
            text-overflow: ellipsis;
        }
```

　　2．答案：由于 JavaScript 中的浮点数是基于 IEEE 754 标准来实现的，因此它的计算精度远远不如整数，如 33.98 会显示成 33.979999999。如果两个小数并不大，那么可以先将小数变成整数，再执行乘法运算，最后把小数点往左移动到指定位置，得到想要的结果，具体代码如下所示：

```
        function accMul(arg1, arg2) {
            var m = 0;
            s1 = arg1.toString();
            s2 = arg2.toString();
            m += s1.split(".")[1].length;     //第一个小数的位数
            m += s2.split(".")[1].length;     //第二个小数的位数
            //两个整数相乘
```

```
    var result = Number(s1.replace(".", "")) * Number(s2.replace(".", ""));
    result /= Math.pow(10, m);          //小数点往左移动指定位数
    return result;
}
```

3. 答案：首先定义一个空对象，然后用循环语句访问字符串中的字符，再将字符作为对象的属性。如果该属性中已存在数字，那么就增量加一，否则为该属性定义一个数字1。最终在这个对象中就能包含每个字符出现的次数，代码如下所示：

```
var str = "xxxxyyydda";
length = str.length;
obj = {};
current;
for (var i = 0; i < length; i++) {
    current = str[i];
    if (!obj[current]) {
        obj[current] = 1;
        continue;
    }
    obj[current]++;
}
```

4. 答案：可以采用事件委托的方式，一次性为所有的 a 元素绑定单击事件，不用再为每个动态添加的 a 元素绑定单击事件了。通过事件对象 event 的 target 属性获取当前的事件目标，然后读取它的标签名并判断是否为 a 元素。如果是 a 元素，那么再读取它的自定义属性和内容执行拼接操作，最后用 alert()方法输出，具体过程如下所示：

```
var container = document.getElementById("container");
container.addEventListener("click", function(event) {
    var element = event.target;          //当前事件目标
    if (element.tagName.toLowerCase() != "a") {
        return;
    }
    alert(element.dataset.digit + element.innerHTML);
}, false);
```

5. 答案：如果想导入某个模块的成员，可以使用 import 关键字。它的语法与导出方式类似，也包含 4 个部分，分别是导入标识符、模块路径以及两个关键字：import 和 from，其中模块路径也不能简写，代码如下所示：

```
import * as people from "./1.js";
```

六、面试题

1. 提示：针对工作经验的问题，面试官会提问：你是一名应届生，缺乏工作经验，如何能够胜任你所应聘的岗位？

在 IT 行业，经验很重要，但经验绝对不是万能的，有时候，经验甚至非常不靠谱。所以，求职者首先在心态上，就要正视缺乏经验这一事实，不要因为缺乏工作经验，就感觉低人一等，自信全无了。而且，对于应届毕业生而言，面试官通常知道他们缺乏工作经验，却偏要就此问题发问，总是搞得求职者"丈二和尚摸不着头脑"。在一般情况下，如果面试官提出此类问题，说明该企业并不真正在乎"经验"，如果他们希望招募有经验的员工，就不会让你这样一个没有任何工作经验的人来参加面试和笔试了，面试官主要是想考验一下求职者的反应

能力。所以针对此类问题关键看求职者如何巧妙回答了，求职者回答什么并不重要，关键是看他们被"刁难"后的态度。

对这个问题的回答最好要体现出求职者的诚恳、机智、果敢及敬业。例如，可以回答"我虽然是一名应届毕业生，确实缺乏工作经验，但是在学校读书的时候，我一直利用各种机会参与到实际的项目开发之中。同时，我发现实际工作需求的知识远比书本知识丰富、复杂。但我有较强的责任心、适应能力和学习能力，而且我相信勤奋是任何困难的杀手，所以在实际的项目中我都能圆满地完成各项指定的任务，从中获取的经验也令我受益匪浅。请贵公司放心，我在校期间参与的项目获取的经验使我一定能胜任这个职位。"

2. 提示：在面试的过程中，面试官会经常提出此类问题，主要是为考查求职者的性格，想从侧面了解一下求职者与他人相处的能力。这种问题看起来似乎与求职者的工作没有任何关系，但实际上体现了用人单位不仅注重求职者的专业技能，而且注重他们的人品。

从另一个方面讲，回答此类问题也是一个表现自己的最好机会，所以一定要好好地把握这样一个机会。如果回答的时候不知道从何说起，或者需要思考很久才能回答，或者不经思考随便回答，都不会引起面试官的好感。

因为朋友一般不可能评论自己的工作技能，所以回答的时候应该重点谈论自己身上被朋友认可的一些品质和个性特征，最好与工作也相关。例如，友好、外向的性格，幽默感；可靠、忠诚、能保守秘密、诚信；适应能力强、有责任心、做事有始有终；有毅力、有抱负、有决心；能锲而不舍，奋发向上。这些评价都能够为自己加分。

以下几种回答方式都是非常能够吸引面试官的。

（1）我的朋友都觉得我是一个心怀远大志向的人。例如，在大学期间，为了减轻家庭负担，我选择了课余兼职，这样我就可以一边学习一边工作。

（2）朋友们都说我是一个随和、值得信赖的人，我认为朋友对我的评价还是比较客观的。这与我的交友原则是分不开的。首先，我觉得一个人应该诚信，孔子说"人而无信，不知其可也"，只有真诚待人，才能取得别人的认可。其次，我觉得做人要低调，谦虚谨慎，对朋友要平易近人，不能恃才高傲，要有亲和力。最后，我觉得应该对人主动热情，对自己可以帮到朋友的地方要竭尽全力去完成好，人际交往是双向的，只有双方共同付出，友谊之花才能天长地久。

（3）我的朋友都说我是一个可以信赖的人。我一旦答应别人的事情，就一定会做到，哪怕是再苦再难。如果我做不到，我也不会轻易许诺。

（4）朋友们都说我是一个比较随和的人，与不同的人都可以友好相处。在与人相处时，我总是能站在别人的角度去考虑问题，这样也能更好地为他人着想。

当然，人都是两面的，有优点，也有缺点，千万不要将一些可能影响到岗位录取的缺点说出来。

真题详解 4　某知名软件测评中心前端工程师笔试题

一、单选题

1. 答案：D。

分析：迭代周期分为两部分，如果只更新 Web 部分，那么就与选项 D 所说的一样；否则与 Native App 相同，需要先打包，然后再提交到应用商店审核，审核通过后才能算更新完成。

2．答案：A。

分析：选项 B 中的空格表示后代选择器；选项 C 中的大于号表示子选择器；选项 D 中的波浪号表示兄弟选择器。

3．答案：A。

分析：请求首部只存在于请求报文中，提供客户端的信息以及对服务器的要求。除了选项 A 之外，其余 3 个选项都属于响应首部，选项 B 中的 Accept-Ranges 表示服务器接收的范围类型；选项 C 中的 Server 表示服务器软件的名称和版本；选项 D 中的 Age 表示响应存在时间。

4．答案：A。

分析：数组有两种创建方式，即构造函数和字面量。选项 B 中的参数是一个数字，能返回指定长度的数组；选项 C 创建了一个稀疏数组；选项 D 传入了 3 个参数，返回包含这些参数的数组。

5．答案：C。

分析：软件复用（Software Reuse）是将已有软件的各种有关知识用于建立新的软件，以缩减软件开发和维护的成本。为了提高构件的复用率，通常要求构件具有较好的通用性与不变性。所以，选项 C 正确。

6．答案：C。

分析：3 个私有 IP 地址范围：10.0.0.0～10.255.255.255、172.16.0.0～172.31.255.255 和 192.168.0.0～192.168.255.255。末尾全 0 的表示一个网段，不用于单独的主机 IP 使用，x.x.0.1 一般是路由器的 IP 地址（大多路由器产品 IP 地址为 192.168.0.1 或 192.168.1.1）。末尾全 1 的（255）是广播地址，也不用于单独主机 IP。所以，选项 C 正确。

7．答案：C。

分析：在操作系统中，进程的基本状态有就绪状态、运行状态和阻塞状态 3 种。以下将分别对这 3 种状态进行分析。

（1）就绪（Ready）状态。进程已经具备运行条件，但是 CPU 还没有得到分配。也就是说，当进程已分配到除 CPU 以外的所有必要资源后，只要再获得 CPU，便可立即执行，此时进程的状态称为就绪状态。在一个系统中，处于就绪状态的进程可能有多个，通常将这些处于就绪状态的进程排成一个队列，称为就绪队列。

（2）运行状态。进程已获得 CPU，其程序正在执行。在单处理机系统中，只有一个进程处于运行状态，在多处理机系统中，则有多个进程处于运行状态。

（3）阻塞状态。当正在运行的进程由于发生某事件而暂时无法继续执行时，便放弃处理机而处于暂停状态，即程序的执行受到阻塞，把这种暂停状态称为阻塞状态，有时也称为等待状态或封锁状态。

3 种进程之间的转换如下图所示。

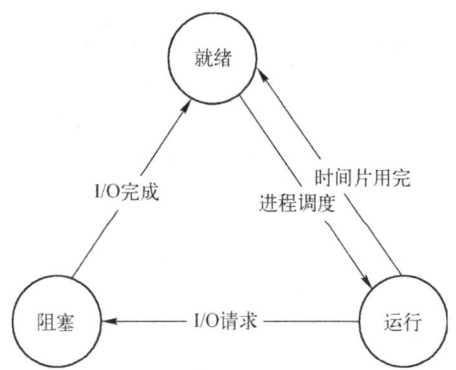

以下将针对这个状态转换图的条件进行讨论与分析。

(1) 就绪→运行。对于就绪状态的进程,当进程调度程序按一种选定的策略从中选中一个就绪进程,并为之分配了处理机后,该进程便由就绪状态变为运行状态。

(2) 运行→阻塞。如果正在运行的进程因发生某等待事件而无法执行,则进程由执行状态变为阻塞状态,例如,进程提出输入/输出请求而变成等待外部设备传输信息的状态,进程申请资源(主存空间或外部设备)得不到满足时变成等待资源状态,进程运行中出现了故障(程序出错或主存储器读写错等)变成等待干预状态等。

(3) 阻塞→就绪。处于阻塞状态的进程,当其等待的事件已经发生,例如,输入/输出完成,资源得到满足或错误处理完毕时,处于阻塞状态的进程并不会马上转入运行状态,而是先转入就绪状态,然后再由系统进程调度程序在适当的时候将该进程转为运行状态。

(4) 运行→就绪。正在运行的进程,因为时间片用完而被暂停执行,或在采用抢先式优先级调度算法的系统中,当有更高优先级的进程要运行而被迫让出处理机时,该进程便由运行状态转变为就绪状态。

以上 4 种情况可以相互正常转换,那么为什么阻塞状态无法直接转换为运行状态呢?为什么就绪状态无法直接转换为阻塞状态呢?其实,即使给阻塞进程分配 CPU,也无法执行,因为操作系统在进行调度时,不会在阻塞队列中进行挑选,其调度的选择对象为就绪队列,而就绪状态根本就没有执行,是进入不了阻塞状态的。

本题中,进程在运行过程中,进入 I/O 操作,则处理阻塞。所以,此时进程的状态将从运行变为阻塞。所以,选项 C 正确。

8. 答案:D。

分析:所谓稳定排序,指的是一个序列中的相同的元素在排序完毕之后,它们的顺序仍然不会改变。反之,排序算法则是不稳定的。

对于选项 A,选择排序是给每个位置选择当前元素最小的,例如,给第一个位置选择最小的,在剩余元素里面给第二个元素选择第二小的,以此类推,直到第 n-1 个元素,第 n 个元素不用选择了,因为只剩下它一个最大的元素了。例如,序列 3 7 3 2 9,第一遍选择第一个元素 3 会和第四个元素 2 交换,那么原序列中两个 3 的相对前后顺序就被破坏了,所以选择排序不是一个稳定的排序算法,选项 A 错误。

对于选项 B,希尔排序是按照不同步长对元素进行插入排序,当刚开始元素很无序的时候，步长最大，所以插入排序的元素个数很少，速度很快；当元素基本有序了，步长很小，插入排序对于有序的序列效率很高。所以，希尔排序的时间复杂度会比 $O(n^2)$ 好一些。由于涉及多次插入排序，而一次插入排序是稳定的，不会改变相同元素的相对顺序，但在不同的插入排序过程中，相同的元素可能在各自的插入排序中移动，最后其稳定性就会被打乱，所以希尔排序是不稳定的，选项 B 错误。

对于选项 C，堆的结构是结点 i 的孩子为 2 * i 和 2 * i + 1 结点，大顶堆要求父结点大于或等于其两个子结点，小顶堆要求父结点小于或等于其两个子结点。对于一个长为 n 的序列，堆排序的过程是从第 n / 2 开始和其子结点共 3 个值选择最大（大顶堆）或者最小（小顶堆），这 3 个元素之间的选择当然不会破坏稳定性。但当为 n/2-1，n/2-2，…，1 这些父结点选择元素时，就会破坏稳定性。有可能第 n / 2 个结点的父结点与它的孩子结点（假设这个结点的值为 X）进行了交换，而第 n/2-1 个结点如果也有一个孩子结点的值为 X，但是这个父结点没有与孩子结点进行交换，那么这两个相同的元素之间的稳定性就被破坏了。所以，堆排序不是稳定的排序算法，选项 C 错误。

对于选项 D，归并排序是把序列递归地分成短序列，递归出口是短序列只有一个元素（认为直接有序）或者两个序列（一次比较和交换），然后把各个有序的段序列合并成一个有序的长序列，不断合并直到原序列全部排好序。可以发现，在一个或两个元素时，一个元素不会交换，两个元素如果大小相等也不会交换，这不会破坏稳定性。那么，在短的有序序列合并的过程中，稳定是否受到破坏？没有，合并过程中，可以保证如果两个当前元素相等，则把处在前面的序列元素保存在结果序列的前面，这样就保证了稳定性。所以，归并排序是稳定的排序算法，选项 D 正确。

9．答案：B。

分析：如果图中的每条边都是有方向的，则称为有向图。在一个有向图中，边是由两个顶点组成的有序对，有序对通常用尖括号表示，例如<vi,vj>表示一条有向边，其中 vi 是边的始点，vj 是边的终点。在有向图中，<vi,vj>和<vj,vi>代表两条不同的有向边。

在有向图中，任意两个结点之间都可以形成一对有向边，因此，对于具有 n 个顶点的有向图，其边的条数为 n(n-1)。所以，选项 B 正确。

二、多选题

1．答案：ABD。

分析：选项 A 中元素的名称使用了大写；选项 B 中元素的属性没有用引号包裹；选项 D 中元素之间互相嵌套，这 3 个选项都不符合 XHTML 文档的规范。

2．答案：AC。

分析：在 content 属性中应用 attr()函数，可将内容指定为某个 CSS 属性的值，符合选项 A 中的描述；在 content 属性中应用 url()函数，能将内容指定为某个图像，符合选项 C 中的描述。

3．答案：BCD。

分析：在 JavaScript 中，数字类型用 number 表示，而不是选项 A 中的 int。number 类型支持十进制、八进制和十六进制的整数，还包括浮点数（双精度数值）、时间日期、NaN 和 Infinity。

三、填空题

1. 答案：20。

分析：第二个 div 元素在创建 BFC 后，就能避免外边距塌陷，阻止 div 和 p 元素的上外边距合并在一起。此时第一个 div 元素和 p 元素之间的间距就是 20 px。

2. 答案：false。

分析：表达式中的感叹号表示逻辑非，会将操作数转换为布尔值，再对其进行求反。由于 function(){} 是真值，因此对其进行取反后的结果为 false。在 JavaScript 中只有 7 个假值：undefined、null、0、-0、NaN、""和 false。

3. 答案：NaN、Infinity。

分析：在第一个表达式中，数字和字符串会执行数学运算，但不会成功，为了避免抛出错误，表达式会返回一个特殊的数值：NaN。在第二个表达式中，用一个数字除以 0，会返回 Infinity，这是一个存储无穷大的特殊数值。

4. 答案：30。

分析：此处执行了两次即时函数，第一次传入了 10，第二次传入了 20。在第二个即时函数中，由于闭包的关系，可以读取到外层的 x 变量，因此最终输出的结果为 30。

5. 答案：null。

分析：对象解构使用默认值的判断依据是属性或属性值是否存在，并且要与 undefined 做全等比较。

四、问答题

1. 答案：DOCTYPE（Document Type Declaration）用于声明文档类型和 DTD（Document Type Definition）规范，确保不同浏览器以相同的方式解析文档，以及执行相同的渲染模式。DTD 就是文档类型定义，一种标记符的语法规则，保证 SGML 和 XML 文档格式的合法性。

2. 答案：HTML 与 XHTML 的区别主要有以下 10 个方面。

（1）XHTML 需要良好的文档结构，也就是元素要合理嵌套。

（2）在 XHTML 文档中，元素名称会区分大小写，并且元素名称和属性必须小写。

（3）在 XHTML 文档中，所有元素都需要结束标签。

（4）在 XHTML 文档中可混合各种 XML 应用。

（5）在 XHTML 文档中，注释标签（<! -- -->）中的内容将会被忽略。

（6）XHTML 文档内的 CDATA 中的内容可以被执行。

（7）在 XHTML 1.0 中，不推荐 a、applet、form、frame、iframe、img 和 map 元素拥有 name 属性，即使加了也不会报错。

（8）在 HTML 中用脚本读取到的 HTML 标签名和属性名会以大写形式返回，而 XHTML 1.0 则是小写。

（9）在 XHTML 文档中，元素的属性值需用引号包裹，并且禁止属性简化。

（10）在 XHTML 文档中，有些特殊字符必须被替换为实体引用。

3. 答案：元素的外边距可以用正数或负数来指定，使用不同的组合会改变外边距的计算方式，总共有 3 种组合方式，如下所列。

（1）两个都是正数，取较大的值。

（2）两个都是负数，取绝对值较大的值。

（3）一正一负，取两个值相加的和。

4．答案：span 是一个行内元素，它的盒类型默认是 inline。行内元素不能定义 width 和 height 属性，它的宽度和高度都由其内容和边框决定。行内元素也不能定义上下 margin 和上下 padding。虽然定义上下 padding 后，能使得元素变高，但元素占据的空间并没有改变。下面用代码解释行内元素的这个特点，效果如下图所示，在设置上下 padding 后，行内元素与相邻的块级元素重叠在了一起。

```
<div>块级元素</div>
<span>行内元素</span>
```

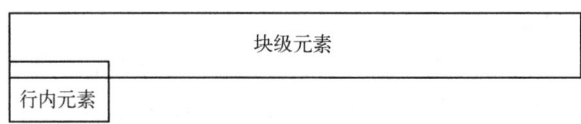

5．答案：IP 地址是指互联网协议地址，为网络中的每台主机（如计算机、路由器等）分配一个数字标签。IP 地址应用在 OSI 参考模型中的网络层，能保证通信的正常。常用的 IP 地址分为两大类：IPv4 与 IPv6。

IPv4 由 32 位二进制数组成，但为了便于记忆，常以 4 段十进制数字表示，每组用点号（.）隔开，如下所示：

192.169.253.1

在 IP 地址后面常会带着一组以 255 开头的数字，这被称为子网掩码（如下所示），用来送标识 IP 地址所在的子网。在网络中传数据可简单理解成现实生活中的送快递，送快递的时候需要知道具体地址，而具体地址由省、市、区、街道、门牌号等部分组成，换到网络中，IP 地址就相当于门牌号，而子网掩码则相当于省、市、区、街道信息。

255.255.255.250

IPv4 的地址数量是有限的，而今互联网发展迅猛，资源迟早会枯竭，为了根本解决这个问题，国际互联网工程任务组（IETF）规划并制定了 IPv6 标准。IPv6 有 128 位，分为 8 组，每组 4 个十六进制数，用冒号（:）隔开，如下所示：

CFDE:086E:0291:08d3:760A:04DD:CCAB:2145

6．答案：状态码能让客户端知道请求结果，服务器是成功处理了请求，还是出现了错误，又或者是不处理。状态码会和原因短语成对出现，状态码由 3 位数字组成，第一个数字代表了类别；原因短语会提供便于理解的说明性文字。下表列出了 5 类状态码。

状态码	类别	原 因 短 语
1XX	信息	请求已被接受，正在处理中
2XX	成功	请求已处理成功
3XX	重定向	客户端需要附加操作才能完成请求
4XX	客户端错误	客户端发起的请求服务器无法处理
5XX	服务器错误	服务器在处理请求时发生错误或异常

7．答案：字面量（Literal）就是常量，它是一种在程序中可以直接使用的数据值，通常它的值是固定的。在 JavaScript 中，可以使用各种字面量，如数字字面量、字符串字面量、对

象字面量等，下面列出的都是字面量：

```
12              //整数
1.25            //浮点数
("abc")         //字符串
{num: 1}        //对象
[1, 2, 3]       //数组
/\d+/g          //则表达式
true            //布尔值
```

8．答案：点击劫持（Clickjacking）是一种视觉上的欺骗，攻击者把一个透明的 iframe 覆盖在目标网页的某个位置，这个位置可以是一个按钮、一段文字或一张图像等，诱使用户单击。如果要防范该攻击，可以通过限制 iframe 来实现。只要在 HTTP 响应报文中增加 X-Frame-Options 首部，就能让浏览器按照要求加载 iframe 中的页面，可以是不加载、只加载相同域名或加载指定来源。

9．答案：在 JavaScript 的函数中，声明时定义的形参个数可以和传入的实参个数不同。当实参个数大于形参个数时，ES6 新增的剩余参数能把没有对应形参的实参收集到一个数组中。

10．答案：类型化数组（Typed Array）是一种处理二进制数据的特殊数组，它可像 C 语言直接操纵字节，不过需要先用 ArrayBuffer 对象创建数组缓冲区（Array Buffer），再映射到指定格式的视图（view）之后，才能读写其中的数据。

11．答案：当 super 作为方法使用时，有以下 6 个注意点。
（1）super()方法相当于父类的构造函数。
（2）只有在子类的构造函数中才能调用 super()方法。
（3）如果子类显式地定义了构造函数，那么必须调用 super()方法，否则会报错。
（4）如果子类没有定义构造函数，那么会自动调用 super()方法。
（5）当子类的构造函数显式地返回一个对象时，就能避免调用 super()方法。
（6）在使用 this 之前，必须先调用 super()方法。

12．答案：Fiber 是 React v16 中新的调和（Reconciliation）引擎，重构了 React 的核心算法。它的主要特性是增量渲染，即把渲染任务拆分成任务块，并将任务分配到多个帧上。目标是扩大动画、布局和手势等领域的适用性，提升交互体验。

13．答案：Refs 是一种访问方式，通过它可读取 render()方法内生成的组件实例和 DOM 元素，常用来处理元素的焦点、触发动画、集成第三方 DOM 库等。

14．答案：在高阶组件中创建的新组件，不会再沿用原组件的名称。为了便于在 React Developer Tools 中调试，需要为新组件设置一个显示名称，例如，新组件的名称是"Enhanced"，原组件的名称是"Input"，那么就以"Enhanced(Input)"为显示名称。高阶组件可以通过定义 displayName 属性完成这个功能。

15．答案：npm（Node Package Manager）是 Node.js 的包管理工具，相当于一个在线仓库。它提供了一个公共的平台，将分散在世界各地的包集中起来，能轻松地安装、分享和管理相关的包，不用再为搜索包而烦恼，并且 npm 能自动处理包的依赖项。它由以下 3 部分组成。
（1）网站：可用来浏览、搜索包的信息。
（2）注册表：一个巨大的数据库，保存了每个包的信息，如作者、版本、依赖等。
（3）命令行界面（CLI）：开发者可在 CLI 中对包进行发布、安装、卸载等操作。

16．答案：mode 字段用于告知 webpack 使用相应模式的优化，它有 3 个关键字可供选择：

none、development 和 production,其中默认值是 production。

webpack 在运行时会定义一个全局变量 process.env.NODE_ENV,并将当前的 mode 值赋给它。除了 none 之外,其他两个关键字还能启用相应的插件,如下表所示。

关键字	启用的插件
development	NamedChunksPlugin 和 NamedModulesPlugin
production	FlagDependencyUsagePlugin、FlagIncludedChunksPlugin、ModuleConcatenationPlugin、NoEmitOnErrorsPlugin、OccurrenceOrderPlugin、SideEffectsFlagPlugin 和 UglifyJsPlugin

17. 答案:Vue 是异步更新 DOM 的,为了能操作更新后的 DOM,引入了 Vue.nextTick() 方法,Vue 实例的$nextTick()方法与其功能相同。它能接收一个回调函数,并且自 2.1.0 起,为 Vue.nextTick()方法新增了一种返回值,只要没有为方法提供回调并且当前环境原生支持 Promise,那么就能返回一个 Promise,如下所示:

```
Vue.nextTick(function() {});
Vue.nextTick().then(function() {});
```

18. 答案:Vue 提供的 3 个实例属性可满足本题要求,具体如下所列。

(1)$parent:父组件。

(2)$root:根实例,如果没有父实例,那么读取的将是自身。

(3)$children:直接子组件,无法获取隔代的子组件,并且不保证组件的顺序,也非响应式。

19. 答案:赋值兼容性扩展了子类型兼容性,增加了一些规则,允许和 any 相互赋值,以及 enum 和对应数字之间的相互赋值。而类型兼容性遵从赋值兼容性,即使是 implements 和 extends 语句也不例外。

五、编程题

1. 答案:题中指定了动画的持续时间和循环次数,并强调要有连贯性,因此需要设置 3 个动画的子属性:animation-duration、animation-iteration-count 和 animation-direction。具体实现过程如下所示:

```
div {
    animation: drift 2s infinite alternate;
}
@keyframes drift {
    from {
        transform: translateX(0);
    }
    50% {
        transform: translateX(30px);
    }
    to {
        transform: translateX(60px);
    }
}
```

2. 答案:a 可以是一个对象。当相等运算符的左边是一个对象,右边是一个数字时,对象要先做 ToPrimitive 抽象操作,即先调用 valueOf()方法,如果返回基本类型的值就用该值。下面列举了一个包含 valueOf()方法的对象,方法中的 digit 属性每执行一次就做递增操作,用此对象执行刚刚的匹配就能返回 true。

```
var a = {
  digit: 1,
  valueOf: function() {
    return this.digit++;
  }
};
```

3．答案：将 in 运算符和 Object 对象的 hasOwnProperty()方法组合使用，能够检测一个属性是否为继承属性，它们的用法见下表。

检测方式	描述
in 运算符	在对象的自有属性或继承属性中包含要匹配的属性，就返回 true，否则返回 false
使用 Object 的 hasOwnProperty()	在对象的自有属性中包含要匹配的属性时，就返回 true，否则返回 false

只要 in 运算符返回 true，而 hasOwnProperty()方法返回 false，就能确定这是个继承属性，代码如下所示：

```
function isInheritProperty(obj, name) {
  return name in obj && !obj.hasOwnProperty(name);
}
var obj1 = { name: "strick" };
var obj2 = Object.create(obj1);
isInheritProperty(obj2, "name");          //true
```

4．答案：字符串类似于一个只读的数组，它也包含一个 length 属性，能够获取自身的长度，并且还能通过数字索引读取到指定位置的字符。利用这些特点，可以反序读取字符串中的字符，再一个个地拼接，最终就能获得逆序的字符串，具体代码如下所示：

```
function reverse(str) {
  var result = "",
      begin = str.length - 1;
  for (var i = begin; i >= 0; i--) {
    result += str[i];
  }
  return result;
}
```

5．答案：ES6 新增的 codePointAt()方法能够获取到所有字符的码位，BMP 中的字符都只有一个编码单元，因此，它的范围不会超过 U+FFFF。只要超过了这个值，那么该字符就是由两个编码单元组成的，具体代码如下所示：

```
function isTwoCodeUnit(character) {
  return character.codePointAt(0) > 0xFFFF;
}
```

六、面试题

1．提示：当面试官提出此类问题时，一般出于以下两个原因考虑：首先，工作中常会出现与上司意见不一致的情况，通过提问，提前了解求职者的处理方式；其次，考验求职者的沟通能力以及对自己的角色定位。

在回答此种问题时，如果回答得过于有个性，可能会让面试官觉得不够职业、不够成熟，但如果回答得太八面玲珑，也有可能会让面试官觉得太虚情假意、见风使舵、不够稳重。因此，在面试过程中，回答此类问题的原则是诚恳、谦虚、稳重。

具体而言，应该在回答的时候表达出以下 3 个方面的内容：首先，自查，无论是与上司还是同事，抑或是与下属意见不一致时，既不能对上趋炎附势、迎合谄媚，也不能对下盛气凌人、以权压人，要学会先从自己身上找原因，而不是无端地指责别人或是列举种种客观因素为自己开脱责任，尤其是当与上司意见不一致时，更不能贸然地去质疑对方，而是应该静下心来，重新梳理自己的思路，与对方的意见做仔细比较。然后，用心沟通，只有稳定情绪、心平气和的沟通才是最佳状态，"气急之下无好话"，气急也不利于观点表达，反而会让有理变无理。"有理不在声高"，即使自己的观点真的是正确的，也不能表现出一副胜券在握、目中无人的傲慢态度，摆事实、讲道理，以谦逊的态度阐述自己的观点，并举例说明情况。最后，顾及他人颜面也是一种美德，尤其是同事之间，特别还是上司下属之间，尽量不要在众多同事面前与上司产生激烈碰撞，挑战上司的威信、当面指责上司的错误都不利于团队合作，还会影响到其他同事，对以后的工作开展都会有不利影响，所以最好选择单独沟通或者是先邮件沟通。

所以，作为下属，如果与上司意见不一致，原则上应该尊重和服从上司的领导与安排，但不要使用"你是上司你说了算"这种表达方式，可以在私下寻找合适的机会，以请教的口吻婉转地向上司表达自己的真实想法，看一下上司是否能改变想法，但如果上司没有采纳自己的建议，自己也同样会按上司的要求认真地去完成这项工作。具体可以参考以下几种回答方式：

（1）作为企业的一员，在工作中，与上司在某些问题上产生分歧在所难免，但是大家最终的目标都是希望能够更出色地完成任务，使得公司的利益最大化。当与上司发生意见不一致时，可能是思考问题的角度和沟通方式上出了问题，所以我不会急于去与上司辩论，而会首先站在上司的角度去考虑问题，毕竟上司比我有着更丰富的实战经验，他是站在大局、宏观的角度考虑问题，而我的视野可能更狭窄一些，考虑得不够全面。

（2）如果遇到这种情况，我觉得有效沟通是解决问题的最佳方法。首先，我会向上司表明自己希望沟通的愿望和诚意，同时在沟通的过程中，换位思考，站在上司的角度去考虑问题，然后再阐释自己的理由。在与上司的沟通中，我会保持谦和的语气与实事求是的态度，即使自己可能更在理一些，也不会"得理不饶人"，尽量照顾上司的颜面与企业的形象。

2．提示：一般而言，企业不需要知道求职者的家庭具体情况，之所以面试时询问求职者的家庭问题，并非要窥探求职者的个人隐私，而是基于以下几个方面的考虑。

（1）此类问题可以理解为一种亲切的问候，通过这种亲切的问候，可以拉近面试官与求职者的心理距离，缓解求职者的紧张情绪，方便求职者正常发挥。

（2）通过了解求职者的成长环境，包括父母职业、家庭成员构成等情况，做基本的家庭教育情况和家庭经济状况推测，来初步判断求职者是个什么样的人。

（3）对求职者回答的内容进行更深入的追问，了解父母的价值观和求职者个人的价值观，以及求职者对父母，父母对求职者的评价、态度、认同程度。同时，父母的人生观、价值观会对子女有深刻影响。

（4）了解求职者与父母、亲人的相处情况，和谐、积极的家庭氛围对子女性格完善更有益处，以后工作中也更善于与他人合作、相处。

（5）企业对求职者婚姻状况、子女状况有时会有倾向性的。例如，有些企业就希望招已婚已育的女性。

企业希望听到的重点也在于家庭对求职者的积极影响，所以在回答此类问题时，一般需要考虑以下 5 点内容：第一，简单罗列家庭人口、父母职业等情况。第二，强调温馨和睦的家庭氛围，在真实的基础上尽量表达积极、正向的内容，不要过多提如父母感情不好等对自己不利的情况，即使单亲家庭，也可以从与母（父）亲相互鼓励、体谅、自强不息等方面着手，因为企业相信，和睦的家庭关系对一个人的成长有潜移默化的影响。第三，强调父母对自己教育的重视。第四，强调家庭成员的良好状况及其对自己工作的支持，以及自己对家庭的责任感。第五，强调自己非常热爱父母、热爱自己的家庭。

需要特别注意的是，在回答此类问题时，言语中应该尽量少用评价性、赞扬性的词汇，要用中性词和情感描述性词汇，因为你谈论的对象是你的家人，而不是下属，不能以过于理性评价或判断的姿态出现，否则可能被误认为没有谦卑和敬畏之心，或者认为过于虚荣，回答虚假。

对于家庭条件相对比较好的求职者而言，最好强调家庭条件对自己的个性形成起到积极作用；对于家庭条件相对不好的求职者而言，最好能够强调家庭条件促成了自己优秀品质的形成，表达出"穷人的孩子早当家"的意思。有以下一些比较好的回答方式可供参考。

（1）我很爱我的家庭，我的家庭一向很和睦，虽然我的父亲和母亲都是普通人，但是从小我就看到我的父亲起早贪黑，每天工作特别勤劳，他的行动无形中培养了我认真负责的态度和勤劳的精神。我的母亲为人善良，对人热情，特别乐于助人，所以在单位人缘很好，她的一言一行也一直在教导我做人的道理。

（2）我的家境不是很好，父母都是普通农民，虽然他们给予我的物质生活不是很好，但是我觉得已经足够了，他们朴实无华、勤勤恳恳，用他们辛勤的劳动来供我读书，非常不容易，所以我也非常能够体会为人父母的不容易，珍惜来之不易的读书机会。从小我也养成了吃苦耐劳的习惯，独立意识与适应环境的能力比较强，无论遇到什么困难，我都能非常从容地去面对。"海阔凭鱼跃，天高任鸟飞"，父母淳朴的性格永远指引着我不断前行，使我受用终身。

（3）我的家庭背景还可以，父亲是公务员，母亲是大学教师，所以从小家教就比较严格，我也不会更多计较薪金上的问题，做事情更加看重的是能否体现个人价值、发挥个人能力，更加关注自己的未来发展方向，这也是选择贵公司的主要原因，毕竟这里代表着这个行业的发展方向，我希望能够在这样一个有发展前景的行业、有发展潜力的企业工作。

真题详解 5　某知名搜索引擎提供商前端工程师笔试题

一、单选题

1. 答案：B。

分析：HTML5 已废弃带样式的元素，选项 B 中的 font 元素能改变字体的大小和颜色，因此 HTML5 已不再支持该元素。

2. 答案：A。

分析：content 属性的值不能用数字表示，因此选项 A 中的值无法赋给 content 属性。选项 B 中的"\6211"是"我"的十六进制 Unicode 编码，content 属性能解析十六进制 Unicode 编码过的字符。其余两个选项中的 no-open-quote 和 no-close-quote 可分别删除 open-quote 与 close-quote 的引用。

3．答案：A。

分析：通信两端都是串行处理请求的，接收端在等待这个包到达之前，不会再处理后面的请求，这种现象称为队首阻塞。HTTP/2.0 通过多路通信解决了队首阻塞的问题。由此可知，选项 A 并不是 HTTP/2.0 的新特性。

4．答案：C。

分析：选择框之间通过改变选中项来实现联动，除了选项 C 中的 change 事件，其他都不能实现这样的联动。选项 A 中的 click 事件会在单击时触发；选项 B 中的 blur 事件会在聚焦时触发；选项 D 中的 keydown 事件会在按下键盘上的任意键时触发。

5．答案：C。

分析：逆向工程（Reverse Engineering）也叫反求工程，是根据已有的内容和结果，通过分析来推导出具体的实现方法。例如，通过某个 exe 程序能够做出某种漂亮的动画效果，通过反汇编、反编译和动态跟踪等方法，分析出其动画效果的实现过程，这种行为就是逆向工程。不仅仅是反编译，而且还要推导出设计，并且文档化，逆向工程的目的是使软件得以维护。所以，选项 C 正确。

6．答案：C。

分析：本题中，网络的 IP 地址空间为 192.168.3.0/24，这是一个 C 类 IP 地址块，其默认子网掩码为 255.255.255.0。但按照题目要求，如果采用定长子网划分，子网掩码 255.255.255.248 的二进制表示为 11111111.11111111.11111111.11111000，它是在 255.255.255.0 的基础上，向原主机号借用了 5 个位作为新的子网号，因此，本网络的最大子网个数为 2^5（2^5）个，即 32 个，此时可以排除选项 A 与选项 D。

每个子网内的最大可分配地址个数=2^(32-29)-2=2^3-2=8-2=6 个，之所以需要减去 2，是因为主机号为全 0 的地址被保留用于标识子网本身，主机号为全 1 的地址被保留用作该子网的广播地址，它们不在可分配地址中。所以，选项 C 正确。

7．答案：C。

分析：状态不能直接从等待状态（也称为阻塞状态）跳转到运行状态，只能跳转到就绪状态。所以，选项 C 正确。

8．答案：B。

分析：对于选项 A，堆排序的思想是对于给定的 n 个记录，初始时把这些记录看作一棵顺序存储的二叉树，然后将其调整为一个大顶堆，然后将堆的最后一个元素与堆顶元素（即二叉树的根结点）进行交换后，堆的最后一个元素即为最大记录；接着将前 n-1 个元素（即不包括最大记录）重新调整为一个大顶堆，再将堆顶元素与当前堆的最后一个元素进行交换后得到次大的记录，重复该过程，直到调整的堆中只剩一个元素时为止，该元素即为最小记录，此时可得到一个有序序列。

对于选项 B，快速排序的原理如下：对于一组给定的记录，首先通过一趟排序后，将原序列分为两部分，其中前半部分的所有记录均比后半部分的所有记录小，然后再依次对前后两部分的记录进行快速排序，递归该过程，直到序列中的所有记录均有序为止。

对于选项 C，希尔排序的实质是分组插入排序，该方法又称缩小增量排序，基本思想如下：先将整个待排元素序列分割成若干个子序列（由相隔某个"增量"的元素组成），分别进行直接插入排序，然后依次缩减增量再进行排序，待整个序列中的元素基本有序（增量足够小）时，再对全体元素进行一次直接插入排序。因此，直接插入排序在元素基本有序的情况下（接近最好情况），效率是很高的。

对于选项 D，冒泡排序的原理是临近的数字两两进行比较，按照从小到大或者从大到小的顺序进行交换，这样一趟排序后，最大或最小的数字被交换到了最后一位，针对所有的元素重复以上的步骤，每次对越来越少的元素重复上面的步骤，直到没有任何一对数字需要比较。

根据上面的分析可知，本题的答案为 B。

9. 答案：A。

分析：n 个顶点的强连通图至少有 n 条边，最多有 n(n-1)/2 条边。所以，选项 A 正确。

二、多选题

1. 答案：ABC。

分析：语义化是让元素、属性或属性值有含义，并不会增加额外的 HTTP 请求，因此选项 D 描述的并不是语义化的优势。

2. 答案：ABCD。

分析：在 CSS 中，有 3 种方式设置颜色，分别是颜色名称、RGB 和 HSL。选项 A 使用了合法的颜色名称，选项 B 使用了 RGB 中的十六进制标记法，选项 C 使用了 rgb() 函数，选项 D 使用了 hsl() 函数，4 个选项生成的颜色都是红色。

3. 答案：AB。

分析：虽然 JavaScript 和 JScript 都是 ECMAScript 的实现，但两者是由不同公司设计的，因此并不能完全一样。JavaScript 主要运行在一个内置 JavaScript 解释器的客户端中，浏览器只是其中的一种。

4. 答案：ABCD。

分析：jQuery 不但支持传统的 CSS 选择器（如选项 ACD 中的选择器），还扩展出了一套独有的选择器，如过滤选择器以及选项 B 中的表单选择器等。

三、填空题

1. 答案：counter-reset、counter-increment、content。

分析：通过 counter-reset 属性能为计数器设置名称，并初始化计数器；通过 counter-increment 属性能设置计数器的增量；在 content 属性中应用 counter() 或 counters() 函数，能将最终的计数显示在页面上。

2. 答案："3.00"。

分析：toFixed() 是内置对象 Number 中的一个方法，用于格式化一个浮点数，返回数字的字符串形式。它的参数用于指定小数部分的显示位数，并且会对指定的最后一位进行四舍五入。如果小数部分的实际位数达不到指定的位数，就用 0 来补齐。在表达式中有两个点号(.)，第一个点号会被识别为小数点，第二个点号会被识别为成员访问运算符。"3..toFixed(2)"相当于"3.0.toFixed(2)"，其计算结果为"3.00"。

3. 答案：8。

分析：表达式中的圆括号优先级最高，因此先计算圆括号中的子表达式。在子表达式中，减号的优先级高于逗号，因此先计算，得到的结果为 4。逗号运算符的结合性是从左往右，返回最后一个操作数的值，也就是返回数字 4。数字 4 最后与数字 2 相乘得到的结果为 8。

4．答案："object"。

分析：即时函数是一种自动执行的函数，arguments 是函数内的一个特殊变量，它是一个类数组对象，因此执行 typeof 运算，返回的是 "object"。

5．答案：false。

分析：isFinite()方法用于判断一个数字是否为有限的，如果参数是 NaN、Infinity、-Infinity 或非数字，都将返回 false。

四、问答题

1．答案：怪异模式（Quirks Mode）用于模拟旧浏览器的行为。早期的网站并不会遵循完整的规范，随着浏览器支持越来越多的规范，在那些旧的浏览器中开发的页面，在显示时会被破坏。为了向后兼容，浏览器就发明了怪异模式。一行错误或无效的 DOCTYPE 都会触发怪异模式。

接近标准模式（Almost Standards Mode）是由某些 DOCTYPE 触发的，基本上就是标准模式，但有一些调整，例如，计算表格单元格的尺寸遵循 CSS2 规范，可以消除单元格中图像底部的空隙。

2．答案：所谓语义是指对词语或句子含义的正确解释。HTML5 中的语义化就是让元素、属性或属性值有含义，更准确地标记特定类型的内容。对元素语义化的目的是为了让元素的语义和呈现分离，元素只负责文档内容的结构与含义，而 CSS 样式控制内容的呈现，像 b 元素，没有语义但却能令字体变粗，这类元素违背了语义化的目的，将会被废弃。

3．答案：之所以有间隙是因为在编写 HTML 文档时，为了便于阅读，通常会将结构格式化（代码如下所示），格式化后的文档不但会包含换行符，而且还会包含空白符。浏览器会将这些额外的字符合并成一个空白符。

```
<div>
    <span style="display:inline-block">行内块元素</span>
    <span style="display:inline-block">行内块元素</span>
    <span style="display:inline-block">行内块元素</span>
</div>
```

既然间隙是由这个多余的空白符造成的，那么只要去除了这个字符，就能解决间隙的问题，解决方法如下所列。

（1）在父元素 div 中定义 CSS 属性 font-size 为 0。

（2）将 3 个 span 元素写在一行中。

（3）给父元素 div 定义负的 CSS 属性 letter-spacing，减小字符之间的间距，再给 span 元素中的 letter-spacing 定义为 0，清除间距。

4．答案：将 CSS 属性 display 定义为 none 后，相当于元素没有了后代元素，在正常流中不占用任何空间，元素的真实尺寸将会丢失，还会导致浏览器的重排（Reflow）和重绘（Repaint）。而将 CSS 属性 visibility 定义为 hidden 后，在正常流中还是会占用空间，仍具有元素的真实尺寸，只会导致浏览器重绘。

5．答案：Web 缓存的处理过程可以简单地分为几步，首先在缓存中搜索指定资源的副本，如果命中就执行第二步；第二步就是对资源副本进行新鲜度检测（也就是文档是否过期），如果不新鲜就执行第三步；第三步是与服务器进行再验证，验证通过（即没有过期）就更新资源副本的新鲜度，再返回这个资源副本（此时的响应状态码为"304 Not Modified"），不通过就从服务器返回资源，再将最新资源的副本放入缓存中。

6. 答案：为了便于理解，将这个过程简单地分为 5 步，如下所列。
（1）域名解析，根据域名找到服务器的 IP 地址。
（2）建立 TCP 连接，浏览器与服务器经过三次握手后建立连接。
（3）浏览器发起 HTTP 请求，获取想要的资源。
（4）服务器响应 HTTP 请求，返回指定的资源。
（5）浏览器渲染页面，解析接收到的 HTML、CSS 和 JavaScript 等文件。

7. 答案：JavaScript 是一种通过解释执行的高级编程语言，同时也是一门动态、弱类型的直译脚本语言，适合面向对象（基于原型）和函数式的编程风格。JavaScript 主要运行在一个内置 JavaScript 解释器的客户端中（如 Web 浏览器），能够处理复杂的计算，操控文档的内容、样式和行为，能在客户端完成的操作（如输入验证、日期计算等）尽量都由 JavaScript 完成，这样就能减少与服务器的通信，降低服务器的负载。完整的 JavaScript 由 3 部分组成：ECMAScript、DOM 和 BOM。

8. 答案：XSS（Cross Site Script）即跨站脚本攻击，将恶意脚本注入目标网页中，用户在访问该页面时，有可能造成信息泄露、用户行为被劫持、感染并传播蠕虫病毒等危害。防范办法如下所列。
（1）为 Cookie 添加 HttpOnly 标记，使得客户端不能通过 JavaScript 读取 Cookie 信息。
（2）对提交到服务器中的信息做输入检查，如白名单过滤、把字符编码成 HTML 实体等。
（3）对输出到页面中的信息做输出检查，检查方式和第二种类似。

9. 答案：解构（destructuring）是一种赋值语法，可从数组中提取元素或从对象中提取属性，将其值赋给对应的变量或另一个对象的属性。解构的目的是简化提取数据的过程，增强代码的可读性。有两种解构语法，分别是数组解构和对象解构，两者的区别在于解构赋值语句的左侧，前者是数组字面量，而后者是对象字面量。

10. 答案：类型化数组与常规数组有许多相似点，下面仅列出其中的 3 点。
（1）都可以通过数字类型的索引来访问某个位置的元素。
（2）通过 length 属性可获取包含的元素个数。
（3）都包含 slice()、of()、from()、copyWithin()等数组方法。
虽然两者之间的共性不少，但是类型化数组的特点又很鲜明，具体如下。
（1）每种类型化数组都包含一个 BYTES_PER_ELEMENT 属性，能获取每个元素所占的字节（即元素大小）。
（2）由于类型化数组无法维护自己的长度，因此将 length 属性定义为只读，并且缺少 pop()、push()、shift()等会更改数组长度的方法。
（3）包含独有的属性和方法，如 buffer、set()等。

11. 答案：ES6 的继承依然是基于原型的继承，但语法更为简洁清晰。通过一个 extends 关键字，就能描述两个类之间的继承关系（代码如下所示），在此关键字之前的 Man 是子类

（即派生类），而在其之后的 People 是父类（即基类或超类）。

```
class Man extends People { }
```

12. 答案：在 JSX 中，为了区分 HTML 元素和组件，规定前者的标签首字母要小写，而后者的首字母就需要是大写。

13. 答案：Forwarding Refs 是 React v16.3 引入的一个可选特性，能让父组件的 ref 属性转发到子组件中。Forwarding Refs 提供了一个渲染函数：React.forwardRef()，用它来创建组件，此函数包含两个参数：props 和 ref，代码如下所示，其中 props 是父组件传递过来的数据，而通过 ref 可以获取到某个 DOM 元素（如<input>）。

```
const Input = React.forwardRef((props, ref) => <input ref={ref} />);
```

Input 是子组件，接下来创建父组件 Container，代码如下所示：

```
class Container extends React.Component {
  constructor(props) {
    super(props);
    this.myInput = React.createRef();
  }
  render() {
    return <Input ref={this.myInput} />;
  }
  componentDidMount() {
    console.log(this.myInput.current);   //<input>
  }
}
```

先在 Container 的构造函数中得到了一个与 Ref 相关的自有对象：myInput；然后将其传递给 Input 组件的 ref 属性；最后就能在 componentDidMount()回调函数中读取到 Input 组件内的<input>元素，从而完成了一次 Refs 的转发。

14. 答案：React 高阶组件的限制如下所列。

（1）不要在组件的 render()方法中使用高阶组件。因为高阶组件每次都会创建一个新组件，而根据 React 的 diff 算法可知，原组件（即前一次所创建的组件）会先被卸载掉，然后重新挂载新组件。这么做不仅效率低下，而且原组件的状态和其所有子组件都将丢失。

（2）高阶组件创建的新组件不会包含原组件的静态方法，如果需要，那么就需要手动复制。

15. 答案：如果代码要依赖于某个包（如 jQuery、lodash 等），那么应该用本地安装。如果要将包作为一个命令行工具（如 gulp、grunt 等），那么应该用全局安装。

16. 答案：runtime 是一段辅助代码，在模块交互时，能连接它们所需的加载和解析逻辑。manifest 是一组数据，记录了模块和 bundle 文件之间的映射关系。runtime 借助 manifest 能够查询到模块标识符，检索出对应的模块。

17. 答案：Vue CLI 是官方提供的命令行工具，可为单页面应用（SPA）搭建交互式的项目脚手架，不仅集成了前端生态中最好的插件，还可图形化地创建和管理 Vue.js 的项目。Vue CLI 包含几个独立的部分，如下所列。

（1）CLI（@vue/cli）是一个全局安装的 npm 包，提供了终端里的 Vue 命令，例如，通过 vue create 命令创建一个新项目的脚手架。

（2）CLI 服务（@vue/cli-service）是一个开发环境依赖，构建于 webpack 和 webpack-dev-server 之上，包含加载 CLI 插件的核心服务、内部的 webpack 配置等。

（3）CLI 插件是一种包含特定功能的 npm 包，如 Babel 转译、ESLint 集成等，官方插件的名字会以@vue/cli-plugin-开头，而社区插件的名字的会以 vue-cli-plugin-开头。

18．答案：DOM 元素或组件可通过声明 ref 特性来指定一个索引标识符，即注册引用信息。而父组件的$refs 属性则记录了声明过 ref 特性的子元素和子组件，它的值是一个对象，其键就是 ref 特性的值。下面是一个简单的例子，注册了父组件 parent 和子组件 child，并且为 child 组件和<input>元素分别声明了 ref 特性。

```
Vue.component("child", {
  template: '<input ref="txt" />',
  mounted: function() {
    this.$refs;          //{txt: input}
  }
});
Vue.component("parent", {
  template: '<child ref="child"></child>',
  mounted: function() {
    this.$refs;          //{child: VueComponent}
  }
});
```

19．答案：接口与类型别名虽然相似，但是也有很多本质差别，如下所列。
（1）创建接口就是自定义一种类型，而类型别名不会新建类型。
（2）接口可被继承，而类型别名不行。
（3）接口无法描述联合、交叉、元组等类型的组合，而类型别名可以。

五、编程题

1．答案：媒体类型可设为 screen，媒体特性可用 min-width 和 max-width，操作符可用 only 和 and。only 作为媒体查询的开头，可以对不支持媒体查询，但支持媒体类型的设备隐藏样式。and 操作符用来连接媒体类型和媒体特性表达式，将它们组合成一条媒体查询，只有当每个部分都为真时，才会执行里面的样式，具体写法如下所示：

```
@media only screen and (min-width: 360px) and (max-width: 640px) {
  div {
    width: 30%;
  }
}
```

2．答案：继承是面向对象语言的 3 大特征之一，JavaScript 只支持实现继承（而像 Java 类语言还支持接口继承），并且主要依靠原型链来实现。代码中的继承有两个不足的地方，如下所列，每个不足之处都给出了相应的改进方法。

（1）不能向超类 Super 的构造函数传递参数（超类中需要接收一个 age 参数），也不能使用超类中的自有属性（如 names 和 age）。改进的方法就是在子类 Sub 的构造函数中，显式地调用超类的构造函数，代码如下所示：

```
function Sub(age) {
  Super.call(this, age);
}
```

（2）在子类 Sub 的原型中添加属性或方法会影响超类的原型，例如，给子类添加一个

getShool()方法,其实就是在超类的原型上定义这个方法。代码如下所示,创建一个超类的实例,也能成功调用 getShool()方法。

```
Sub.prototype.getShool = function() {
    return "university";
};
var parent = new Super(30);
parent.getShool();        //"university"
```

改进方法就是用一个空的函数 F()做中介,然后将超类的原型赋给这个空函数的原型,子类的原型再指向这个空函数的实例,这样就能避免修改超类的原型,代码如下所示:

```
function create(object) {
    function F() {}
    F.prototype = object;
    return new F();
}
Sub.prototype = create(Super.prototype);
```

3. 答案:JSON 对象中的 stringify()方法用于将对象序列化为 JSON 字符串。stringify()方法的第二个参数是过滤器,当过滤器是一个函数时,它能接收两个参数:一个键和一个值。如果函数返回值是 undefined,那么相应的键在序列化时将会被跳过。过滤器会遍历 JSON 数据中的数组,在函数中也能操纵它们的键和值,但返回的 undefined,不会被忽略,而是被替换为 null。具体代码如下所示:

```
JSON.stringify(json, function(key, value) {
    if (key == "name")
        return undefined;
    if (key === "0")
        return undefined;        //数组中的第一个值将变为 null
    return value;
});
```

4. 答案:要打乱数组内的元素,可以使用 Fisher-Yates 乱序算法,这是一种经典的洗牌算法。在现实生活中,如果要洗牌,那么最随机的做法就是从牌堆里随便抽一张出来,然后放在一边,之后再从剩下的牌里重复之前的操作,直到所有牌都被抽出来并放到了另一堆中。抽象到代码中,思路与之类似,只是操作细节略有不同。首先随机从数组中取出一个元素,然后把该元素插到最后面,同时把被换走的元素插到刚刚随机到的位置。一轮过后,就只需在剩下的 n-1 个元素中再进行相同的操作,直至到第一个,代码如下所示:

```
function shuffle(arr) {
    var length = arr.length,
        temp, index;
    for (var i = length - 1; i >= 0; i--) {
        index = Math.floor(Math.random() * i);    //向下取整
        temp = arr[index];                         //取出随机得到的元素
        arr[index] = arr[i];                       //将最后面的元素放到随机得到的位置
        arr[i] = temp;                             //将随机取到的元素插到最后面
    }
    return arr;
}
```

5. 答案:可以通过数组的 map()方法实现 JSX 中的循环,如下所示:

```
let items = ["strick", "freedom"];
<div>{items.map(value => <Btn name={value} />)}</div>
```

因为不能在 JSX 中插入语句，所以诸如 for、while 等循环就无法在 JSX 中直接使用，如下所示的代码是不允许的。

```
<div>
    for (let i = 0; i < items.length; i++) {
        <Btn name={items[i]} />
    }
</div>
```

六、面试题

1．提示：面试官提出此类问题，主要是想考查求职者的主观能动性。针对此类问题，错误的回答是"只要公司需要，我什么都能干""你们需要什么我就能干什么""公司安排我做什么我就做什么"等，这类回答一方面会给人一种太随意、没有主见的感觉；另一方面，如果求职者什么都可以做，那还要其他人干什么呢？

在面试官心中，一个有活力的员工，必定是有追求、有理想、有抱负、有能力，并能脚踏实地工作的人。所以，此时既要向面试官"毛遂自荐"，也不要"谦虚过头"，把握有度，否则会给面试官一种对自己的职业目标定位不明确的错误印象。

所以，自己适合做什么，就老老实实地告诉面试官，实事求是，因为面试官也希望得到一个明确的答案，而且明确的答案也可以给人一种有思想、有主见、有活力的印象。如果真的没有硬性要求，也可以回答"服从需要"。但如果有需求，却为了讨好面试官，言不由衷，说出"服从需要"的空话来，最后有可能会被分配到了一个完全不适合自己的工作岗位上，影响自己日后的前程。

2．提示：由于软件行业发展迅速，而且技术更新快，为了尽快推出一款新产品抢占市场、占领行业的制高点，很多 IT 企业都会给程序员分配过多的任务，导致的直接后果就是程序员不得不通过加班来完成这些"超额"任务，加班、工作累已经慢慢成为程序员的标签。

所以，在 IT 企业的面试环节中，面试官一般会针对加班问题对求职者进行提问，当然面试官提出此类问题，也并不说明一定需要加班，他们只是想测试求职者是否愿意为公司奉献。同时，IT 企业加班已经成为一个普遍现象，很少有不加班又高薪酬的企业，所以遇到此类情况，一般回答"在自己的职责范围内进行的工作，不能称之为加班""如果是工作需要我会义不容辞地加班。我身体很好，没有任何负担，可以全身心地投入工作。但同时，我也会提高工作效率，减少不必要的加班"或者"我对加班是这样看的，既然来工作，就必须要有责任心，所以如果是因为工作需要而加班，当然没问题。但是也应该注意提高工作效率，如果是因为工作拖沓而加班，那是不可取的。例如，如果别人 8 个小时做完的工作我 4 个小时就做完了，那还为什么要加班呢？"比较能被面试官认可。

还有一种回答方式，可能有说谎话、谄媚、讨好面试官之嫌，但却更加能够获得面试官的青睐，就是强调加班是因为企业发展好，对于个人成长非常有用，对加班持完全肯定的态度。例如，可以回答如下。

（1）如果工作确实非常紧急，要在规定的日期内完成，那我就会义无反顾加班。我个人觉得，如果项目没有完成，就算是节假日或是晚上，我也不能休息得踏实。而且，如果连休假日或是晚上都需要加班，说明项目确实是非常紧急的，我所从事的工作一定是相当充实的，只要是有意义的工作，与其在家休假，还不如抱着一颗学习的心态高高兴兴地加班。

（2）对于加班，我觉得累并快乐着，为什么要加班？说明企业蒸蒸日上，正处在高速发展并迅速提升的阶段，需要人手，在这样一个有着美好前景的企业里面工作，我感到前途一片光明。而且我很年轻，精力充沛，正是学知识、学能力、积累工作阅历的时候，虽然加班有可能让我感到疲惫，但我明白一个道理："没有太上老君的八卦炉就无法练就孙悟空的火眼金睛"，它们就是熔炼我的火炉，只有韬光养晦，才能百炼成钢，干出一番事业。

这种回答方式不只局限于是否能加班的问题，而且更进一步从加班谈到工作的充实感，独具匠心。

当然，可以就是可以，不行就是不行，如果确实不能接受加班，也不要为了博得面试官的好感而勉强自己，诚实回答，将自己的真实想法得体地表述出来不失为一种好的方法。

真题详解 6　某初创公司前端工程师笔试题

一、单选题

1. 答案：B。

分析：DOCTYPE（Document Type Declaration）用于声明文档类型和 DTD（Document Type Definition）规范，确保不同浏览器以相同的方式解析文档，以及执行相同的渲染模式。DTD 就是文档类型定义，是一种标记符的语法规则，保证 SGML 和 XML 文档格式的合法性。HTML5 因为不再基于 SGML，所以在它的声明中不需要引用 DTD，只需一个根元素即可。

2. 答案：D。

分析：ID 选择器的特殊性为 100；类选择器、属性选择器和伪类选择器的特殊性为 10；类型选择器和伪元素选择器的特殊性为 1；关系选择器中的分隔符（如+、>、~、' '）和通配选择器的特殊性为 0。经过计算后，选项 D 的特殊性最高。

3. 答案：B。

分析：JavaScript 中的变量是一个标识符，标识符不能以数字（0~9）开头，只能以字母（如大写的 A~Z 或小写的 a~z）、下画线（_）或美元符号（$）开头，并且后续的字符中不能有空格，根据这条规则选项 A 和选项 C 是不合法的标识符。选项 D 是一个有特殊含义的关键字，也不能作为标识符使用。

4. 答案：B。

分析：Document 对象只有一个 head 属性，而不是 heads 属性。选项 A 中的 links 属性指向的是一个由文档中所有超链接元素组成的类数组对象；选项 C 中的 scripts 属性指向的是一个由文档中所有<script>元素组成的类数组对象；选项 D 中的 forms 属性指向的是一个由文档中所有<form>元素组成的类数组对象。

5. 答案：A。

分析：依赖、关联、聚合、组合与继承是 UML 中类之间的几种常见关系，以下将分别对这几种关系进行解释说明。

（1）依赖：一个类 A 使用到了另一个类 B，而这种使用关系是偶然性的、临时性的、非常弱的，但是类 B 的变化会影响到类 A。例如，某人要过河，需要借用一条船，此时人与船之间的关系就是依赖。

（2）关联：关联体现的是两个类或者类与接口之间语义级别的一种强依赖关系，例如，你是我的朋友，我也是你的朋友。这种关系比依赖更强，不存在依赖关系的偶然性，关系也不是临时性的，一般是长期性的，而且双方的关系一般是平等的，关联可以是单向或双向的。

（3）聚合：聚合是关联关系的一种特例，体现的是整体与部分、拥有的关系，即 has-a 的关系，例如，公司与员工、计算机与 CPU 就是聚合关系。

（4）组合：组合是关联关系的一种特例，体现的是一种 contains-a 的关系，这种关系比聚合更强，也称为强聚合。它体现整体与部分间的关系，但此时整体与部分是不可分的，整体的生命周期结束也就意味着部分的生命周期结束，如人与心脏。

（5）继承：继承指的是一个类（称为子类、子接口）继承另外的一个类（称为父类、父接口）的功能，并可以增加它自己的新功能的能力。

本题中，依赖是几种关系中最弱的一种关系，通常使用类库就是其中的一种关系。聚合与组合都表示了整体和部分的关系。组合的程度比聚合高，当整体对象消失时，部分对象也随之消失，则属于组合关系。当整体对象消失而部分对象依然可以存在并继续被使用时，则属于聚合关系。所以，选项 A 正确。

6. 答案：D。

分析：IPv6 采用 128 位（合 16 个字节）地址长度，几乎可以不受限制地提供地址。IPv6 不仅解决了地址短缺的问题，还考虑了在 IPv4 中存在的端到端 IP 连接、服务质量、安全性、多播、移动性及即插即用等问题。所以，选项 D 正确。

7. 答案：A。

分析：进程的基本调度状态有运行、就绪和阻塞。进程调度程序从处于就绪状态的进程中选择一个投入运行。运行进程因等待某一事件而进入阻塞状态，因时间片到达而回到就绪状态。处于阻塞状态的进程当所等待的事件发生时，便进入就绪状态。

本题中，就绪队列是等待 CPU 时间的队列，其中存储着等待执行的任务。进程调度是从就绪队列中选择一个进程投入运行。所以，选项 A 正确。

8. 答案：B。

分析：快速排序是目前被认为最好的一种内部排序方法。快速排序算法处理的最好情况指每次都是将待排序列划分为均匀的两部分，通常认为快速排序在平均情况下的时间复杂度为 O(nlogn)。但是，如果初始记录序列按关键字有序或基本有序，那么此时快速排序将蜕化为冒泡排序，其时间复杂度为 O(n^2)。所以，选项 B 正确。

那么对于其他排序算法，当序列已经有序时，又是哪种情况呢？无论原始序列中的元素如何排列，归并排序和堆排序算法的时间复杂度都是 O(nlogn)。插入排序是将一个新元素插入已经排列好的序列中。如果在数据已经是升序的情况下，新元素只需插入到序列尾部，这就是插入排序的最好情况。此时，时间复杂度为 O(n)。

9. 答案：A。

分析：在有向图中，所有顶点的入度之和等于出度之和。本题中，所有顶点的出度之和为 s，则所有顶点的入度之和也为 s。所以，选项 A 正确。

二、多选题

1. 答案：ABCD。

分析：ASCII 总共有 128 个字符，其中有 33 个字符无法转义，分别是 0~31 号以及 127 号字符，选项 A 中的"&"是 ASCII 中的 38 号字符；选项 B 和选项 C 中的字符，分别表示一个数学符号和一个希腊字母，都可进行转义；选项 D 中的中文引号是一种特殊的可转义字符。

2. 答案：AC。

分析：选项 A 和选项 C 是浮动的两大缺陷，选项 B 是浮动的本职功能，选项 D 是浮动的一大特点。

3. 答案：ABC。

分析：OSI 参考模型将复杂的协议分成了 7 层，包括应用层、表示层、会话层、传输层、网络层、数据链路层和物理层。每一层各司其职，并且能独立使用，这相当于软件中的模块化开发，有较强的扩展性和灵活性。选项 D 中的网络接口层属于简化的 OSI 参考模型（即 TCP/IP）。

三、填空题

1. 答案：red。

分析：将样式标记为重要（在声明的分号之前插入"!important"），就能立刻提升权重，改变层叠次序。如果重要声明和非重要声明发生冲突，那么胜出的永远是重要声明。

2. 答案：12.3。

分析：转型函数 parseFloat() 能将字符串解析为浮点数，字符串中的第一个小数点被认为是浮点数的一部分，所以是有效的，但第二个小数点就是无效的，因此最终解析的结果为 12.3。

3. 答案：true。

分析：根据运算符的优先级规则，先执行表达式中逻辑非运算符的计算，"![]"的计算结果为 false，表达式变为"[] == false"。空数组能转换为空字符串，表达式变为"" == false"。当左操作数是字符串，右操作数是布尔值时，右边的布尔值要转为数字，false 能转为 0，表达式变为"" == 0"。当左操作数是字符串，右操作数是数字时，字符串要转为数字，空字符串能转为数字 0，0 和 0 比较，返回 true。

4. 答案："number"。

分析：上面的代码会先执行逗号运算，返回第二个匿名函数。然后再调用该函数，返回一个数字，再赋给 func 变量。当对这个变量执行 typeof 运算时，返回"number"。

5. 答案：true。

分析：includes() 方法用于判断子串是否存在于字符串中。

四、问答题

1. 答案：微格式（Microformat）是一种数据结构化技术，通过添加属性（class 或 rel）和元数据（link 元素）的方式来实现 Web 的语义化，让内容适合人类阅读，以及容易被机器处理。

2. 答案：HTML 实体（Entity）就是对当前文档的编码方式不能包含的字符，提供一种转义表示。例如，在 HTML 文档中字符">"是元素的一部分，如果要在文档中显示，那么需要进行转义，转换成">"。

3. 答案：CSS 属性 display 用于指定元素的盒类型，它可选的值包括 block、inline、list-item、table、inline-block 和 flex 等。block 可以生成块级元素；inline 可以生成行内元素；list-item 可以生成列表元素；table 可以生成表格元素；inline-block 可以生成行内块元素；flex 可以生成伸缩容器。

4. 答案：BFC（Block Formatting Context）即块格式化上下文，它既不是一个 CSS 属性，也不是一段代码，而是 CSS2.1 规范中的一个概念，决定元素的内容如何渲染以及与其他元素的关系和交互。BFC 有 5 条规则，具体如下所列。

（1）BFC 有隔离作用，内部元素不会受外部元素的影响（反之亦然）。

（2）一个元素只能存在于一个 BFC 中，如果能同时存在于两个 BFC 中，那么就违反了 BFC 的隔离规则。

（3）BFC 内的元素按正常流排列，元素之间的间隙由元素的外边距（Margin）控制。

（4）BFC 中的内容不会与外面的浮动元素重叠。

（5）计算 BFC 的高度，需要包括 BFC 内的浮动子元素的高度。

5. 答案：第一个 section 元素定义了 CSS 类 item，因此它的字体颜色为蓝色（Blue）。第二个 section 元素的字体颜色还是蓝色，因为伪类:last-of-type 只能与类型选择器搭配，不能与类选择器搭配。第三个 section 元素虽然定义了 CSS 类 button，但并没有为它声明颜色属性，因此 section 元素中的字体颜色会继承父元素 div 中的字体颜色，也就是黑色（Black）。

6. 答案：主要区别有 4 个方面，如下所列。

（1）语义不同，GET 是获取数据，POST 是提交数据。

（2）HTTP 规定 GET 比 POST 安全，因为 GET 只做读取，不会改变服务器中的数据。但这只是规范，并不能保证请求方法的实现也是安全的。

（3）GET 请求会把附加参数带在 URL 上，而 POST 请求会把提交数据放在报文内。在浏览器中，URL 长度会被限制，所以 GET 请求能传递的数据有限，但 HTTP 其实并没有对其做限制，都是浏览器在控制。

（4）HTTP 规定 GET 是幂等的，而 POST 不是，所谓幂等是指多次请求返回相同的结果。实际应用中，并不会这么严格，当 GET 获取动态数据时，每次的结果可能会有所不同。

7. 答案：一条语句会以分号（;）结束，语句之间也会用分号来隔开。分号可以增强脚本的可读性和整洁性，但 JavaScript 并不强制使用分号。如果省略了分号并且无法正确解析代码，那么 JavaScript 解释器就会根据自己的判断在某个位置插入分号。让 JavaScript 自动补全分号很有可能改变代码的行为。例如，一条以"(、[、/、+、-"这些字符开头的语句，有可能会与前一条语句合并在一起，作为一个整体被解析，代码如下所示。平时养成良好的编程风格，在句末补全分号，能够避免很多不必要的错误。

```
var total = sum
(x+y)
//相当于
var total = sum(x+y);
```

8. 答案：CSRF（Cross Site Request Forgery）即跨站点请求伪造，攻击者伪装成正常用户，对服务器发起请求，让服务器执行某些操作。例如，用户正常登录某个网站，然后在未退出的情况下访问了攻击者事先准备好的页面，此时攻击者就有可能获取到保存在 Cookie 中的用户登录凭据或登录信息，然后攻击者就能伪装成该用户，与服务器开始通信。CSRF 的防御手段如下所列。

（1）让用户与网站进行交互才能完成请求，例如，在表单中添加验证码。

（2）检查请求是否来自合法的源，例如，上一页的域名是否与当前相同。

（3）在每个请求中添加一个 Token 参数，这是一个随机数，可以在进入页面时生成，然后保存在 Session 中，服务器在接收到 Token 参数时进行校验，只有当校验成功时才执行后面的操作。

9．答案：之所以要用圆括号包裹，是因为表达式左侧的花括号会被解析成代码块而不是对象字面量。如果把代码块和等号运算符放在一行，那么就会报语法错误。

10．答案：如果要使用 DataView 视图，那么需要先创建数组缓冲区，它的构造函数中的第三个可选的参数表示需要包含的字节长度，代码如下所示。

```
var buffer = new ArrayBuffer(16);
    view = new DataView(buffer, 4, 6);
```

11．答案：在每个内置对象中，都有一个静态的只读访问器属性（类似于下面的代码），其名称是内置符号 Symbol.species，返回值是 this。

```
class Array {
    static get [Symbol.species]() {
        return this;
    }
}
```

当调用内置对象中的方法时，如果返回值是实例，那么就会先访问 Symbol.species 属性，确定要实例化哪个类。而根据 ES6 的规则可知，当子类调用父类的静态方法时，方法中的 this 指向的是子类，从而就能证明子类在调用内置对象的某些方法时，能得到自身的实例。

12．答案：如果要将 React 元素渲染到页面的 DOM 结构中，可以调用 ReactDOM.render() 方法，此方法接收 3 个参数，如下所示。

```
ReactDOM.render(element, container[, callback])
```

element 是要渲染的元素；container 是页面中的一个结点，在此处起到容器的作用，element 会被渲染到 container 中；callback 是可选的回调函数，会在组件被渲染或更新之后触发。

13．答案：弃用 Refs 的理由如下所列。

（1）不适用于像 Flow 这样的静态分析工具，Flow 无法猜测出 this.refs 上的字符串引用的作用及其类型。

（2）不可组合，如果把一个 ref 传给子元素，那么就不能更新其引用。

（3）强制 React 跟踪当前执行的组件，这使得 React 模块有状态，当 React 模块在 bundle 中重复时，会出现不可预知的错误。

（4）所有者是当前正在执行的组件，下面用一个例子来说明。先在 Container 组件的 content 方法中定义 ref 属性，然后将该方法传递给 Btn 组件并在 render()方法中调用，最后从两个组件的 componentDidMount()回调函数可以得知，Btn 组件能访问 this.refs.input 中的值，而 Container 组件却不能，从而验证了字符串类型的 Refs 的归属权。

```
class Btn extends React.Component {
```

```
    render() {
      return <div>{this.props.render()}</div>;
    }
    componentDidMount() {
      console.log(this.refs.input);    //<input>
    }
  }
  class Container extends React.Component {
    content = () => {
      return <input ref="input" />;
    }
    render() {
      return <Btn render={this.content} />
    }
    componentDidMount() {
      console.log(this.refs.input);    //undefined
    }
  }
```

14．答案：Redux 是一个可预测的状态容器，不但融合了函数式编程思想，还严格遵循了单向数据流的理念。Redux 继承了 Flux 的架构思想，并在此基础上进行了精简、优化和扩展，力求用最少的 API 完成最主要的功能，它的核心代码短小而精悍，压缩后只有几 KB。Redux 约定了一系列的规范，并且标准化了状态（即数据）的更新步骤，从而让不断变化、快速增长的大型前端应用中的状态有迹可循，既利于问题的重现，也便于新需求的整合。注意，Redux 是一个独立的库，可与 React、Ember 或 jQuery 等其他库搭配使用。

15．答案：package.json 是一个位于项目根目录的文件，用于管理本地已安装的 npm 包，记录了项目的作者、依赖包、版本等各类信息。有了 package.json，就能很方便地复制一个项目，而不必再手动地安装相关的包，这样利于多人协作。

16．答案：webpack 会先对源文件进行合并、编译、压缩等处理，然后再打包生成 bundle 文件，从而就难以追踪错误或警告在源文件中的原始位置，非常不利于调试。Source Map 就是为解决调试的矛盾点而生的，它能在源文件和 bundle 文件之间建立位置映射，即将字符的新旧两个位置对应起来，这样就能锁定错误或警告的出处。

17．答案：有两个，分别是 activated 和 deactivated，前者会在<keep-alive>元素激活时回调，后者会在<keep-alive>元素停用时回调。

18．答案：正确。由于 btn 组件只包含默认插槽，因此可以采用缩写形式，即把 v-slot 指令直接作用于组件上。在作用域插槽的内部，其内容会被一个函数处理，而函数的参数就是 v-slot 指令的值。

```
function (slots) {
   //处理插槽内容
}
```

这意味着 v-slot 指令可接收任意能够作为函数参数的 JavaScript 表达式，并且可通过 ES6 的解构语法对其进行解构，与上面的"{ txt }"类似。

19．答案：由 declare 声明的外部命名空间可用来描述第三方类库暴露的 API，通常将这些声明保存到.d.ts 文件中，类似于 C/C++中的.h 文件。

五、编程题

1. 答案：有 4 种方法可以实现等高布局。

（1）背景模拟，这是一种简单粗暴的方法，给容器元素定义一张背景图，这张背景图可以做成各列宽度的背景色，代码如下所示：

```html
<div style="background:url(bac.png) repeat-y">
  <section>左边的列高</section>
  <section></section>
</div>
```

（2）正负边距实现，先给容器中的列设置一个比较大的内边距（如 padding-bottom:9999px），把这列的高度撑大，再设置相同大小的负外边距（如 margin-bottom: -9999px），把列变回原来的高度，代码如下所示：

```html
<style>
  section {
    margin-bottom: -9999px;
    padding-bottom: 9999px;
  }
</style>
<div>
  <section>左边的列高</section>
  <section></section>
</div>
```

（3）边框模拟，让容器的左边框或右边框设置一个比较大的宽度（如 100 px），侧边栏再用负外边距偏移一定的距离（如-100 px，这个距离就是边框宽度），定位到容器的左边或右边，代码如下所示：

```html
<div style="border-left:100px solid #F60">
  <section style="margin-left:-100px">左边的列高</section>
  <section></section>
</div>
```

（4）JavaScript 控制，用 JavaScript 得到各列的高度，再比较出最大的列，赋给每列，实现等高的效果，代码如下所示。这种方法的兼容性最高，所有的浏览器都能执行。

```html
<div>
  <section id="left">左边的列高</section>
  <section id="right"></section>
</div>
<script>
  var left = document.getElementById("left"),        //左边列
      right = document.getElementById("right");      //右边列
  var leftH = left.clientHeight,                     //左边列的高度
      rightH = right.clientHeight;                   //右边列的高度
  //得到最大的高度值
  var height = (leftH >= rightH ? leftH : rightH) + "px";
  left.style.height = height;                        //重新定义左边列的高度
  right.style.height = height;                       //重新定义右边列的高度
</script>
```

2．答案：用 JSON 对象执行深拷贝需要几个前置条件，首先属性值不能是 undefined、NaN 或 Infinity；其次不能是函数、变量、对象实例或正则表达式。所以用 JSON 对象实现深拷贝时，只能使用一些简单的数据类型。满足刚刚所列的限制后，就能使用下面代码中的深拷贝函数了。

```javascript
function deepCopy(obj) {
    return JSON.parse(JSON.stringify(obj));
}
```

3．答案：先将两个日期对象相减，得到时间间隔的毫秒数；再将毫秒数换算成天、时、分和秒；然后把得到的结果赋给文档中的一个元素，作为它的内容显示；最后用定时器循环执行前面的两步，就能得到一个倒计时功能，具体代码如下所示：

```html
<div id="date"></div>
<script>
    var end = new Date("2020-3-12 00:00");              //截止日期
    function countdown() {
        var now = new Date();
        var day, hour, minute, second, str,
            remainder = end - now;
        if (remainder < 0) {
            return;
        }
        day = Math.floor(remainder / 1000 / 60 / 60 / 24);        //天
        hour = Math.floor(remainder / 1000 / 60 / 60 % 24);       //小时
        minute = Math.floor(remainder / 1000 / 60 % 60);          //分钟
        second = Math.floor(remainder / 1000 % 60);               //秒
        str = day + "天" + hour + "时" + minute + "分" + second + "秒";
        document.getElementById("date").innerHTML = str;
        setTimeout(countdown, 1000);
    }
    countdown();
</script>
```

4．答案：有 3 种获取方式，第一种是直接调用 val()方法；第二种是使用选择器:selected；第三种是借助 Select 元素的 selectedIndex 属性查找到选中项，再读取它的 value 属性，具体代码如下所示：

```javascript
$("#name").val();                                                 //第一种
$("#name").find("option:selected").val();                         //第二种
var index = $("#name").get(0).selectedIndex;                      //第三种
$("#name").find("option:eq("+ index +")").val();
```

5．答案：目前推崇的构建组件的方式总共有两种：类和函数。

（1）通过 ES6 新增的类构建而成的组件叫类组件，它必须继承自 React.Component，并且需要定义 render()方法，代码如下所示：

```javascript
class Btn extends React.Component {
    render() {
        return <button>提交</button>;
    }
}
```

（2）使用函数构建的组件叫函数组件，其功能相当于类组件的 render()方法，但能接收一个属性对象（props），代码如下所示：

```
function Btn(props) {
    return <button>{props.text}</button>;
}
```

六、面试题

1. 提示：面试官对求职者提问有关业余爱好的问题，首先是借此活跃一下严肃的面试气氛，其次是想看一下对方的心理状态。一般而言，有业余爱好的人，即使遇到压力也可以通过个人爱好予以缓解，有利于快速适应陌生的环境以及紧张的工作。

虽然面试官问的是业余爱好，但是求职者在回答时也不能说得太随便，尤其是说一些庸俗的、令人感觉不好的爱好，如吃喝、泡酒吧等，都不合适，有些甚至会引起面试官的反感。但也不能说自己没有业余爱好，没有爱好的人，往往不会生活，会给人一种古板、无趣的感觉，没有谁愿意与这种人一起工作。

同时需要注意的是，求职者在描述自己的业余爱好时，也不要"高大全"，泛泛地罗列一些不属于自己爱好的内容，一定要注意少而精。在面试过程中，求职者在回答自己的特长以及爱好时，有时可能会出现问题。例如，当求职者提到自己的爱好时，面试官也许比较感兴趣，也许会有异议，进而要求求职者展开描述，如果回答得不合适或不完善，很有可能会影响到面试的最终结果。

由于 IT 企业都需要团队合作，所以也不能说一些让面试官联想到性格孤僻的爱好。例如，说自己的爱好是读书、听音乐和上网。最好说一些实际的，能在一定程度上反映求职者的性格、观念、心态、体现团队合作精神的活动。例如，游泳、攀岩、打篮球或者户外运动等，这些都能体现出一个人的精神风貌：勇敢、开放、乐观、大气、创新等。

例如，可以回答如下。

我的业余爱好比较广泛，主要有以下几个方面的内容。

（1）读书。我比较喜欢看书，尤其是历史书籍，喜欢从书中汲取营养，不断完善自己的人格，全面提升自己的综合素质。

（2）公益活动。我喜欢参加一些公益活动，我觉得参加公益活动是一件非常有意义的事情，所以我会不定期地去献血。

（3）演讲。我喜欢参加各类演讲比赛，也取得了一定的成绩，但我更注重的是演讲的过程，我觉得通过演讲，既锻炼了自己的口才，又学到了许多新的知识，同时还认识了很多好朋友。

（4）体育运动。对于从事 IT 的人而言，每天对着计算机，对身体各个方面都有比较大的损伤，所以我觉得锻炼身体是对自己、对工作的最大负责。要想做好工作，健康的身体是一个必不可少的条件，所以我会每天都进行跑步、打篮球等各项体育运动。

（5）唱歌。我喜欢唱歌，无论是独自一人清唱，还是与同学、朋友一起唱，我都非常喜欢。因为每当唱歌的时候，我不仅能领略到歌词的美妙，还能从繁忙的学习中解脱出来，愉悦心情。

（6）爬山、旅游。我喜欢爬山，也喜欢旅游，爬山让我领略到了美好的自然风光，旅游让我体会到了异域情怀，通过爬山、旅游，使我深刻明白："读万卷书，行万里路"，用心去体会整个大自然、整个世界，生活确实无限美好。

2．提示：其实面试官心里也非常清楚，求职者一般都会"一脚踏多船"，所以他们一般也不会把求职者"一脚踏多船"的行为与个人忠诚挂钩。面试官提出这个问题的主要目的想知道求职者申请的工作与个人目标是否一致，是否纯粹是为找工作而找工作，不管什么企业，只要能给录取通知就去。如果求职者申请的各项工作是繁杂而多样化的，会使人觉得毫无目标，不是过分野心便是缺乏自信；相反，如果求职者只申请了一类工作，会给面试官留下一个"一心一意"的良好印象。

所以，针对该问题，最好的回答就是没有，因为表露任何另攀高枝的倾向都可能让面试官认为即使给了求职者录取通知也很难留住你。并且，求职者要表现出对该企业的重视和自信。但没有的情况一般很少，很多求职者确实有申请别的工作或是别的单位，此时也没有必要隐瞒，最好诚实说明，除非是这两家企业势不两立，否则面试官一般都不会太介意。所谓的"诚实"，也有可能是善意的谎言，最好是说一家与这家企业相比较稍差的企业，然后公正而不待任何感情色彩地说出这两个企业的优缺点，最后，带有感情色彩地表达出想来这家公司的愿望。

真题详解 7　某知名游戏软件开发公司前端工程师笔试题

一、单选题

1．答案：C。

分析：h1~h6元素都可表示标题，但体现的重要性不同。section元素表示文档的一节，可以包含标题。p元素表示段落。header元素表示首部，可包含标题、Logo、搜索框等。

2．答案：C。

分析：与元素外观相关的属性（如字体、颜色、对齐方式等）能被继承，与布局相关的属性（如边框、外边距、内边距、尺寸等）就不能被继承。除了选项C之外，其余3个选项都是布局属性。

3．答案：A。

分析：typeof运算符比等号运算符优先级要高，由此可知，先执行typeof运算符。而此时y变量还未定义，所以计算结果为"undefined"。由于等号运算符的结合性是从右往左的，因此"undefined"会先赋给z变量，再赋给y变量。

4．答案：A。

分析：选项A中的map()是Array对象的方法，能用回调函数的结果（即返回值）组成一个新数组；选项B中的concat()能将一个或多个字符串连接，组成一个新字符串；选项C中的indexOf()能返回给定值在字符串中首次出现的位置，如果未找到，那么返回-1；选项D中的replace()能替换匹配正则表达式的子串。

5．答案：D。

分析：对于旧代码的处理措施，既不是将其抛弃，自己重新实现，因为这样做的代价太高，也不是去修改其内部逻辑或者代码接口，因为这种修改很有可能会引入更多新的问题，最好的方法是采用封装的思想，将这些已有的旧代码当作一个黑盒，重新编写一段新代码完成新的功能，只在需要调用旧代码时，用到旧代码的某些模块即可。所以，选项 A、选项 B 与选项 C 都错误，只有选项 D 正确。

6. 答案：B。

分析：对于选项 A，随着网络技术的不断发展，IP 地址紧缺已经是一个非常突出的问题，网络地址转换正是为了解决这个问题而出现的，网络地址转换的作用是把内网的私有地址转化成外网的公有地址，使得内部网络上的（被设置为私有 IP 地址的）主机可以访问互联网。当大量的内部主机只能使用少量的合法的外部地址，就可以使用网络地址转换（Network Address Translation，NAT）把内部地址转化成外部地址。所以，选项 A 中的描述是正确的。

对于选项 B，地址转换实现了对用户透明的网络内部地址的分配，而不是外部。所以，选项 B 中的描述是错误的。

对于选项 C，地址转换只会对内网与公网地址进行映射，不会影响其他功能。所以，选项 C 中的描述是正确的。

对于选项 D，由于网络内部计算机在访问互联网的时候都会被映射为一个公网地址，因此，并没有把计算机实际的地址暴露在互联网中，提供了一定的"隐私"。所以，选项 D 中的描述是正确的。

7. 答案：A。

分析：对于选项 A，最短作业优先（Shortest Job First，SJF）是对 FCFS 算法的改进，其目标是减少平均周转时间。其优点是相比先来先服务（First Come First Served，FCFS）改善了平均周转时间和平均带权周转时间，缩短了作业的等待时间，同时提高了系统的吞吐量。但缺点就是对长作业非常不利，可能长时间得不到执行；未能依据作业的紧迫程度来划分执行的优先级；难以准确估计作业（进程）的执行时间，从而影响调度性能。最短作业优先是一种适用于运行时间可以预知的非抢占式的批处理调度算法。所以，选项 A 正确。

对于选项 B，先来先服务（First Come First Served，FCFS）是最简单的调度算法，按先后顺序进行调度；适用于长作业，而不利于短作业；有利于 CPU 繁忙的作业，而不利于 I/O 繁忙的作业。所以，选项 B 错误。

对于选项 C，优先级算法（Priority Scheduling）是多级队列算法的改进，平衡了各进程对响应时间的要求。适用于作业调度和进程调度，可分成抢先式和非抢先式。所以，选项 C 错误。

对于选项 D，轮转法（Round Robin）是让每个进程在就绪队列中的等待时间与享受服务的时间成正比例。所以，选项 D 错误。

8. 答案：B。

分析：读者要想解答出本题，必须对各种排序算法的原理有着较为深刻的认识。以下将分别对这几种排序算法进行介绍与分析。

对于选项 A，选择排序是一种简单、直观的排序算法，它的基本原理如下：对于给定的一组记录，经过第一轮比较后得到最小记录，然后将该记录与第一个位置的记录进行交换；

接着对不包括第一个记录以外的其他记录进行第二轮比较,将得到最小记录与第二个记录进行位置交换;重复该过程,直到进行比较的记录只有一个时为止。

对于选项 B,快速排序是一种非常高效的排序算法,它采用"分而治之"的思想,把大的拆分为小的,小的再拆分为更小的。其原理为:对于一组给定的记录,通过一趟排序后,将原序列分为两部分,其中前部分的所有记录均比后部分的所有记录小,然后再依次对前后两部分的记录进行快速排序,递归该过程,直到序列中的所有记录均有序为止。

对于选项 C,希尔排序也称为"缩小增量排序",它的基本原理如下:首先,将待排序的元素分成多个子序列,使得每个子序列的元素个数相对较少,对各个子序列分别进行直接插入排序,待整个待排序序列"基本有序后",再对所有元素进行一次直接插入排序。希尔排序也是形成部分有序的序列。

对于选项 D,归并排序是利用递归与分治技术将数据序列划分成越来越小的子序列(子序列指的是在原来序列中找出一部分组成的序列),再对子序列排序,最后再用递归步骤将排好序的子序列合并成为越来越大的有序序列。归并排序会在第一趟结束后,形成若干个部分有序的子序列,并且长度递增,直到最后的一个有序的完整序列。

本题中,很容易发现,第一个序列前 4 个数都小于或等于 25,而后 5 个数都大于 25,很显然满足快速排序的方法,而且根据以上对各种排序算法的分析可知,选项 B 正确。

9. 答案:A。

分析:在有向图的邻接表中,某顶点链表的结点个数是发出去的弧的数量,也就是出度,反过来说,逆邻接表的某顶点链表的结点个数是进入的弧的数量,也就是入度,所以,选项 A 正确。

二、多选题

1. 答案:ABD。

分析:全局属性(Global Attribute)是指全部元素都能使用的通用属性,与之对应的是局部属性(Local Attribute)。选项 A 中的 class 是 HTML4 就有的全局属性,选项 B 中的 contenteditable 是 HTML5 新增的全局属性,选项 D 中的 onclick 是一个事件属性,也属于全局属性。除了前面 3 种全局属性,还有两类全局属性:ARIA 属性和自定义属性。ARIA 属性即无障碍网页应用属性;自定义属性通常以"data-"为前缀。

2. 答案:BC。

分析:浮动有许多副作用,选项 B 和 C 是清除浮动的两种方法。前者利用了 BFC 隔离的特点,后者的 clear 属性会增加元素的上外边距,使它能够出现在浮动元素的下面。

3. 答案:ABCD。

分析:HTTP 通过请求方法说明请求目的,期望服务器执行某个操作。GET 方法用于获取数据,POST 方法用于提交数据,HEAD 方法用于获取除了内容以外的资源信息,DELETE 方法用于删除文件。

三、填空题

1. 答案:#F60。

分析:当重要性和特殊性都相同的时候,选择器在样式表中所处的位置,决定了权重,越是在后面,权重越高。在上面的代码中,两组选择器的特殊性相同,但由于.ovh 排在.bfc

后面，因此，.bfc 中的声明将会被覆盖。

2．答案：10、10。

分析：转型函数 Number() 可以将非数字类型的值转为数字。当参数是数字时，所有进制的数都会按十进制计算，第一个表达式中的八进制数 012 经过计算后的结果为 10。当参数是字符串时，如果字符串是十六进制数，那么会先按十进制计算，第二个表达式中的十六进制数 0xA 经过计算后得到的结果也为 10。

3．答案："[object Object]"、0。

分析：在第一个表达式中，空数组会变为空字符串，与空对象（{}）进行字符串拼接，结果为"[object Object]"。第二个表达式的"{}"并不是空对象，而是不执行任何操作的空代码块，表达式的值由"+[]"计算得到，结果为 0。

4．答案：3。

分析：定时器中的回调函数会被延迟 1 s 再执行，因此会先执行赋值语句，a 变量的值变为 3。然后当执行该回调函数时，因为闭包的关系，所以能够读取到函数外的 a 变量，并且输出语句在赋值语句之前，所以输出的值为 3。

5．答案：Btn1、Btn2。

分析：JSX 实现了条件渲染，即在插入的表达式中使用 if 语句或三元运算符，用法和 JavaScript 中的相同。

四、问答题

1．答案：如果要在 HTML 文档中显示特殊字符（如"<""'>"等），那么就可以使用 HTML 实体。HTML 实体还能预防 XSS（跨站脚本攻击）。XSS 通常会将脚本代码注入 HTML 文档中，再解析执行，使用了 HTML 实体后，就可以让相关代码只打印，而不执行。

2．答案：Shadow DOM 是浏览器的一种功能，能够自动添加子元素，例如 audio 元素（代码如下所示）在网页中能使用进度条、音量控制等功能，这些相关元素都由浏览器自动生成。

```
<audio controls src="test.wav"></audio>
```

3．答案：hasLayout 是微软的一个私有概念，它类似于 BFC，能够运行在早期的 IE6 和 IE7 中，但在 IE8 及之后的 IE 版本中已经被抛弃。在早期的 IE 浏览器中，元素会被分为拥有布局（has Layout）和没有布局，拥有布局的元素可以控制自己内容的尺寸和位置，而没有布局的元素需要由最近的拥有布局的祖先元素代劳。IE6 中的很多错误（bug）都是由于元素没有布局所引起的，例如，浮动元素会引起双倍外边距（即 10 px 的外边距会变成 20 px）。可以通过定义特定的 CSS 属性来触发 hasLayout，使得这个元素拥有布局，下面所列的是能触发 hasLayout 的情况。

（1）float 属性为 left 或 right。

（2）position 属性为 absolute。

（3）值不是 auto 的 width 或 height 属性。

（4）值不是 normal 的 zoom 属性。

hasLayout 除了能修复 IE 的 bug，还能像 BFC 一样，清除浮动、解决外边距塌陷。

4．答案：类选择器和 ID 选择器主要有以下 4 个方面的区别。

（1）类选择器是以点号（.）开头，ID 选择器是以井号（#）开头。

（2）类选择器根据 class 属性的值选择元素，ID 选择器根据 id 属性的值选择元素。

（3）类选择器可以应用于多个元素，ID 选择器只能应用于一个元素。

（4）ID 选择器的特殊性（specificity）比类选择器要高。

5．答案：推荐使用 LVHA 的顺序，通常这 4 个状态会使用同一个源声明，也不会单独给某个状态标记重要性，4 个状态的特殊性也相同（代码如下所示），因此影响权重的只有在样式表中所处的位置了。

```
a:link {
    color: blue;
}
a:visited {
    color: red;
}
a:hover {
    color: green;
}
a:active {
    color: yellow;
}
```

当鼠标悬浮在未访问或已访问链接的时候，都会同时存在两种状态：:link 与:hover 或:visited 与:hover。如果:hover 声明在:link 或:visited 之前，那么就会被覆盖。当鼠标单击链接时，会同时存在两种状态——:active 与:hover。如果:active 声明在:hover 之前，那么会被覆盖。因此:hover 与:active 必须在:link 与:visited 之后，而:active 必须在:hover 之后，至于:link 与:visited，它们两个的顺序可以互换。将 LVHA 记成两个单词的组合——love 和 hate，能更易于记忆。

6．答案：REST 并不是一个简单的单词，它是 REpresentational State Transfer 的缩写，表示表述性状态转移。它既不是标准，也不是协议，而是一组架构约束条件和设计指导原则，一种基于 HTTP、URI、XML 等现有协议与标准的开发方式。常说的 RESTful 是一种遵守 REST 设计的架构风格。

7．答案：先来了解一下 undefined 和 null 的相同部分，如下所列。

（1）都有空缺的意思。

（2）不包含方法和属性。

（3）都是假值。

（4）都只有一个值。

再来了解一下两者的不同部分，如下所列。

（1）含义不同，undefined 表示一个未定义的值，null 表示一个空的对象。

（2）类型不同，将 typeof 运算符应用于 undefined，得到 "undefined"；而应用于 null，得到的却是 "object"。

（3）数字转换不同，将 undefined 和 null 用全局函数 Number()转换为数字，得到的结果分别为 NaN 和 0。

（4）在非严格模式中的表现不同，undefined 可以是一个标识符，能被当作变量来使用和赋值，而 null 不可以。

8．答案：图像预加载是指提前加载图像，并将其缓存，当要访问时就能直接读取缓存中的图像。预加载不但能更流畅地浏览网页，减少等待时间，还能防止页面因图像太多而打开缓慢甚至无法打开的情况发生。图像懒加载也叫延迟加载，通常的做法是当滚动条到达某个位置（可以是网页底部）时，再请求图像。这种方式能大大节约用户的流量，并能减轻服务器的压力，提升用户体验。

9．答案：模板字面量（Template Literal）是一种能够嵌入表达式的格式化字符串，有别于普通字符串，它使用反引号（`）包裹字符序列，而不是双引号或单引号。模板字面量包含特定形式的占位符（\${expression}），由美元符号、大括号以及合法的表达式组成，合法的表达式（expression）可以是变量、算术或函数调用，甚至还可以是模板字面量。在 ES6 引入模板字面量后，就能避免用若干个加号来实现字符串拼接，而改用更为优雅的语法来替代。

10．答案：ES6 对函数的改进包括默认参数、元属性、块级函数和箭头函数等。

11．答案：Promise 是 ES6 新增的特性，能更合理地控制和追踪异步操作。它是一个包含状态、可继承的对象，不仅能管理而不是依赖回调，还能以同步的方式传递异步的计算结果，从而避免陷入回调金字塔的泥潭中。

12．答案：React 提供了 dangerouslySetInnerHTML 属性，代码如下所示。它的值是一个包含__html 属性的对象，其作用相当于调用 DOM 元素的 innerHTML 属性。

```
<div dangerouslySetInnerHTML={{__html: "<p></p>"}}></div>
```

13．答案：JSX 结构有一个限制，那就是在最外层必须用一个元素包裹，即使这是一个冗余的元素，也需要加上。为了避免这种无意义的输出，React 引入了 Fragments，其结构如下所示。只需将最外层元素的开始和结束标签分别改成<>和</>，不必在 DOM 中增加额外的元素了，并且也不再影响 CSS 的某些机制，例如，伸缩盒布局需要维持特殊的父子关系。

```
class Btns extends React.Component {
    render() {
        return (
            <>
                <li>1</li>
                <li>2</li>
                <li>3</li>
            </>
        );
    }
}
```

14．答案：Redux 的三大原则如下所列。

（1）单一数据源。

（2）保持状态只读。

（3）状态的改变由纯函数完成。

15．答案：dependencies 记录了在生产环境中所依赖的包。devDependencies 记录了在开发环境中所依赖的包。

16．答案：webpack-dev-server 搭建了一个基于 Node.js 的本地服务器，能够实时编译，并且在浏览器和服务器之间建立了一个 websocket 长连接，从而就能自动加载页面了。

17．答案：在创建 Vue 实例时，只要为其添加 comments 选项，并赋值为 true（如下所示），就能在渲染时保留模板中的 HTML 注释。

```
var vm = new Vue({
  comments: true
});
```

18．答案：Vue 内置的<slot>元素，能作为插槽（slot）存在，而插槽内可包含文本、HTML 片段、组件等。以下面的 btn 组件为例，其模板中包含一个<slot>元素，在 DOM 中为 btn 组件添加了文本内容。

```
<btn>提交</btn>
<script>
  Vue.component("btn", {
    template: '<button><slot></slot></button>'
  });
</script>
```

渲染出的<button>元素会包含"提交"，即插槽被替换成了分发的内容。

19．答案：命名空间和模块是两个概念，具体区别如下所列。

（1）命名空间不能声明它的依赖，而模块可以。

（2）在一个文件中可以定义多个命名空间，而模块只能一个。

（3）命名空间不依赖模块加载器，而模块需要。

（4）命名空间可由 3 斜线指令引入，而模块通过 import 语句、require()函数等方式引入。

（5）不允许在模块中使用命名空间，因为模块本身提供了逻辑分组。

五、编程题

1．答案：圣杯布局（Holy Grail）从上到下由页头、内容和页脚组成，内容由左、中、右 3 列组成，如下图所示。

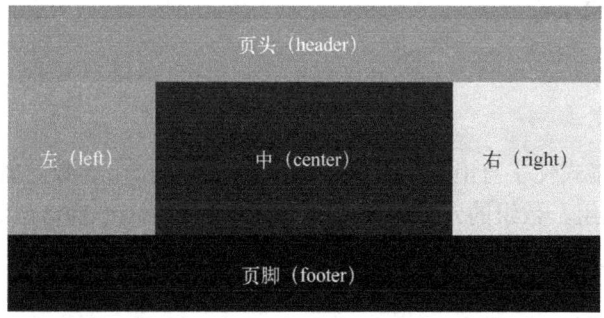

其中，左右两列的宽度固定，中间一列自适应，并且要最先显示（下面 HTML 文档内，中间元素被放在最前面）。

```
<header>header</header>
<div>
  <section class="center">center</section>
  <section class="left">left</section>
  <section class="right">right</section>
</div>
```

```
<footer>footer</footer>
```

容器 div 元素会用左右内边距腾出侧边两列的空间，如果左右两列的宽度都为 100 px，那么容器的左右内边距都为 100 px。中间列为了自适应，宽度就需要定义为一个百分数（如 100%），代码如下所示：

```
div {
  padding: 0 100px 0;
}
.center {
  width: 100%;
}
```

左右列用负的外边距偏移。左列比较特殊，需要越过中间列，负外边距可以设为-100%，代码如下所示：

```
.left {
  margin-left: -100%;
  right: 100px;
  width: 100px;
  position: relative;
}
```

边距的百分数参照的是包含块的宽度，此处包含块的宽度就是中间列的宽度。越过中间列后，再用相对定位向右偏移 100 px 的距离（这个距离就是左列的宽度）。右列比较简单，直接用负外边距偏移即可。

```
.right {
  margin-right: -100px;
  width: 100px;
}
```

2．答案：有 4 种方式获取当前毫秒数。其中 3 种方式要先创建 Date 对象，然后再使用一元加号运算符、getTime()或 valueOf()才能得到当前毫秒数，另一种是用 Date 对象的静态方法 now()获取当前时间的毫秒数，具体代码如下所示：

```
var date = new Date();
+date;
date.getTime();
date.valueOf();
Date.now();
```

3．答案：这个格式化字符串的函数包含两个参数：第一个参数是需要格式化的字符串；第二个参数是一个数组，数组的元素可替换对应的占位符。由于构造函数 RegExp()能动态创建正则表达式，因此可方便地实现替换逻辑，具体代码如下所示：

```
function strFormat(format, args) {
  if (arguments.length < 2) {
    return format;
  }
  for (var key in args) {
    var value = args[key];
    if (undefined != value) {
      format = format.replace(new RegExp("\\{" + key + "\\}", "gm"), value);
    }
  }
}
```

```
    return format;
}
```

4. 答案： 对调的方法有很多，这里只介绍其中的 3 种。

（1）加减法，先把 a 和 b 相加得到一个和；然后把和赋给 a；接着用和减去 b 得到 a 的值，再赋给 b；最后用和减去当前的 b 得到原先 b 的值，并赋给 a。这样就实现了对调，具体代码如下所示：

```
a = a + b;
b = a - b;
a = a - b;
```

（2）按位异或法，按位异或（^）的运算过程是当两个操作数对应的二进制位只有一个是 1 时才返回 1，都是 0 或都是 1 时返回 0。假设 a 的值为 1，它的二进制为 0001，b 的值为 2，它的二进制为 0010。使用下面的计算方式来做对调，首先 a 和 b 进行按位异或运算，a 的值变为 0011；然后让 b 和 a 再进行按位异或运算，b 的值变为 0001，也就是 1；最后让 a 和 b 进行按位异或运算，a 的值变为 0010，也就是 2。这样就巧妙地实现了对调。

```
a ^= b;
b ^= a;
a ^= b;
```

（3）逗号与数组的配合，这是最简洁的实现方法。首先创建一个数组，第一个元素是 b，第二个元素是一个赋值表达式（b=a），a 的值会赋给 b；然后把数组的第一个元素赋给 a，也就是 b 最初的值。这样就能完成两个变量之间的对调操作。

```
a = [b, (b = a)][0];
```

5. 答案： 如果要使用 Refs 的功能，那么就得设置 React 元素的 ref 属性，它的值可以是对象、回调函数和字符串，每种类型的值后面都给出了相关的示例。

（1）对象，此处的对象是 React.createRef() 方法的返回值，包含一个 current 属性，而该属性指向的正是要读取的组件实例或 DOM 元素。

```
class Btn extends React.Component {
    constructor(props) {
        super(props);
        this.myBtn = React.createRef();
    }
    render() {
        return <button ref={this.myBtn}>提交</button>;
    }
}
```

（2）回调函数，它能接收一个参数，当组件被挂载时，参数的值为组件实例或 DOM 元素；当组件被卸载时，参数的值为 null。

```
class Btn extends React.Component {
    render() {
        return (
            <button ref={btn => { this.myBtn = btn }}>提交</button>
        );
    }
}
```

（3）字符串，以下面的"myBtn"为例，通过 this.refs.myBtn 就能访问到想要的组件实例或 DOM 元素。

```
class Btn extends React.Component {
  render() {
    return <button ref="myBtn">提交</button>;
  }
}
```

六、面试题

1．提示：如何回答这个问题，取决于求职者对这个企业的态度。如果求职者接受不了工作安排与专业不对口的事实，宁可不进这样的企业，也不愿意从事与专业无关的工作，那么最好直接说出来。因为即使违心地拿到了录取通知（offer），进入了企业，自己也不会开心的。

相反，如果求职者不在意工作安排与专业的关系，一心只想进入该企业，做什么都行，那么就可以如下回答："我觉得专业对不对口并不是最重要的，上进心与责任心才是最重要的。贵公司根据自己的方针所做出的安排肯定有它的道理，我愿意服从公司的安排。而且，对于我个人而言，从事一个与专业不对口的工作，也是对我个人综合技能的一种提升，毕竟现在单一的技能是没有办法满足社会的需求的。所以，无论在哪个部门我都会努力工作。"

2．提示：面试官提出此类问题，真的是"用心良苦"，在这样一个"陷阱"中，求职者千万不要评价任何人的过错。对于一个团队而言，矛盾是一个团队必然存在的问题，再优秀的团队也不可能没有分歧或是矛盾，成功解决矛盾也是一个优秀团体中每个成员必备的一种能力。

在现实生活中，当与别人发生争执时，最明智的办法一般都是自己首先退让，缓和现场气氛，防止争执扩大化，对双方引起更大的伤害，等到合适时机，双方静下心来，心平气和地交换各自的想法，站在对方的立场考虑问题，最终互相让步，得到一种双方都能够接受的方案。

所以，对于该类问题，可以参考以下几种回答方法。

（1）当我与别人发生争执时，首先我会调整自己的心态，坦然地去面对这个问题，客观地去看待问题，而不是选择逃避。如果我的立场是对的，我会委婉地拒绝争执而走开；如果对方的立场是对的，我也会主动认错，向对方道谢，并从中吸取教训。

（2）当我与别人发生争执时，我一般会找对方坐下来面对面地讨论，询问他的想法，之后，我再讲出自己的观点。找出最重要的部分和需要妥协的部分，然后将观点中相同的部分加以明确，就需要妥协的部分交换意见。最终双方都会感到有所收获，讨论出满意的解决方案。

（3）我觉得谁都有过与人争执的时候，当我与别人发生争执时，我会仔细分析问题出在哪里，如果是我的问题，我会主动承认错误，向对方道歉，并且接纳对方的合理观点；如果是对方的问题，我也不会抓住不放，得理不饶人，我会耐心地解释给对方听，而不是面红耳赤地和他争吵。

其实在工作中，一般都需要整个团队的协作才能更快、更好地完成任务，团队中的每个成员都是一个独立的个体，都有自己独特的审美观、价值观，加上每个人性格、阅历、生活环境、思考问题的方式等都不尽相同，所以在合作中，对于某个事物的看法有分歧在所难免，这是一个非常正常的情况。用争执来形容，似乎不太恰当，但不管怎样，大家都是在奉献自己的智慧，都是为了将工作做好这样一个共同目标在努力，是一个对事不对人的行为，因为大家还是在互相尊重，而且所谓争执仅仅是一个不同的看法而已，并不是很深的个人矛盾或者上升到敌对关系，所以也就不存在所谓的如何解决，如果非要说解决，那么加强沟通和配合上的默契才是最好的解决之道。

真题详解 8　某知名电子商务公司前端工程师笔试题

一、单选题

1. 答案：D。

分析：HTML 实体有 3 种定义方式，分别是名称、十进制和十六进制。选项 A、选项 B 和选项 C 分别是字符 ">" 的 3 种定义方式。

2. 答案：D。

分析：选项 D 中的 turn 表示转数，1 turn 相当于 360 deg；选项 A 中的派卡（pc）是印刷行业常用的绝对长度单位；而另外两个选项中的 ex 和 ch 都是相对长度单位，ex 通常表示字体的一半高，ch 相对于数字 0 的宽度。

3. 答案：C。

分析：encodeURIComponent()函数用于编码 URL 中的某一段，只有 9 个字符不会被编码（!、'、(、)、*、-、.、_、~）。除了选项 C 之外，其他 3 个字符都不能被编码。

4. 答案：C。

分析：选项 C 是一个保留字，选项 A 和 B 是两个用于运算符的关键字，选项 D 是一个用于跳转语句的关键字。

5. 答案：C。

分析：在一台机器上，到服务器端的连接数由端口的个数来决定，由于端口号的长度为 16 位，因此，最多可以使用的端口数为 $2^{16}-1=65535$，故最多可以保持 65535 个连接。所以，选项 C 正确。

6. 答案：D。

分析：网络安全涉及计算机网络上信息的保密性、完整性、可用性、真实性以及可控性，它是一个系统工程，需要仔细考虑系统的安全需求，并将各种安全技术结合在一起才能维护计算机网络以及信息的安全。

本题中，对于选项 A，防火墙是一种保护计算机网络安全的技术性措施，它通过在网络边界上建立相应的网络通信监控系统来隔离内部和外部网络，以阻挡来自外部的网络入侵，因此，它属于网络安全控制技术。所以，选项 A 正确。

对于选项 B，防止对任何资源进行未授权的访问，从而使计算机系统在合法的范围内使用。通过权限控制来实现网络安全控制。因此，它属于网络安全控制技术。所以，选项 B 正确。

对于选项 C，入侵检测是指"通过对行为、安全日志或审计数据或其他网络上可以获得的信息进行操作，检测到对系统的闯入或闯入的企图"，通过这种技术也能实现网络安全控制。因此，它属于网络安全控制技术。所以，选项 C 正确。

对于选项 D，差错控制用于在网络传输过程中对差错进行控制以保证数据的准确性，因此，它不属于网络安全控制技术。所以，选项 D 错误。

7．答案：C。

分析：共享内存就是映射一段能被其他进程所访问的内存，这段内存由一个进程创建，但多个进程都可以访问。共享内存是最快的进程间通信的方式，它是针对其他进程间通信方式运行效率低而专门设计的。所以，选项 C 正确。

8．答案：A。

分析：堆是一种特殊的树形数据结构，其每个结点都有一个值，通常提到的堆都是指一棵完全二叉树。

堆排序是树形选择排序，在排序过程中，将 R[1…N]看成是一棵完全二叉树的顺序存储结构，利用完全二叉树中双亲结点和孩子结点之间的内在关系来选择最小的元素。

堆一般分为大顶堆和小顶堆两种不同的类型。对于给定 n 个记录的序列(r(1),r(2),…,r(n))，当且仅当满足条件r(i)>=r(2i)且 r(i)>=r(2i+1))时称为大顶堆，此时，堆顶元素为最大值。对于给定 n 个记录的序列(r(1),r(2),…,r(n))，当且仅当满足条件r(i)<=r(2i)且 r(i)<=r(2i+1))时称为小顶堆，此时，堆顶元素必为最小值。

以小顶堆为例：堆排序的思想是对于给定的 n 个记录，初始时把这些记录看作一棵顺序存储的二叉树，然后将其调整为一个小顶堆，将堆的最后一个元素与堆顶元素（即二叉树的根结点）进行交换后，堆的最后一个元素即为最小记录；接着将前(n-1)个元素（即不包括最小记录）重新调整为一个小顶堆，再将堆顶元素与当前堆的最后一个元素进行交换后得到次小的记录，重复该过程直到调整的堆中只剩一个元素时为止，该元素即为最大记录，此时可得到一个有序序列。

堆排序主要包括两个过程：一是构建堆；二是交换堆顶元素与最后一个元素的位置。

建立小顶堆的方法：从最后一个非叶子结点开始，找出这个结点、左孩子、右孩子的最小值与这个结点的值交换，由于交换可能会引起孩子结点不满足小顶堆的性质，所以每次交换之后需要重新对被交换的孩子结点进行调整。对于题目所给的数组构建小顶堆的过程如下图所示。

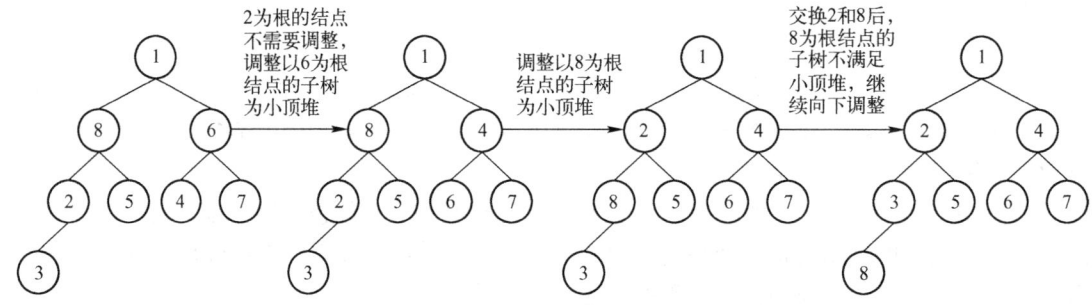

由此可以得出，树的中序遍历序列为 8 3 2 5 1 6 4 7。所以，选项 A 正确。

9．答案：A。

分析：针对有向图是否存在回路的问题，最好的方法就是对有向图构造其顶点的拓扑有序序列，如果有向图的所有顶点可以排出拓扑序列，则该有向图无环路。

具体步骤如下。

在求拓扑算法的过程中，最重要的是要维护一个入度为 0 的顶点的集合，每次从这个集合中取出一个顶点，放入保存拓扑结构结果的列表中，然后从图中删除从这个顶点引出的所有边。在删除这些边后，这个边的另外一个结点，如果入度变成 0，则加入到存储入度为 0 的结点的集合中。以此类推，直到把所有顶点都遍历完成，就求出了拓扑结构。如果在求解的过程中，存储入度为 0 的集合为空，但是此时图中还有没有遍历的边，则说明图中至少存在一个回路。所以，选项 A 正确。

二、多选题

1. 答案：AC。

分析：选项 B 中用于指定媒体类型的属性是 media。选项 D 中能定义资源的 URL 的属性是 href。

2. 答案：AD。

分析：绝对定位（absolution）和固定定位（fixed）都会脱离正常流，这两个关键字能删除元素所占的空间，并且让元素相对于包含块偏移。

3. 答案：ABCD。

分析：URL（Uniform Resource Locator）即统一资源定位符，俗称网址，是网络资源的标准化名称，应用程序通过 URL 才能定位到资源所处的位置，URL 相当于一个人的住址。它由 8 部分组成，包括协议方案（scheme）、登录信息（user 和 password）、主机（host）、端口（port）、路径（path）、查询字符串（query）以及片段（frag）。

三、填空题

1. 答案：35、25。

分析：50 vw 等于视口宽度的 50%，50 vh 等于视口高度的 50%。虽然 section 元素有 6 px 的外边距，但不会影响子元素 div 宽和高的计算，它们的计算结果分别为 35 px 和 25 px。

2. 答案：10。

分析：当参数是对象时，先对其执行 ToPrimitive 抽象操作，变为基础类型的值，再进行转换。ToPrimitive 的操作流程是先检查是否有 valueOf() 方法，如果有并且返回基本类型的值（也就是不返回复杂的对象），那么就用它的返回值；如果没有就改用 toString() 方法，再用它的返回值。对上面的 numberObj 执行 ToPrimitive 抽象操作后得到的结果为 10。

3. 答案：20。

分析：b 和 c 都是对象，当为 a 对象的属性名时，会被类型转换为字符串，两个对象转换后的值都为 "[object Object]"，两句赋值语句相当于下面的代码。

```
a["[object Object]"] = 10;
a["[object Object]"] = 20;
```

4. 答案：1、NaN、1。

分析：outer() 函数的返回值是其内部函数 inner()，当把 inner() 函数赋给 result 变量时，就创建了一个闭包。inner() 函数中的 a 变量引用的就是 outer() 函数作用域中的 a，它的值始终是 1。double() 是一个全局函数，它的 this 指向的是全局对象，而全局对象并不存在 a 属性，所以对其进行算术运算，得到的结果为 NaN。

5．答案：{name:"strick"}、undefined。

分析：ES6 对父子两个类的 this 的初始化顺序做了规定，先父类，再子类，所以 super() 方法要在使用 this 之前调用。而将 props 传给 super()方法是为了把它马上赋给 this.props，以便在子构造函数中能访问到正确的值。注意，this.props 仅在构造函数中的表现有所不同，在构造函数之外读取到的都是{name: "strick"}。

四、问答题

1．答案：上面的代码通过 ARIA 属性，让设备知道 ul 元素表示选择框，li 元素表示选择框的选项，并且第二个选项处于选中状态。ARIA 属性是由 WAI-ARIA（Web Accessibility Initiative – Accessible Rich Internet Applications）引入的，这些属性为存在视觉障碍的用户服务，可添加在任何 HTML 元素中，有两类定义方式：role 和 aria-*（以 aria-开头的属性），role 属性定义了对象的通用类型（包括 radio、checkbox、button 等）。aria-*属性提供有关对象的特定信息，如单选按钮或复选框的 checked 状态、按钮的 disabled 状态等。更多信息可以直接参考 W3C 中的 WAI-ARIA 章节。

2．答案：两者的功能不同。href（hypertext reference）能够建立一条通道，将当前文档和定义的资源连接起来。src（source）是将定义的资源嵌入到当前文档中。

3．答案：早期的时候，伪元素和伪类都使用单冒号（:）。但最新的 CSS3 规定伪元素使用双冒号（::），伪类用单冒号，两者区分更明显。

4．答案：calc()是 CSS 的一个函数，只有一个数学表达式参数，此函数可处理加减乘除等数学运算，并且在表达式中可混用不同的单位，代码如下所示：

```
div {
    width: calc(50% - 2px);
}
```

在用百分比做自适应布局时，如果要进行计算会比较困难，例如，为了让两个有边框的元素排列在一行，需要准确地计算出各个元素的宽度，而宽度都是百分数，边框却是像素值。不同单位，很难得出结果，但有了 calc()函数后，结果值就能立刻算出来，下图是这个例子的效果示意图。

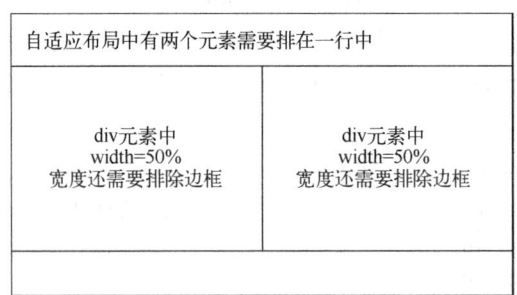

5．答案：为了能让背景铺满整个屏幕，可以把根元素（html）的高度设为 100%（代码如下所示），然后在该元素中设置背景。

```
html {
    height: 100%;
}
```

根元素的百分比高度之所以有效，是因为根元素的包含块是由视口提供的初始包含块（Initial Containing Block）组成的，初始包含块的高度就是视口高度。

6．答案：RESTful API 是指符合 REST 设计风格的 Web API。为了使得接口安全、易用、可维护以及可扩展，一般设计 RESTful API 需要考虑以下几个方面。

（1）通信用 HTTPS 安全协议。

（2）在 URL 中加入版本号，如 "v1/animals"。

（3）URL 中的路径（endpoint）不能有动词，须都用名词。

（4）用 HTTP 方法对资源进行增删改查的操作。

（5）用 HTTP 状态码传达执行结果和失败原因。

（6）为集合提供过滤、排序、分页等功能。

（7）用查询字符串或 HTTP 首部 Accept 进行内容协商，指定返回结果的数据格式。

（8）及时更新文档，每个接口都有对应的说明。

7．答案：原生对象是由 ECMAScript 规范定义的对象，所有内置对象都是原生对象，如 Array（数组）、Date（日期和时间）和 RegExp（正则表达式）等。宿主对象是由宿主环境（如浏览器）定义的对象，用于完善 ECMAScript 的执行环境，如 Document、Location 和 Navigator 等。

8．答案：有用过。自动化构建工具能够增强前端的工作流程，避免重复而繁杂的任务，提升开发效率，保持项目的可维护和可扩展等。常用的构建工具有 Gulp、Grunt 等，它们支持页面监控、自动刷新、文件压缩与合并等功能，让开发人员能更简洁、更高质量的工作。

9．答案：模板字面量虽然强大，但也有它的局限性，例如下面两点。

（1）有可能会遭受 XSS（跨站脚本攻击）攻击，因为无法转义 HTML 中的特殊字符（如 " " 等）。

（2）不能替代模板引擎（如 Mustache、Handlebars 等），因为无法在占位符中使用 if、while 等语句。

10．答案：函数的 length 属性可返回形参个数（即声明时的参数），但它的值会受剩余参数和默认参数的影响，代码如下所示。

```
(function rest(name, ...args){ }).length;              //1
(function rest(name, age = 28){ }).length;             //1
(function rest(name, age = 28, school){ }).length;     //1
```

根据上面的代码可知，形参个数的统计会忽略剩余参数，并且止于默认参数。

11．答案：Promise 依据其状态的变化，让异步操作变得有序，而 Promise 有 3 种互斥的状态可供选择，具体如下所列。

（1）pending：等待中，初始状态，此时还未处理（Promise 中的）异步操作。

（2）fulfilled：已完成，异步操作成功时的状态。

（3）rejected：已拒绝，异步操作失败时的状态。

12．答案：diff 算法用来计算一棵树转换成另一棵树的最小操作数，传统的 diff 算法其时间复杂度达到了 O(n^3)，这意味着如果要展示 1000 个元素，计算量将达到上亿，性能消耗过于昂贵。React 在此算法的思想上提出了两个假设（如下所列），从而将时间复杂度优化到了 O(n)。

（1）两种不同类型的元素会产生出不同的树。

（2）开发者可以通过 key 属性来标识哪些子元素在不同的渲染下能保持稳定。

13. 答案：在 React v16 中，新增了 Portal 特性，它能让组件渲染到父组件以外的 DOM 结点中。如果要使用 Portal，那么可以调用 ReactDOM 上的一个新方法：createPortal()。此方法能接收两个参数（代码如下所示），第一个是可渲染的 React 子元素，如字符串、React 元素数组等；第二个是 DOM 元素，也就是要挂载的容器。

```
ReactDOM.createPortal(child, container);
```

14. 答案：Redux 参考了 Flux 的设计，但是精简了 Flux 中的许多冗余部分，具体区别如下所列。

（1）Redux 只有一个 Store，而 Flux 会有多个 Store。

（2）Redux 和 Flux 相比少了 Dispatcher，但被集成到了 Store 中。

（3）Redux 融合了函数式编程的思想，在代码复用、单元测试等方面更有优势。

15. 答案：npm 遵循 semver 版本规范，使用语义化的版本号来管理包，并且能设置版本范围。一个版本号包含 3 位：X.Y.Z，分别代表主版本号（X）、次版本号（Y）和补丁版本号（Z），取值为非负整数，个位数不会补零。首次发布的新产品，其版本号从"1.0.0"开始。

16. 答案：模块热替换（Hot Module Replacement，HMR）能在程序运行时替换、新增或删除模块，而无须加载整个页面（即不刷新窗口），其效果类似于在 Chrome 浏览器的调试器中直接更改样式。

17. 答案：假设同时声明了 name 属性和 name()方法，如下所示，那么会报"[Vue warn]: Method "name" has already been defined as a data property."的警告。

```
var vm = new Vue({
  data: {
    name: "strick"
  },
  methods: {
    name: function() {
      return "strick";
    }
  }
});
```

18. 答案：函数式组件是一种没有状态（data）和没有实例（this）的组件，其 functional 选项需设为 true，代码如下所示：

```
Vue.component("btn", {
  functional: true,
  render: function(createElement, context) {
    return createElement("button", {
      domProps: { innerHTML: context.props.txt }
    });
  }
});
```

这类组件可通过 render()函数来进行渲染，而该函数的第二个参数 context 可传递组件所需要的数据，包括 props、children、data、slots 等。函数式组件的渲染开销要低很多，常用于包装其他组件。

19. 答案：装饰器（Decorator）可声明在类及其成员（如属性、方法等）之上，为它们提供一种标注，用于分离复杂逻辑或附加额外逻辑，其语法形式为@expression。expression

是一个会在运行时被调用的函数,它的参数是被装饰的声明信息。

五、编程题

1. 答案:在普通的块级盒中要显示一行文本,溢出的内容用省略号替换,需要设置 width、overflow、text-overflow 和 white-space,代码如下所示:

```
div {
    width: 200px;
    overflow: hidden;              /* 裁剪溢出内容 */
    text-overflow: ellipsis;       /* 将溢出内容替换为省略号 */
    white-space: nowrap;           /* 禁止换行 */
}
```

在伸缩容器中实现这种效果需要使用旧版本的两个伸缩属性和一个 webkit 的私有属性,并且不能再用 white-space 来禁止换行,代码如下所示:

```
div {
    width: 200px;
    overflow: hidden;
    text-overflow: ellipsis;
    /* 旧版本伸缩属性 */
    display: -webkit-box;
    -webkit-box-orient: vertical;  /* 从上到下排列 */
    /* webkit 私有属性 */
    -webkit-line-clamp: 1;         /*文本行数*/
}
```

如果要想在第二行才做溢出替换(见下图),只需将-webkit-line-clamp 属性的值改为 2。

> 内容溢出内容溢出内容溢出
> 内容溢出内容溢出内容溢...

2. 答案:闰年的二月份有 29 天,所以只要获得这一年 2 月份的天数就能判断是否为闰年。在构造函数 Date()中,把月份设为 3 月,也就是 2,天数设为 0,就能得到上个月的最后一天,代码如下所示:

```
function isLeapYear(year) {
    return new Date(year, 2, 0).getDate() == 29;
}
```

3. 答案:先将整数转换为字符串,再用 replace()方法为其添加千分位逗号分隔符,具体代码如下所示:

```
function thousandBitSeparator(num) {
    return num.toString().replace(/(\d)(?=(\d{3})+$)/g, function(match) {
        return match + ",";
    });
}
```

在上面的代码中,正则表达式首先捕获一个数字,再用零宽正向先行断言(?=)自定义匹配条件,匹配的条件是当前数字之后的数字个数为 3 的倍数。注意,正则表达式中的元字符 "$" 不能省略,并且零宽断言中匹配到的内容不会被捕获。

4. 答案:可以用数组的排序方法 sort()实现,该方法能接收一个比较函数。比较函数有两个参数:x 和 y,也就是数组的两个元素,根据函数的返回值,改变这两个元素在数组中的位置，有如下 3 种移位规则。

（1）当返回值大于 0 时，x 会被移到 y 的后面。

（2）当返回值等于 0 时，x 和 y 的位置不改变。

（3）当返回值小于 0 时，x 会被移到 y 的前面。

根据上面的规则，可以用下面的代码实现排序。还要注意一点，sort()方法会改变原始数组，所以不用再给 arr 重新赋值。

```
arr.sort(function(x, y) {
  return x.a > y.a;
});
```

5．答案：在 React 事件处理程序中，this 默认是没有指向的，有两种方式可以解决 this 指向的问题，分别是箭头函数和 bind()方法。

（1）将事件处理程序改成箭头函数的形式（Btn1 组件）或将箭头函数转移到方法声明的时候（Btn2 组件），即可纠正 this 的指向，代码如下所示：

```
class Btn1 extends React.Component {
  handle() { }
  render() {
    return <button onClick={() => this.handle()}>提交</button>;
  }
}
class Btn2 extends React.Component {
  handle = () => { }
  render() {
    return <button onClick={this.handle}>提交</button>;
  }
}
```

（2）在元素的属性中调用 bind()方法（Btn1 组件）或将其移到组件的构造函数中（Btn2 组件），同样也能纠正 this 的指向，代码如下所示：

```
class Btn1 extends React.Component {
  handle() { }
  render() {
    return <button onClick={this.handle.bind(this)}>提交</button>;
  }
}
class Btn2 extends React.Component {
  constructor(props) {
    super(props);
    this.handle = this.handle.bind(this);
  }
  handle() { }
  render() {
    return <button onClick={this.handle}>提交</button>;
  }
}
```

六、面试题

1．提示：无论什么行业，都会有压力，而 IT 企业中的压力尤为突出，所以 IT 企业在进行面试的时候会对求职者进行该方面的提问，以确保求职者能够化解压力，能够更好地服务于企业。

针对面试官的这种提问，求职者自身应该对工作中的压力有一个清醒的认识。首先，自身要有充分的思想准备，不管是一份什么工作，都要在入职前对它有一个详细的了解，包括工作的内容、强度，所要求的专业技能等。对工作有了了解后，才可以进行更好的准备，并以饱满的热情和精力来适应工作。即使压力非常大，如果事先已经有了心理准备，也可以从容应对。

其次，要学会自我调节。心态决定成败，当工作压力大时，应该学会调节。例如，喝一杯咖啡，听一首简单轻快的歌曲，到窗边眺望几分钟，写博客，给家人朋友打电话等。如果条件允许，还可以进行适度的体育锻炼，如跑步等。

最后，就是给自己乐观积极的心理暗示。"压力越大，动力越大"，所以在高压下工作，可以帮助自己在最短的时间有最大的提高，进而使自己的承受能力变强。

有时通过找有经验的人给出一些切实可行的解答和措施也可以缓解自身的压力。所以面对压力，当有了清醒的认识后，不应该惧怕，而是应该坦然面对，将自己积极的一面传达给面试官，从而得到面试官的认可。

2. 提示：人都有一种固有的思维就是"这山望着那山高"，一般都认为最好的企业是下一个企业，面试官提出此类问题，为了确认求职者不会再以相同的原因辞职。此类问题，如果回答不合适，就会导致面试官觉得离开原单位完全是因为求职者个人原因造成的，而非因为工作上的原因，即使今天录用了求职者，求职者以后也可能会因为同样或类似的原因离开。

在回答该类问题时，避免把"离职原因"说得太详细、太具体，切忌掺杂主观的负面感受，切忌抱怨、诋毁以前的单位。例如，待遇低，与领导不和，与同事不和，不服从分配，工作太累、压力太大等，也不要涉及自己负面的人格特征，如懒惰、缺乏责任感、不诚实等。求职者应该更多地提及个人发展需要，而不是归咎于其他人，同时对于离开以前的单位，也应该表示很遗憾，情感上非常不愿意，以此让用人单位相信你具备出色的工作能力与良好的人际关系，能够胜任新单位的工作。

需要注意的是，除非是薪资太低，或者是第一份的工作，否则不要用薪资作为理由。"求发展"也被面试官听得太多，离职理由要根据每个人的真实离职理由来设计，但是在回答时一定要表现得真诚。例如，可以回答："其实，在原来的单位工作了5年，与领导、同事相处非常融洽，彼此之间已经建立了深厚的感情，而且通过我的努力，也取得了他们的信任，他们也都非常不愿意我离开，我也很舍不得他们，做出决定离开那里，从情感上来说，我是非常痛苦的。但是，长久以来，我一直希望自己能够在云计算领域有所发展，由于一些客观原因，我未能在那里实现这个愿望，所以我还是做出了一个艰难的决定，最终选择了离开。"实在想不出来的时候，家在外地可以说是因为家中有事，需请假几个月，企业又不可能准假，所以辞职，这种答案也能被面试官勉强接受。

有时候，面试官可能还会在此问题的基础上引申一下，问你对跳槽有什么看法，此时也要小心，不要"中招"了。对于跳槽这个问题，最好能够表达两个意思：第一，正常的跳槽一般能促进人才合理流动，也是一种正常的行为，应该予以支持；第二，频繁的跳槽对单位和个人都不利，不提倡，应予以坚决反对。

真题详解 9 某知名生活消费类网站前端工程师笔试题

一、单选题

1. 答案：B。

分析：选项 A 中的 nav 元素表示页面中的导航栏；选项 C 中的 article 元素表示页面中独立并且可复用的结构；选项 D 中的 dialog 元素表示一个对话框；选项 B 中的 aside 元素表示一个与页面内容无关的部分，即使单独拆出也不会影响到整体，其通常表现为侧边栏或嵌入的内容。

2. 答案：B。

分析：当用十六进制标记法表示 Web 安全色时，需要用 00、33、66、99、CC 或 FF 组合的值。在这 6 对数中，选 3 个，正好有 216 种（即 6 的 3 次方）组合方式，并且所有的安全色都可用简写。根据以上规则可知，只有选项 B 中的#FF6600 是安全色，它还能简写为#F60。

3. 答案：D。

分析：数字和字符串需要遵守一定的规范，才能应用到 JSON 中。数字中不能有前导零，并且不能省略浮点数的整数部分和小数部分中的零，选项 A 和选项 B 中的属性违反了这几条限制。字符串必须用双引号包裹，可以是任意数量的 Unicode 字符，不能包含双引号（"）、反斜线（\）和大部分的转义字符（如\n、\t 或\b 等），选项 C 中的属性违反了双引号的限制。

4. 答案：D。

分析：在上面的代码中，首先为 func 变量赋值，执行即时函数会返回一个匿名函数。该匿名函数中的 a 变量引用的是函数作用域中的 a 变量，而不是全局作用域中的 a 变量。这是因为此处创建了一个闭包，闭包能记住函数声明时所处的作用域。由此可知，调用两次 func() 函数，得到的结果为 3 和 4。

5. 答案：B。

分析：网关是局域网连接广域网的出口，可以工作在 OSI 模型网络层以上的不同层次。所以，选项 B 正确。

6. 答案：C。

分析：IP 地址根据网络 ID 的不同分为 5 种类型：A 类地址、B 类地址、C 类地址、D 类地址和 E 类地址。

一个 A 类 IP 地址由 1 字节的网络地址和 3 字节主机地址组成，网络地址的最高位必须是"0"，地址范围从 1.0.0.0 到 126.0.0.0。可用的 A 类网络有 126 个，每个网络能容纳 1 亿多个主机。一个 B 类 IP 地址由 2 个字节的网络地址和 2 个字节的主机地址组成，网络地址的最高位必须是"10"，地址范围从 128.0.0.0 到 191.255.255.255。可用的 B 类网络有 16382 个，每个网络能容纳 6 万多个主机。一个 C 类 IP 地址由 3 字节的网络地址和 1 字节的主机地址组成，网络地址的最高位必须是"110"，范围从 192.0.0.0 到 223.255.255.255。C 类网络可达 209 万个，每个网络能容纳 254 个主机。D 类 IP 地址的第一个字节以"1110"开始，它是一个专门保留的地址。它并不指向特定的网络，目前这一类地址被用在多点广播（Multicast）中。多点广播地址用来一次寻址一组计算机，它标识共享同一协议的一组计算机。E 类 IP 地址的第一个字节以"11110"开始，为将来使用保留。

通过上面分析可知，200.5.6.4 属于 192.0.0.0～223.255.255.255 范围内，属于 C 类地址范畴。所以，选项 C 正确。

7. 答案：B。

分析：下表是程序、进程、线程的定义与关联关系。由此可知，本题的答案为 B。

术语	定义与描述
程序	一组指令的有序结合，是一个静态没状态的文本
进程	具有一定独立功能的程序关于某个数据集合上的一次运行活动，是系统进行资源分配和调度的一个独立单元
线程	进程的一个实体，是 CPU 调度和分派的基本单元，是比进程更小的能独立运行的基本单元。本身基本上不拥有系统资源，只拥有一点在运行中必不可少的资源（如程序计数器、一组寄存器和栈），一个线程可以创建和撤销另一个线程，同一个进程中的多个线程之间可以并发执行

8. 答案：A。

分析：第一趟排序过程如下。

初始化关键字：{46、36、65、97、76、15、29}。

第一次交换后：{29、36、65、97、76、15、46}（从右向左找到小于 46 的值并交换）。

第二次交换后：{29、36、 46、 97、76、15、65}（从左向右找到大于 46 的值并交换）。

第三次交换后：{29、36、15、97、76、 46、 65}（从右向左找到小于 46 的值并交换）。

第四次交换后：{29、36、15、 46、 76、97、65}（从左向右找到大于 46 的值并交换）。

所以，选项 A 正确。

9. 答案：D。

分析：图的深度优先遍历类似于树的前序遍历。假设给定无向图 G 的初态是所有顶点均未曾被访问过，深度优先遍历过程是这样的：在无向图 G 中任选一个顶点 v 为初始出发点（源点），首先访问源点 v，并将其标记为已访问过，然后依次从源点 v 出发，搜索源点 v 的每个相邻结点 w。如果结点 w 未曾被访问过，那么以结点 w 为新的出发点继续进行深度优先遍历，直至图中所有和源点 v 有路径相通的顶点（亦称为从源点可达的顶点）均已被访问为止。如果此时图中仍有未访问的顶点，则另选一个尚未访问的顶点作为新的源点，重复上述过程，直至图中所有顶点均已被访问为止。

本题中，按照上述方法可知，选项 D 正确。

二、多选题

1. 答案：CD。

分析：script 元素的 crossorigin 属性允许本地获取到跨域脚本中的错误信息，type 属性用于定义 MIME 类型。defer 表示延迟脚本执行，async 表示尽快执行脚本，两个布尔属性（defer 和 async）在下载时都不会阻塞 HTML 文档的解析，由此可知，选项 C 和选项 D 是正确的。

2. 答案：ABC。

分析：在 CSS3 中新增了边框圆角（border-radius），可将边框的 4 个直角设为圆角。在下图中，可以看到元素的 4 个角：左上角、右上角、左下角和右下角。右上角中有一个椭圆，椭圆的四分之一是实线（标注了红色），实线圆弧就是边框的圆角。圆角就是用椭圆或圆与元素合成而来的，当垂直半径和水平半径相同时，可以画出圆；不同时，可以画出椭圆。

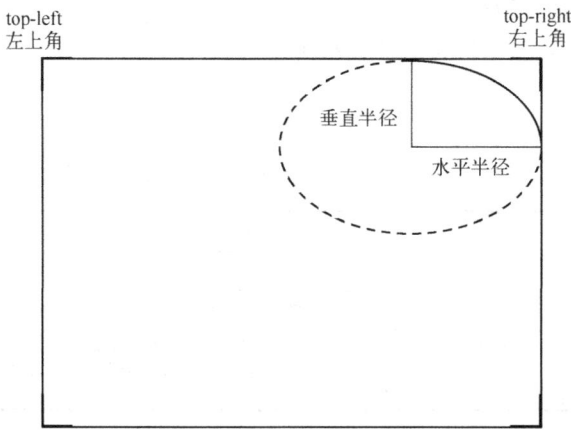

由于正方形的宽和高相同，因此只要垂直半径和水平半径取宽或高的一半，就能实现圆形。有一点要注意，垂直半径最多只能取元素高度的一半，水平半径最多只能取元素宽度的一半，选项 B 中虽然设置了 100%，但最终得到的其实还是 50%。

3．答案：AB。

分析：TCP（Transmission Control Protocol）是一种面向连接、可靠的字节流通信协议，位于 OSI 参考模型的传输层中，具备顺序控制、重发控制、流量控制、拥塞控制等众多功能，保证数据能够安全抵达目的地。根据对 TCP 的描述可知，选项 C 和选项 D 不符合事实。

三、填空题

1．答案：7、5。

分析：如果将视口的宽和高均分为 100 份，那么 vmax 会取较大的百分之一，而 vmin 会取较小的百分之一。

2．答案：true。

分析：isPrototypeOf()方法用于判断调用此方法的对象是否存在于指定对象的原型链中。此处调用该方法的是数组的原型对象，而方法的实参是一个数组字面量，因此得到的结果为 true。

3．答案：true、true、false。

分析：test()方法存在于内置对象 RegExp 中，用于判断正则表达式与指定的字符串是否匹配，如果匹配成功，那么返回 true；如果匹配失败，那么返回 false。代码中的两个正则表达式（pattern1 和 pattern2）只有一个区别，即 pattern2 设置了标志字符串"g"。由于两个正则表达式都是匹配包含数字的字符串，因此第一次匹配字符串 str 时都返回 true。但 pattern2 第二次匹配 str 时却返回 false，这是由于 lastIndex 属性被改变而导致的结果。lastIndex 是 RegExp 实例中的一个属性，用于定义检索的起始位置。当正则表达式中包含标志"g"时，每次调用 test()都会更新 lastIndex 的值。由于 pattern2 调用过一次 test()方法，改变了检索的起始位置，因此第二次调用时会返回 false。

4. 答案：12。

分析：obj 对象中的 double() 方法能让 age 变量的值乘以 2，但该方法中的 age 并不是 obj 对象的 age 属性，而是即时函数中声明的 age 变量，所以此时 age 变量的值变为 2，obj 对象的 age 属性值仍然是 10，两者相加得到的和为 12。如果要让 double() 方法使用 obj 对象的 age 属性，那么可以像下面这样修改。

```
var obj = {
    age: 10,
    double: function() {
        this.age *= 2;
    }
};
```

四、问答题

1. 答案：title 是全局属性，提供额外的提示信息，当鼠标滑动到该元素时，显示定义的提示。link 和 style 元素中的 title 比较特殊，表示样式表的名称；alt 是局部属性，仅可用在 img、input 等元素中，提供在图片未载入或加载失败时的替代文本。注意，只有当 input 元素的 type 属性为 image 时，才能使用 alt 属性。

2. 答案：rel 属性用于定义当前文档与目标资源的关系。有多个关键字可供选择，如 alternate、tag、stylesheet 等。经常使用的是 stylesheet，表示文档的外部样式表。

3. 答案：伪类:first-child 表示父元素中的第一个子元素，只要这个元素是在第一个位置，就能匹配。伪类:first-of-type 表示父元素中的第一个相同类型的子元素，这个类型需要是相同的元素名。用一个例子来展示两者之间的不同，先创建一个 HTML 文档，代码如下所示，在 div 元素中包含 span 和 p 元素。

```
<div>
    <span>第一个 span 元素</span>
    <p>第一个 p 元素</p>
    <p>第二个 p 元素</p>
</div>
```

然后用下面的两个选择器来匹配元素：第一个选择器（包含:first-child）匹配的是 div 元素的第一个子元素，也就是 span 元素；第二个选择器（包含:first-of-type）匹配的是第一个类型为 p 的子元素，也就是 p 元素。

```
/* 匹配第一个 span 元素 */
div :first-child { }
/* 匹配第一个 p 元素 */
div p:first-of-type { }
```

4. 答案：在过去，显示器性能比较落后，最多支持 256 种颜色，其中 40 种颜色被操作系统作为保留色，剩下的 216 种就是 Web 安全色。Web 安全色是指在各种平台下显示效果与预期一致，如果不是安全色，那么操作系统可能在处理颜色的时候产生抖动（抖动就是混合几种颜色，模拟出系统没有的颜色），这样形成的颜色在不同平台中会有色差，例如，在 Mac 中显示为深绿，而在 ThinkPad 中却显示为淡绿。

5. 答案：transparent 关键字相当于 rgba(0,0,0,0)，作为 background 的属性值，它仅仅是将元素的背景设为透明，而元素中的内容还能显示。opacity 会把元素和内容当成一个整体，当定义为 0 时，两者都会透明。

6. 答案：通信两端（即客户端和服务器）会先经历三次握手，然后才能建立 TCP 连接，具体过程如下所列。

（1）客户端发送一个携带 SYN 标志位的包，请求建立连接。

（2）服务器响应一个携带 SYN 和 ACK 标志位的包，同意建立连接。

（3）客户端再发送一个携带 ACK 标志位的包，表示连接成功，开始进行数据传输。

7. 答案：对象之间通过原型关联到一起，就好比用一条锁链将一个个对象连接在一起，在与各个对象挂钩后，最终形成了一条原型链。在读取对象的一个属性时，会先在对象中查询自有属性，如果不存在，那么再沿着原型链向上搜索匹配的继承属性，直至找到或到达原型链顶端，才停止搜索。

8. 答案：模块化能将一个复杂的大型系统分解成一个个高内聚、低耦合的简单模块，并且每个模块都是独立的，用于完成特定的功能。模块化后的系统变得更加可控、可维护、可扩展，程序代码也更简单直观，可读性也更高，有利于团队协作开发。自动化构建工具的出现，使得前端能更容易、更快速地实现模块化开发。

9. 答案：对象字面量中的属性名可以用标识符或字符串字面量表示，不仅如此，ES6 还允许属性名是要计算的表达式，但需要用方括号包裹，代码如下所示：

```
obj = {
    name,                        //标识符
    "age": age,                  //字符串字面量
    [name + "2"]: "freedom",     //要计算的表达式
    [name + "3"]() {
        return name;
    }
};
```

10. 答案：ES6 允许块级函数（Block-Level Function）的声明，即在块级作用域中声明函数，而在 ES5 中如此操作将会抛出语法错误的异常。

11. 答案：包含 then()方法的对象被称为 thenable，所有的 Promise 都是 thenable，下面是一个自定义的 thenable，then()方法的参数含义与 Promise 中的相同。

```
let tha = {
    then(resolve, reject) {
        reject("thenable");
    }
};
```

12. 答案：diff 算法的策略如下所列。

（1）React 的 diff 算法只会对两棵树的同一层级的结点进行比较，并且会忽略结点跨层级的移动操作。

（2）当同一位置的两个结点类型不同时，React 会拆卸原有的结点，再创建并插入新结点；当相同时，保留结点并只修改有更新的属性。

（3）对于同一层级的一组子结点，可为其添加唯一的 key，以此判断结点是否只是位置发生了变化。

13. 答案：让 React 组件不在页面上渲染 HTML 元素，就是将组件中的 render()方法返回不能渲染的值，如 null、false、[]、<></>或<React.Fragment></React.Fragment>，代码如下所示：

```
class Btn extends React.Component {
  render() {
    //return null;
    //return false;
    //return [];
    //return <></>;
    return <React.Fragment></React.Fragment>;
  }
}
```

14. 答案：Redux 的缺点如下所列。

（1）思维转变成函数式编程需要一个过程。

（2）学习成本不仅限于 Redux 的语法，还有中间件、周边工具等。

（3）用法较烦琐，不仅流程较多，还需要编写各种模版代码，涉及异步任务时，还需要引入 redux-thunk 之类的中间件。

15. 答案：包（package）是由 package.json 描述的文件或目录。模块（module）是任何能被 Node.js 的 require()函数加载的文件或目录。

16. 答案：Tree Shaking 是一个术语，由 ES6 模块打包工具 rollup 率先提出并实现，主要用于移除无用的模块，即未被引用的代码，减少打包生成的 bundle 文件的尺寸。

Tree Shaking 的字面意思是树和摇晃，如果将应用程序比喻成一棵树，那么枯叶就是无用的代码，必须用力摇晃这棵树，才能让它们落下。要执行 Tree Shaking，需要满足 3 个要求，如下所列。

（1）使用 ES6 模块语法，即 import 和 export，不能使用 CommonJS、AMD 等规范的模块语法。

（2）在项目的 package.json 文件中，添加"sideEffects"字段，记录无副作用的文件。

（3）引入一个能删除无用代码的压缩插件，如 UglifyJSPlugin。

17. 答案：Vue 采用了非侵入性的响应式系统，当把数据对象传给 Vue 实例的 data 属性时，Vue 会通过 Object.defineProperty()方法将它的每个属性替换成 getter 和 setter 两个函数，下面用一个简单的示例展示 Vue 的基本思路。

```
const data = {        //数据对象
  name: "strick"
};
const proxyData = {
  name: data.name
};
Object.defineProperty(data, "name", {
  get() {
    //注入监听逻辑，并在必要时通知变更
    return proxyData.name;
  },
  set(value) {
    //注入监听逻辑，并在必要时通知变更
    proxyData.name = value;
  },
```

```
        configurable: true,
        enumerable: true
    });
```

经过这波操作后，就能让 Vue 拥有追踪属性变化的能力，并在属性被访问和修改时通知关联的视图重新渲染。

18. 答案：插件（如 vue-router、vuex 等）通常用来为 Vue 添加全局的方法、属性和资源（如指令、过滤器、过渡等），混入全局的组件选项，在 Vue.prototype 上添加实例方法，引入第三方库等。在创建 Vue 实例之前，可通过全局方法 Vue.use()注册要使用的插件，如下所示。当多次调用 Vue.use()时，插件也只会被注册一次。

```
        Vue.use(MyPlugin);
        var vm = new Vue({…});
```

19. 答案：在类中，声明在不同位置的装饰器，其执行顺序如下所列。

（1）先定义的实例成员，其声明的装饰器先执行，但方法中的参数装饰器要先于方法构造器执行。

（2）类的静态成员所声明的装饰器的执行规则与实例成员相同。

（3）构造函数中的参数装饰器。

（4）最后执行类装饰器。

五、编程题

1. 答案：要水平居中的元素通常会被定义为绝对定位或固定定位，如果是绝对定位，那么容器将会被定义为相对定位，作为元素的包含块；如果是固定定位，那么元素相对视口（此时视口为包含块）居中。由于使用了这两种定位后，元素会脱离正常流，所以容器需要固定高度，避免高度塌陷导致后面的元素挤上来。这种方法通常要先将定位元素从包含块的左边界向右偏移 50%的距离（也就是容器一半宽度的距离，代码如下所示），再反向偏移元素一半宽度的距离，最后实现居中，接下来用两种方式实现效果，分别是外边距和位移。

```
        <div style="position:relative; height:100px">
            <section style="position:absolute; left:50%"></section>
        </div>
```

如果定位元素的宽度已定义，那么可以用负外边距实现反向偏移。例如，宽度是 40 px，左外边距设为负的二分之一宽度（也就是-20 px），代码如下所示：

```
        section {
            width: 40px;
            margin-left: -20px;
        }
```

如果定位元素的宽度未知，那么就不能用外边距，得用 CSS3 新增的位移，在水平方向反向位移 50%（代码如下所示），水平位移中的百分数参照的是自身宽度，所以 50%就是元素宽度的一半。

```
        section {
            transform: translateX(-50%);
        }
```

2. 答案：两个 Date 对象相减可以得到日期之间的毫秒数，算出毫秒后，再换算成天，1 天有 24 小时，1 小时有 60 分钟，1 分钟有 60 秒，1 秒有 1000 毫秒，代码如下所示：

```
function dateInterval(start, end) {
    var diff = Math.abs(start - end),        //取绝对值
        days = Math.ceil(diff / 1000 / 60 / 60 / 24);    //向上取整
    return days;
}
```

3．答案：使用 String 对象的 replace()方法，再借助正则表达式来去除字符串前后的空格，代码如下所示：

```
function trim(str) {
    return str.replace(/^\s+|\s+$/g, "");
}
```

在上面的正则表达式中，元字符"^"匹配行的开始，元字符"$"匹配行的结束；字符类"\s"表示空格；竖线（|）表示子表达式之间"或"的关系；标志字符串"g"表示全局模式匹配，可找到文本中的所有匹配，而不是只匹配第一个。

4．答案：可以间接调用 Math 对象的 max()方法获取数组中的最大值。max()方法接收多个数值，利用 apply()方法就能把数组中的元素传递到 max()方法中，具体操作如下所示：

```
Math.max.apply(null, list);
```

5．答案：事件处理程序默认会接收一个事件对象，如果要向其传递额外的参数，那么可以通过两种方式实现。

（1）第一种是用箭头函数，代码如下所示，显式地将所有参数传递给事件处理程序，如下所示。

```
class Btn extends React.Component {
    handle(e, name) {
        console.log(e, name);
    }
    render() {
        return <button onClick={(e) => this.handle(e, "strick")}>提交</button>;
    }
}
```

（2）第二种是用 bind()方法，代码如下所示，事件对象会被隐式地传递过去，并且必须位于事件处理程序参数列表的最后，如下所示：

```
class Btn extends React.Component {
    handle(name, e) {
        console.log(name, e);
    }
    render() {
        return <button onClick={this.handle.bind(this, "strick")}>bind</button>;
    }
}
```

六、面试题

1．提示：这个问题也可以变化为"为什么你想到这里来工作"或"为什么选择我们公司"，面试官试图从中了解到求职者的求职动机、愿望，以及对此项工作的个人态度。

这类问题一般在面试的后期被面试官提出。面试官提出这种问题，表明面试官已经对你有了一定的兴趣，同时希望具体看一下你是否对他们公司也有着同样的兴趣。对于这个问题的回答，要格外小心，态度诚恳、谦和，无论是大企业还是小企业，都有其优

势与劣势，但是求职者应该结合实际情况，提出自己的见解，让面试官知道你对他们公司的认可。

一个优秀的答案总是来自于你所做的调查研究，你可以从企业的需求方面来回答。例如，这个公司所做的工作正是你所希望参与的，而且他们做这个工作的方式极大地吸引了你，或者是企业强大的管理吸引了你，或是公司对人才的重视吸引了你。可以参考如下回答："公司自身的高技术开发环境吸引了我"，或者"我相信我能通过自己的专业知识为公司带来效益，我对这个领域有着比较深刻的认识，而且我的学习能力和适应能力能使我个人和公司上升到一个新的台阶"，或者"我认为贵公司能够给我提供一个与众不同的发展道路"等，求职者应该表明自己的应聘原因和工作意愿，能够说出与公司产品和企业文化相关的答案最好。

2．提示：在面试中，面试官可能会提"我们为什么要录用你"的问题。与此问题相似的还可以是"我们凭什么录用你"等，这类问题具有一定的攻击性，所以回答这种问题时，求职者应该向面试官提供证据证明自己有能力胜任该项工作，根据用人单位的需要，强调专业背景，根据工作需求叙述个人能力，而不仅仅只凭口才。通过客观的数字、具体的工作成果来辅助说明更有说服力。

能够被录用的求职者一般都基本符合工作要求、对工作有着较高的热情与兴趣、有足够的信心等。例如，可以回答"我符合贵公司的招聘条件，而且热爱编程，熟悉各类常见的编程语言，作为核心人员参与过多项实际系统的开发工作，代码量在 10 万行以上，具有较为丰富的实践经验，同时我具有高度的责任感与良好的适应能力和学习能力，完全有能力胜任该项工作，所以我非常希望能够成为贵公司的一员。"

真题详解 10　某知名门户网站前端工程师笔试题

一、单选题

1．答案：B。

分析：布尔属性是指既可以设置值，也可以不设置。选项 B 是一个不存在的属性，有个名字比较类似的布尔属性叫 checked。

2．答案：A。

分析：绝对定位（Absolution）会脱离正常流，并且会将元素变为块级元素。由于块级元素默认都是 W3C 盒模型，因此如果元素有内边距（Padding）或边框（Border），那么在计算宽度时还要包含这两个属性值，由此得出 span 元素的宽度是 120 px。

3．答案：D。

分析：首先字符串必须是以\d（数字）开头，之后跟随一个星号字符（*），再添加零或多个非\w 的字符，最后以一个\w（字母、数字或下画线）结尾，因此，只有选项 D 才符合匹配要求。

4．答案：A。

分析：通信两端（即客户端和服务器）会先经历三次握手，然后才能建立 TCP 连接，具体过程如下图所示。由此可知，选项 A 中的顺序是正确的。

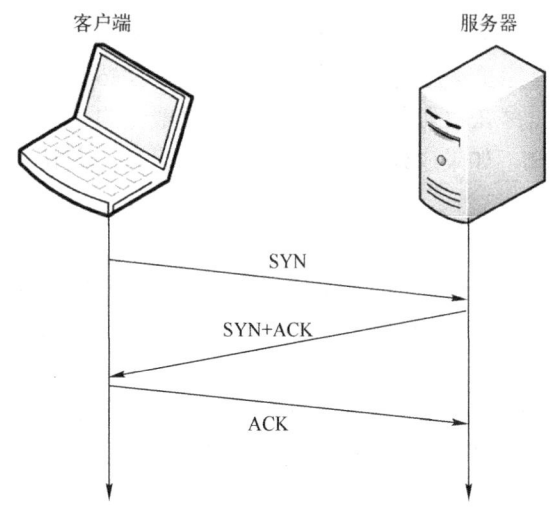

5．答案：B。

分析：PING 命令主要用来检测网络是否连通，使用方式为：ping ip 地址。底层实现的原理：PING 发送一个 ICMPECHO 包；接收 ICMP echo（ICMP 回声应答）。因此，选项 B 正确。

对于选项 A，ICMP（Internet Control Message Protocol，互联网控制报文协议）重定向报文是 ICMP 控制报文中的一种。在特定的情况下，当路由器检测到一台机器使用非优化路由时，它会向该主机发送一个 ICMP 重定向报文，请求主机改变路由。路由器也会把初始数据报向它的目的地转发。因此，选项 A 错误。

对于选项 C，源抑制报文（Source Quench Message）一般被接收设备用于帮助防止它们的缓存溢出。接收设备通过发送源抑制报文来请求源设备降低当前的数据发送速度。因此，选项 C 错误。

对于选项 D，当数据包无法被转发到目标结点或者上层协议时，路由器或者目标结点发送 ICMPv6 目标不可达差错报文。因此，选项 D 错误。

6．答案：A。

分析：路由器转发 IP 报文的依据是路由表，通过匹配路由表里的路由项来实现对 IP 报文的转发。当路由器收到一个 IP 报文时，将报文中的目的 IP 地址提取出来，然后与路由表中路由表项包含的目的地址进行比较。如果与某路由项中的目的地址相同，则认为与此路由项匹配；如果没有路由项能够匹配，则丢弃该 IP 报文。所以，选项 A 正确。

7．答案：C。

分析：计算机的存储系统由主存、外存和缓存（Cache）组成。Cache 存取速度快、容量小，它存储的内容是主存中经常被访问的程序和数据的副本。通过 Cache 可以提高计算机的运行速度，解决 CPU 与内存之间的速度匹配问题。所以，选项 C 正确。

对于选项 A、选项 B 和选项 D，其描述内容均不是 Cache 的目的。所以，选项 A、选项 B 和选项 D 错误。

8．答案：A。

分析：对于选项 A，插入排序一遍扫描即可。

对于选项 B，Shell 排序虽不需要交换数据，但也要进行几次插入排序。

对于选项 C，归并排序虽不需要交换数据，但也要进行 logn 次合并。

对于选项 D，快速排序在数列有序的情况下效率是最低的。

通过上面的分析可知，如果序列已经排好序，那么此时插入排序算法速度最快。所以，选项 A 正确。

9．答案：A。

分析：所谓连通无向图，指的是对图中任意顶点 u、v，都存在路径使 u、v 连通，即任何两个点都有边相连。本题中，8 个点中任意选择两个，都可以有一条边，所以最多有 8 * 7 / 2 = 28 条边，选项 A 正确。

结论 1：一个有 n 个顶点的有向强连通图最多有 n(n-1) 条边，最少有 n 条边。

强连通图必须从任何一点出发都可以回到原处，每个结点至少要一条出路（单结点除外），至少有 n 条边，正好可以组成一个环。

结论 2：一个有 n 个顶点的无向连通图最多有 n(n-1)/2 条边，最少有 n-1 条边。

可以通过数学归纳法进行证明。有兴趣的读者可以自行验证。

引申：若一个非连通的无向图最多有 28 条边，则该无向图至少有多少个顶点？

答案：9 个。假设有 8 个顶点，则 8 个顶点的无向图最多有 28 条边且该图为连通图。连通无向图构成条件：边=顶点数*(顶点数-1)/2。顶点数≥1，所以，该函数存在单调递增的单值反函数，边与顶点为增函数关系。故 28 条边的连通无向图顶点数最少为 8 个。

因此，28 条边的非连通无向图为 9 个（加入一个孤立点）。

二、多选题

1．答案：ABC。

分析：事件属性都是以 on 为前缀的，用这种方式嵌入脚本，比较便于在网页中实时调试，可立刻查看到效果。除了选项 D 之外，其余 3 个选项都是事件属性的缺点。

2．答案：CD。

分析：当 border 为 none 时，宽度和颜色会被覆盖，宽度变为默认值 medium，颜色变为默认的前景色（元素的 CSS 属性 color 的值），代码如下所示。本题的选项 C 中，边框宽度为 0，显然不符合事实。

```
div {
    border: none;
    /* 等效于 */
    border-width: medium;
    border-style: none;
    border-color: 前景色;
}
```

当 border 为 0 时，外观和颜色会被覆盖，外观变为默认值 none，颜色同样变为默认的前景色，代码如下所示。选项 D 中，因为只定义了宽度值，默认的外观是 none，所以不会显示边框。

```
div {
    border: 0;
    /* 等效于 */
    border-width: 0;
```

```
        border-style: none;
        border-color: 前景色;
    }
```

3. 答案：AD。

分析：同辈结点就是 HTML 文档中的兄弟元素。选项 A 中的 siblings()能选取匹配的兄弟元素；选项 B 中的 closest()能选取最先匹配的祖先元素；选项 C 中的 children()能选取匹配的子元素；选项 D 中的 next()能选取后一个匹配的兄弟元素。

三、填空题

1. 答案：16 px。

分析：div 元素的字体大小是一个百分数，它会和继承而来的字体大小相乘得到真实的字体大小，计算后的结果为 16 px。由于 p 元素会继承 div 元素的字体大小，因此它的字体大小也是 16 px。

2. 答案：["strick"]。

分析：obj1 中的 names 属性，它的值是一个空数组，数组也是一个对象。将 obj1 的 names 属性赋给 obj2 后，obj2 就能引用 names 的值（即数组），因为数组方法 push()能够改变原始数组，所以 names 属性最终的值为["strick"]。

3. 答案：5。

分析：arr1 是一个数组，由于数组是对象，因此 arr1 赋给 arr2 的是指针。如果改变 arr2 中的元素，那么 arr1 也会跟着改变。arr2 执行 push()方法后，在数组尾部插入了 arr3，也就是插入了一个数组。注意，由于 arr3 中的元素不会变成 arr2 的元素，所以 arr2 只增加了一个元素，它的长度变成了 5，即 arr1.length 的值也为 5。

4. 答案：{ age: 20 }。

分析：obj2 变量一开始被赋予的是 obj1 对象的指针，随后又指向了一个新的对象：{ age: 20 }。新对象的指针同时也赋给了 obj1 对象的 name 属性。

四、问答题

1. 答案：有 3 种，分别是内联样式（Inline Style）、内嵌样式（Embedded Style）和外部样式（External Style）。它们的区别可参考下表中的对比，表头描述了要比较的特征。

方 式	特 殊 性	HTTP 请求	重用范围	文档大小	伪类与伪元素
内联样式	最高	无	不可重用	增加	不可定义
内嵌样式	与外部相同	无	当前文档	增加	可定义
外部样式	与内嵌相同	有	整个项目	保持	可定义

2. 答案：会。将内联脚本（把 JavaScript 代码放置在<script>和</script>标签之间）放在外部样式表之后，会延迟资源下载，只有当样式表下载完成并且内联脚本执行完毕时，后续资源（如代码中的图像）才能开始下载。这是因为内联脚本可能含有依赖于样式表中的 CSS 规则的代码。

3. 答案：浮动（float）最初仅仅是为了让内容环绕在浮动元素周围，后面利用它的特点逐渐将其用于布局。浮动让布局多样化，但它会脱离正常流，造成一些副作用（如高度塌陷），如果不加以解决，那么会直接影响整体布局。浮动有 3 个关键字可以选择，left 为向左浮动，

right 为向右浮动，none 为不浮动。

4．答案：CSS 原先只能使用操作系统上安装的字体，自从引入了@font-face 后，就打破了这个限制，允许使用在线字体，不再拘泥于几种字体。@font-face 能将放置在服务器上的自定义字体嵌入到页面中，装饰文本，这个字体可以是矢量图标。

5．答案：行高（line-height）是指两行文本基线之间的垂直距离。基线（baseline）是西方文字排版中的概念，指的是字母排列的基准线。汉字中不存在基线，当汉字与字母混排时，汉字的下端沿并不在基线上，而是会被调整到基线的下边一点。在下图中，那条横线就是基线。

line-height 属性主要影响的是行内元素而不是块级元素，如果给块级元素设置行高，那么受影响的将会是行内内容。

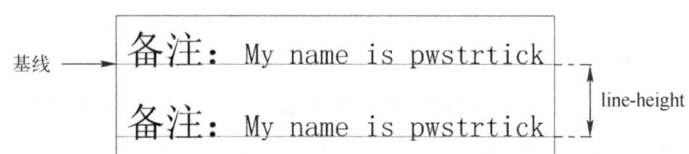

6．答案：因为二次握手不可靠，举个简单的例子，客户端发了一个请求建立连接的包，由于网络原因迟迟没有抵达服务器，客户端只得再发一次请求，这次成功抵达并完成了数据传输。过了一段时间，第一次延迟的请求也到了服务器，服务器并不知道这是无效请求，依旧正常响应，如果是二次握手，那么这个时候就会建立一条无效的连接，而如果是三次握手，那么客户端就能够丢弃这条连接，避免了无谓的网络开销。

7．答案：大致可分为4步，如下所列。

（1）一个新对象被创建，它继承自构造函数的原型，即 Fn.prototype。

（2）将指定的参数传递给构造函数。

（3）将执行上下文（this）绑定到新创建的对象中。

（4）如果构造函数有返回值，那么这个返回值将取代第一步中新创建的对象。

8．答案：Zepto 和 jQuery 都是跨浏览器、专注底层操作的 JavaScript 库，但两者之间有很多的区别，如下所列。

（1）Zepto 比 jQuery 轻量，相当于 jQuery 的精简版本。

（2）Zepto 最初定位的是移动端，而 jQuery 是桌面端。

（3）jQuery 支持更多的选择器，像常用的:selected、:checked 等选择器，Zepto 都不支持。

（4）jQuery 包含更多的方法，像 innerWidth()、outerWidth()等常用方法，在 Zepto 中都没有提供。

9．答案：ES6 引入了第6种基本类型：Symbol（符号）。符号可以像字符串那样作为对象的属性名，只是它有唯一性的特点，可以避免属性名之间的冲突。符号没有字面量形式，只能通过 Symbol()函数创建。该函数有一个可选的参数，只是用来描述当前符号，除了便于阅读之外，没有其他用途。由此可知，即使两个符号的描述相同，它们还是不能划等号。注意，Symbol()不是构造函数，因此不能和 new 运算符组合使用，否则会抛出类型错误。

10．答案：new.target 可检测一个函数是否与 new 运算符组合使用，并且只能存在于函数体内。

11. 答案：Promise.resolve()能接收一个 thenable，并返回一个新的 Promise 实例。

12. 答案：组件（Component）由若干个 React 元素组成，包含属性、状态和生命周期等部分，满足独立、可复用、高内聚和低耦合等设计原则，每个 React 应用程序都是由一个个的组件搭建而成，即组成 React 应用程序的最小单元正是组件。

13. 答案：HTML 和 React 对事件的处理有如下区别。

（1）对于事件名称，HTML 采用全部小写的命名法，而 React 采用小驼峰的命名法。

（2）HTML 有捕获和冒泡两种事件传播，而 React 只有冒泡。

（3）在 React 事件中，不能像 HTML 事件那样通过返回 false 来阻止元素的默认行为，需要调用事件对象的 preventDefault()方法。

（4）React 事件中的 this 默认不会自动绑定，而 HTML 事件中的 this 会指向全局对象或正在处理当前事件的对象。

14. 答案：mapStateToProps()用于从 Redux 的 Store 中提取出所需的状态并计算成展示组件的 props；mapDispatchToProps()用来绑定 Action 创建函数与 Store 实例所提供的 dispatch()方法，再将绑好的方法映射到展示组件的 props 中。

15. 答案：npm 常用的应用场景如下所列。

（1）下载第三方包。

（2）安装命令行工具。

（3）发布包或命令行工具。

16. 答案：利用 clean-webpack-plugin 可在每次打包到输出目录之前，对其进行清理，插件的安装命令如下所示。

```
npm install --save-dev clean-webpack-plugin
```

然后在 webpack.config.js 中引入该插件，代码如下所示：

```
const {CleanWebpackPlugin} = require('clean-webpack-plugin');
module.exports = {
  plugins: [
    new CleanWebpackPlugin()
  ]
};
```

现在执行打包命令后，在输出目录中就没有旧文件了。

17. 答案：Vue 实例的生命周期包括初始化数据、编译模板、挂载、渲染、更新和销毁等，每个阶段都存在对应的钩子，以便执行相关的业务逻辑。由于生命周期钩子都会自动把 this 和实例绑定在一起，因此不要用箭头函数来声明钩子。常用的 8 个生命周期可分为 4 组，如下所列。

（1）beforeCreate：实例初始化之后回调，无法访问 data、methods、computed 等之中的数据或方法。

（2）created：实例创建完成后回调，可访问 data、methods、computed 等之中的数据或方法，由于还未挂载到 DOM 中，因此不能成功读取$el。

（3）beforeMount：实例挂载之前回调，将要使用的模板编译成 render()函数。

（4）mounted：实例挂载到 DOM 后回调，已替换模板中的插值，可获取 el 中的 DOM 元素，但要注意，不能保证其子组件也已被挂载。

（5）beforeUpdate：数据更新时回调，发生在虚拟 DOM 之前，可操作现有 DOM 元素，如移除其事件监听器等。

（6）updated：DOM 重新渲染后回调，可执行依赖于 DOM 的操作，但要在此期间尽量不要更改状态，以免陷入死循环，并且不能保证其子组件也已被重绘。

（7）beforeDestroy：实例销毁之前回调，此时实例还存在，this 仍然能指向它。

（8）destroyed：实例销毁后回调，会解除数据绑定、移除事件、销毁子组件等。

18．答案：导航守卫就是路由发生变化时的钩子函数，Vue Router 提供了 3 类守卫：全局、路由独享和组件级。在路由器实例上可注册 3 个全局守卫，分别是 beforeEach()、beforeResolve()和 afterEach()。在路由配置中可直接定义 beforeEnter()守卫。组件内的导航守卫包含 3 个，分别是 beforeRouteEnter()、beforeRouteUpdate()和 beforeRouteLeave()。

五、编程题

1．答案：用 CSS 模拟的表格除了包含表格元素的普通规则之外，还拥有特殊规则，它能够以匿名方式创建缺少的表格元素，例如，单元格本来必须在表格行（tr）之内，而在模拟的表格中，将元素调整为单元格（使用盒类型 table-cell）后，不用把父元素变为表格行（使用盒类型 table-row），浏览器会自动创建出表格行，代码如下所示：

```
<div style="display:table">
    <p style="display:table-cell; vertical-align:middle">垂直居中</p>
</div>
```

2．答案：可以使用 String 对象中的 replace()方法执行字符替换，replace()的第二个参数可以定义为一个回调函数，该函数的参数见下表。

参　数	描　述
match	匹配的文本
p1、p2、…、pn	分组中匹配的文本，即捕获的文本，p1 表示第一个
Index	匹配的文本在原字符串中的索引
Input	被检索的字符串

下面利用这个回调函数，在函数中将连接符和字符的组合（如"-e""-b"等）替换为一个大写字符（如"E""B"等），代码如下所示：

```
var str = "get-element-by-id";
str.replace(/-([a-z])/g, function(match, p1, index, input) {
    return p1.toUpperCase();
});
```

3．答案：可以使用缩减数组的 reduce()方法，这个方法会将数组计算成一个值。此方法接收两个参数：第一个参数是回调函数；第二个参数是初始值（可选），如果没有设置，那么默认会将数组中的第一个元素作为初始值。回调函数有 4 个参数：累积值、当前元素、当前元素的索引和原始数组。具体实现代码如下所示：

```
result = arr.reduce(function(accumulator, current, index, array) {
    return accumulator + current;
});
```

4．答案：根据要求可知，8 个数字的范围要在 5～20 之间，并且包含 5 和 20。为了让这些数字能随机产生，可以使用 Math 对象的 random()方法得到随机数。由于 random()

方法的返回值是一个在 0 和 1 之间的小数,因此需要乘以一个合适的数,再对小数部分做四舍五入后才能得到要求的整数。最后得到整数后,判断在数组中是否已存在,如果存在,那么就继续执行刚刚的随机操作;如果不存在,那么就插入到数组中,具体写法如下所示:

```
function getArray() {
    var arr = [],
        number;
    for (var i = 0; i < 8; i++) {
        //随机产生一个 0~15 之间的数,再对小数部分做四舍五入,
        number = Math.round(Math.random() * 15);
        number += 5;              //与 5 相加,得到符合范围的数
        if (arr.indexOf(number) >= 0) {
            i--;                  //重复就将 i 变量减 1
        } else {
            arr.push(number);     //不重复就插入到数组中
        }
    }
    return arr;
}
```

5. 答案:错误边界(Error Boundary)是 React v16 引入的一个新概念,它是一种特殊的组件,可以捕获子组件中的 JavaScript 错误,可渲染出备用的界面。如果一个类组件包含静态方法 getDerivedStateFromError()或生命周期中的 componentDidCatch()回调函数(如下面的 ErrorBoundary 组件),那么它就变成了一个错误边界。

```
class ErrorBoundary extends React.Component {
    constructor(props) {
        super(props);
        this.state = { isError: false };
    }
    componentDidCatch(error, info) {
        this.setState({ isError: true });
    }
    render() {
        if (this.state.isError) {
            return <h1>错误</h1>;
        }
        return this.props.children;
    }
}
ErrorBoundary.getDerivedStateFromError = error => {
    return { isError: true };
};
```

当出现错误时,ErrorBoundary 组件的 isError 状态就被设为 true。如果让一个没有 render()方法的组件成为 ErrorBoundary 的子组件(代码如下所示),那么就能在页面上输出"<h1>错误</h1>"。

```
class Btn extends React.Component {}
<ErrorBoundary>
    <Btn />
</ErrorBoundary>
```

注意，错误边界既不能捕获自身的错误，也不能捕获事件处理程序、异步代码等场景中的错误。

6. 答案：:style 可以接收一个对象，对象的属性名有两种命名方式：驼峰式和连字符分隔式，第二种就是层叠样式表中的 CSS 属性的命名方式。下面的<p>元素会接收数据对象中的 cssObj，其属性采用了两种命名方式。

```
<p :style="cssObj">strick</p>
<script>
  var vm = new Vue({
    data: {
      cssObj: {
        "fontSize": "30px",
        "line-height": 2
      }
    }
  });
</script>
```

:style 还可以接收一个数组时，其元素就是样式对象，并且如果出现同名的 CSS 属性，那么后面的会覆盖前面的。例如，下面的 cssObj1 和 cssObj2 两个对象都包含 line-height 属性，而最终渲染出的值为 1.5。

```
<p :style="[cssObj1, cssObj2]">strick</p>
<script>
  var vm = new Vue({
    data: {
      cssObj1: {
        "fontSize": "30px",
        "line-height": 2
      },
      cssObj2: {
        "line-height": 1.5
      }
    }
  });
</script>
```

六、面试题

提示：几乎每一个求职者都不希望被问到这样的问题，但是几乎每个人都会被问到，结果回答几乎千篇一律，就是回答当管理者，然后滔滔不绝地描述自己的宏伟目标。"不想当将军的士兵不是好士兵"这句话确实有道理，想当管理者固然也没有错，但在此种场合如此直截了当地回答有时候很难得到面试官的认可，甚至招到面试官的反感。

其实，做职业规划，一定要有事实依据，而不要空想或是做白日梦，因为规划是预测未来的行动，确定将来的目标，因此需要非常详细与明确，包括何时实施、何时完成、时序安排、检查机制等。所以，回答职业规划目标的时候，也可以考虑一些别的内容。以 IT 企业为例，现今许多公司都已经建立了专门的技术途径，这些岗位往往被称为"顾问""高级软件工程师""系统架构师""技术总监"等，或是进行技术划级，高级别的技术人员在待遇、地位等方面等同经理等管理层人员，所以回答此类目标一般也很合适。

当然，如果真的对某些方面有兴趣，说出也无妨，如产品经理、销售经理等一些与专业有相关背景的工作。

面试官提出此类问题的目的主要是考核求职者是否具有进取心，此时如果回答说"不知道"，也许就会使自己丧失一个好机会。如果实在不知道如何回答，最简单的方法就是回答"我准备在技术领域有所作为"或"我希望能按照公司的管理思路发展"。

真题详解 11　某知名互联网金融企业前端工程师笔试题

一、单选题

1. 答案：A。

分析：在元素中，有 5 种基本类型，分别是虚元素（Void Element）、原始文本元素（Raw Text Element）、可转义的原始文本元素（Escapable Raw Text Element）、外部元素（Foreign Element）和普通元素（Normal Elements）。虚元素是指既没有内容，也没有结束标签的元素。本题中，4 个选项中只有选项 A 符合条件。选项 B 中的 div 是一个普通元素。选项 C 中的 script 是一个原始文本元素，即包含开始标签、内容和结束标签，但内容只能是文本，不能有元素。选项 D 中的 textarea 是一个可转义的原始文本元素，即包含开始标签、内容和结束标签，内容可以是文本或元素，但对于特殊字符会自动执行 HTML 实体。

2. 答案：A。

分析：给父元素设置溢出内容裁剪后，固定定位的元素仍然会显示，但换成绝对定位，就会被裁剪。

3. 答案：C。

分析：由于方式一相当于把 func() 函数变成了 Button 对象的方法，因此在调用该方法时 this 指向的是调用该方法的对象，也就是 Button 对象。方式二是在事件处理程序中调用 func() 函数，就是一个普通函数的调用，此时 this 指向的是全局对象，也就是 Window 对象。

4. 答案：D。

分析：内联样式的重用性很差，只能应用于单个元素上，因此选项 D 的描述并不正确。

5. 答案：A。

分析：由于闭包保存了变量的引用，因此可以访问其他作用域中的变量，并且这些变量不会被垃圾回收，但这样就增加了内存的使用量。由此可知，选项 A 中的描述并不是闭包的特性。

6. 答案：D。

分析：对于选项 A，telnet 协议是 TCP/IP 协议簇中的一员，是 Internet 远程登录服务的标准协议和主要方式。它为用户提供了在本地计算机上完成远程主机工作的能力。在终端使用者的计算机上使用 telnet 程序，用它连接到服务器。终端使用者可以在 telnet 程序中输入命令，这些命令会在服务器上运行，就像直接在服务器的控制台上输入一样。因此，选项 A 正确。

对于选项 B，PING 命令可以检查网络是否连通，可以很好地帮助进行分析和判定网络故障。应用格式：PING 空格 IP 地址。该命令还可以添加许多参数使用，具体是输入 PING 命令，然后按回车键即可查看到详细说明。因此，选项 B 正确。

对于选项 C，tracert（跟踪路由）是路由跟踪实用程序，用于确定 IP 数据包访问目标所采取的路径。tracert 命令用 IP 生存时间（TTL）字段和 ICMP 错误消息来确定从一个主机到网络上其他主机的路由。因此，选项 C 正确。

对于选项 D，top 命令是 Linux 下常用的性能分析工具，能够实时显示系统中各个进程的资源占用状况。因此，选项 D 错误。

7. 答案：D。

分析：TCP 是一种面向连接的、可靠的、基于字节流的传输层通信协议，主要通过如下一些方式实现可靠传输。

当 TCP 发出一个报文段后，它启动一个定时器，等待目的端确认收到这个报文段。如果不能及时收到一个确认，将重发这个报文段。当 TCP 收到发自 TCP 连接另一端的数据时，它将发送一个确认。

TCP 将保持它首部和数据的检验和。这是一个端到端的检验和，目的是检测数据在传输过程中的任何变化。如果收到段的检验和有差错，TCP 将丢弃这个报文段，同时，不会确认收到此报文段。

由于 TCP 报文段作为 IP 数据报来传输，而 IP 数据报的到达可能会失序，因此，TCP 报文段的到达也可能会失序。因此，TCP 将对收到的数据进行重新排序，将收到的数据以正确的顺序交给应用层，这就需要对报文进行编号，以确定报文的顺序。

由此可见，选项 D 正确。

对于选项 A，封装是为了提高传输效率，当个别包传输失败后，只需要重传失败的包即可，如果没有把一个大的包封装成多个小的包，每当一个包出错的时候都需要重发整个包。所以，选项 A 错误。

对于选项 B，拥塞控制的目的是防止过多的数据注入网络中，这样可以使网络中的路由器或链路不致过载。所以，选项 B 错误。

对于选项 C，TCP 是面向连接的服务，而 UDP 才是面向无连接的服务。所以，选项 C 错误。

8. 答案：C。

分析：对于线性数组，它支持随机访问，因此，访问结点的时间复杂度为 O(1)，增加结点、删除结点的时候需要移动新增结点或待删除结点后面的元素，因此，时间复杂度为 O(n)。所以，选项 C 正确。

9. 答案：B。

分析：由于排序元素个数为 50000，数据量大，所以，冒泡、选择、插入等排序算法基本不适用。选项 A 与选项 C 错误。由于数列特性基本逆序，而快速排序的最差情况就是基本逆序或者基本有序的情况。所以，选项 D 错误。根据排除法可知，堆排序是最为合理的排序方法，所以，选项 B 正确。

二、多选题

1. 答案：ABCD。

分析：设置 viewport 的目的是为了让 HTML 文档在小尺寸的屏幕上正确显示。选项 A 中的 width 表示视口的宽；选项 B 中的 initial-scale 表示视口初始缩放级别；选项 C 中的 maximum-scale 表示视口能缩放的最大值；选项 D 中的 user-scalable 表示是否可以手动缩放。

2．答案：ABC。

分析：CSS 定义了 5 种通用字体系列，分别是 serif、sans-serif、monospace、cursive 和 fantasy。选项 D 中的 Microsoft YaHei 表示微软雅黑，是 sans-serif 中的一种字体。

3．答案：BD。

分析：选项 A 中的 ceil()是 Math 对象中的一个方法，会对一个数进行向上取整；选项 B 中的 parseInt()是一个全局函数，能将字符串解析为指定基数的整数；选项 C 中的 stringify()是 JSON 对象中的一个方法，用于将 JavaScript 对象序列化为 JSON 字符；选项 D 中的 isNaN()也是一个全局函数，能够判断一个值是否为 NaN。

三、填空题

1．答案：100、50。

分析：定位（position）用于将元素摆放在某个位置，参照的是元素的包含块。4 个偏移属性分为两组，left 和 right 参照的是包含块的宽度，bottom 和 top 参照的是包含块的高度。如果元素的 position 属性为 absolute，那么它的包含块就是离它最近的 position 不为 static 的祖先元素的内容区域。根据以上规则能够得知，p 元素的包含块是 div 元素的内容区域，因此 p 元素的偏移值会参照 div 元素的宽高来计算。

2．答案：-1、-2。

分析：按位非运算符（～）会先将所有值转换为整数，再以二进制表示，最后执行按位取反运算（就是将二进制位从 0 变为 1，或从 1 变为 0）。对 null、undefined、字符串或对象等非数字进行按位非操作，返回的结果都为-1。对任意数值"X"进行按位非的操作大致等同于"-(X+1)"，并且浮点数的小数部分会被截除。

3．答案：[1, 2, 3, 4, 5]。

分析：sort()方法能让数组中的元素按指定规则排序。此方法能接收一个比较函数，比较函数有两个参数：a 和 b，也就是数组的两个元素，根据函数的返回值，改变这两个元素在数组中的位置。当返回值大于 0 时，a 会被移到 b 的后面。根据这条规则可知，代码中的 sort()方法再执行从小到大的排序。由于 sort()方法会改变原始数组，因此 arr 的值为排序后的数组。

4．答案：1、3、5、5。

分析：在函数中，如果实参是基本类型的变量，那么传递的是该变量的副本。由此可知，修改 digit()函数中的 i 变量，不会影响循环语句中的 i 变量。把 2 或 4 传递到 digit()函数中，会做递增运算；把 3 传递到 digit()函数中，会和 2 进行加法运算。

四、问答题

1．答案：有 3 种，分别是内联脚本（inline script）、外部脚本（external script）和元素属性（element attribute）。它们的区别可参考下表中的对比，表头描述了要比较的特征。

方式	内容和行为	HTTP 请求	重用范围	文档大小	特点
内联脚本	耦合	无	当前文档	增加	将内联脚本放在外部样式表之后，会延迟其他资源的下载
外部脚本	分离	有	整个项目	保持	容易维护，高复用，可用 defer 或 async 属性解决页面阻塞问题

方　　式	内容和行为	HTTP 请求	重用范围	文档大小	特　　点
元素属性	耦合	无	不可重用	增加	两种定义方式，分别是事件属性和在链接属性中使用特殊伪协议的 URL。不但能制作可执行 JavaScript 的浏览器书签，还能用 a 元素模拟按钮的效果

2．答案：meta 元素可定义的元数据可简要概括为 4 类，如下所列。

（1）声明 HTML 文档内容所用的字符编码。

（2）完善文档描述信息，让搜索引擎更容易解析索引，提升 SEO（Search Engine Optimization）。

（3）适配移动设备，使页面在各种尺寸的屏幕中显示正确。

（4）指定首选样式表，执行重载或重定向。

3．答案：浮动元素会脱离正常流，clear 属性会让元素增加上外边距，使其在浮动元素的下面。在上面的代码中，浮动元素的高是 80 px，所以 clear 属性会给 p 元素增加 80 px 的上外边距，比定义的 15 px 要大，因此最终的上外边距是 80 px，正好在浮动元素的下面。

4．答案：绝对定位和浮动都会脱离正常流，改变元素盒类型，将元素变为块级元素，同时都能创建 BFC。两者的不同点包括对包含块的定义、对兄弟元素的影响、可摆放的位置以及能否设置 z-index 的值，见下表。

不 同 点	绝 对 定 位	浮 动
包含块	离它最近的 position 属性不为 static 的祖先元素的内容区域	离它最近的块级祖先元素的内容区域
兄弟元素的影响	原先所占的空间会被删除，不会影响兄弟元素	影响兄弟元素的位置或样式
摆放位置	可摆放在任意位置	不能超出包含块的内容区域，并且向上浮动也会受限制
z-index	可设置任意的整数或 auto	无法设置 z-index 属性，默认的值为 0

5．答案：italic 会对文字的结构做些改动，得到一种斜体字体；而 oblique 不会修改文字结构，仅仅是倾斜字体。左图中将文本的字体设置为 Georgia，第一行是原始文本，第二行和第三行分别将 font-style 设为 italic 和 oblique 后的效果。

如果不存在 italic 的变形字体，italic 的功能将会与 oblique 相同，右图中将文本的字体设为宋体（SimSun），三行的字体风格和上面的定义一致。

```
origin : Pwstrick
italic : Pwstrick
oblique : Pwstrick
```

```
origin: Pwstrick
italic: Pwstrick
oblique: Pwstrick
```

6．答案：当要断开 TCP 连接时，通信两端就会进行 4 次挥手的操作。由于连接是双向的，所以客户端和服务器都要发送 FIN 标志位的包，才算彻底断开了连接，具体过程如下所列。

（1）客户端发送一个携带 FIN 标志位的包，请求断开连接。
（2）服务器响应一个携带 ACK 标志位的包，同意客户端断开连接。
（3）服务器再发送一个携带 FIN 标志位的包，请求断开连接。
（4）客户端最后发送一个携带 ACK 标志位的包，同意服务器断开连接。

7．答案：eval()可以执行一段字符串中的脚本，它只有一个参数，如果传入的参数是非字符串类型的值，那么就直接返回该值。如果传入字符串字面量，那么将被作为 JavaScript 代码进行编译。当编译失败时，抛出一个语法错误；而当编译成功时，则开始执行这段代码，最后返回一个表达式或语句的值。eval()的具体用法如下所示：

```
eval(1);              //1
var str = "var total=100;console.log(total)";
eval(str);            //100
```

在 eval()中创建的变量或函数具有当前执行时所处的作用域，并且声明不能被提升，因此如果在调用 eval()之前使用函数中创建的变量，将会抛出未定义的异常，代码如下所示：

```
function sum() {
    var digit = 1;
    console.log(total);         //抛出未定义的异常
    eval("var total=100;");     //定义变量
    console.log(total);         //total 和 digit 的作用域相同
}
```

在严格模式中，eval()不能改变作用域，因此也就不能定义新的变量或函数，代码如下所示：

```
function sum() {
    "use strict";
    eval("var total=100;");     //定义变量
    console.log(total);         //抛出未定义的异常
}
```

eval()能够编译代码字符串的能力非常强大，同时也非常危险。如果传入的是恶意代码，那将会威胁站点的安全，造成不可估量的损失。

8．答案：MVVM 模式由 3 部分组成：模型（Model）、视图（View）和视图模型（View Model）。模型封装了数据逻辑，视图用于界面呈现，视图模型为视图绑定数据并实现交互。一个视图模型能对应多个视图和模型，这使得视图模型中的代码高度可复用，并且便于单元测试。视图的独立开发还能让不会 JavaScript 的人，只要按照视图的规范就能构建出复杂的页面。目前采用 MVVM 模式的框架有 Vue、Angular 和 Avalon 等。

9．答案：ES6 提供了一些内置符号，也叫作知名符号（Well-Known Symbol）。它们暴露了语言的内部逻辑，允许开发人员修改或拓展规范所描述的对象特征或行为。每一个内置符号对应 Symbol 对象的一个属性，如 Symbol.hasInstance、Symbol.iterator 等。

10．答案：箭头函数（Arrow Function）是 ES6 提供的一个很实用的新功能，与普通函数相比，不但在语法上更为简洁，而且在使用时也有更多注意点，下面列出了其中的 3 点。
（1）由于不能作为构造函数，因此也就没有元属性（new.target）和原型（prototype 属性）。
（2）函数体内不存在 arguments、super 和 this，即没有为它们绑定值。
（3）当需要包含多个参数时，它们的名称不可重复。

11．答案：ES6 引入代理（Proxy）的目的是拦截对象的内置操作，注入自定义的逻辑，改变对象的默认行为。也就是说,将某些 JavaScript 内部的操作暴露了出来,给予开发人员更多的权限。这其实是一种元编程(metaprogramming)的能力,即把代码看成数据,对代码进行编程,改变代码的行为。

12. 答案:当组件需要关注状态或生命周期时,那么就可以选择类组件,否则就改用只关注用户界面展示的函数组件。

13. 答案:React 在原生事件的基础上,重新设计了一套跨浏览器的合成事件(SyntheticEvent),在事件传播、注册方式、事件对象等多个方面都做了特别的处理。

14. 答案:不能,Reducer 函数只对状态做计算,即返回一个新的状态,在其中添加侦听或调度操作会引起无法预知的副作用。

15. 答案:域级包是在包的基础上增加命名空间的概念,其形式如下所示。在@符号和斜杠之间的所有内容(不能包含点号和下画线)就是命名空间。

```
@scope/package_name
```

有了域级包后,就不用再担心包名重复的问题。

16. 答案:开发环境和生产环境通常会创建彼此独立的配置文件,如 webpack.dev.js 和 webpack.prod.js。虽然它们有差异性,但是通用部分应该提取到单独的文件中(如 webpack.common.js),既便于管理,也利于维护。

如果要将分离的配置文件合并起来,那么可以使用 webpack-merge,插件的安装命令如下所示。

```
npm install --save-dev webpack-merge
```

在 webpack.prod.js 中,会引入该插件以及通用配置,代码如下所示:

```
const merge = require("webpack-merge");
  common = require("./webpack.common.js");
module.exports = merge(common, {
  output: {
    path: __dirname + "/build"
  }
});
```

通过 merge()函数就能将两个配置文件合并起来。

17. 答案:Vue.js 是一个专注视图层,采用 MVVM 模式,以数据驱动的方式构建 Web 界面的轻量级前端库,其作者是尤雨溪,在 2014 年 2 月发布了第一个版本。Vue.js 不仅易于上手,还便于和其他库整合,支持路由、状态管理和单页应用等。它包含两个强大的系统:组件和响应式,前者可将大型应用分解成一个个小巧、独立和可复用的组件,便于模块化开发,减少重复代码;后者以非侵入性的方式让变更后的数据自动更新到视图中。

18. 答案:两种。Vue Router 默认采用 URL hash 模式来保持页面和 URL 的同步,其创建的 URL 格式需要包含井号(#),代码如下所示。

```
http://pwstrick.com/#/main
```

Vue Router 还有另外一种 history 模式,利用 HTML5 History 来保持页面和 URL 的同步,其创建的 URL 格式在视觉上更为简洁、清晰,代码如下所示。

```
http://pwstrick.com/main
```

五、编程题

1. 答案:伸缩盒是 CSS3 引入的新功能,当普通容器被调整为伸缩容器后,如果要让里面的子元素水平居中，那么就相当于主轴的居中对齐，代码如下所示：

```
<div style="display:flex; justify-content:center">
  <section></section>
</div>
```

在伸缩容器中，子元素垂直居中，相当于侧轴的居中对齐，代码如下所示：

```
<div style="display:flex; align-items:center">
  <section></section>
</div>
```

2. 答案：先声明一个长度为 50 的空数组，然后用 1 把数组衔接为字符串，再将字符串分割为数组，数组中每个元素的值都为字符串 "1"，最后用数组的 map() 方法迭代每个元素，把元素的值改为它的索引，代码如下所示：

```
Array(51).join("1").split("").map(function(value, index) {
  return index;
});
```

3. 答案：当函数反复调用自身时，就执行了递归（recursion）操作。如果把一个字符串反转，能和原字符串相等，那么这就是一个回文字符串。下面代码就是实现回文功能的函数，它有两个结束递归的出口，如果不满足退出的条件，那么每次都会去除首尾字符再执行递归。

```
function palindrome(str) {
  if (str.length <= 1) return true;
  //首字符和末字符做匹配
  if (str[0] != str[str.length - 1]) return false;
  //将去除首尾字符的字符串传入函数自身中
  return palindrome(str.substr(1, str.length - 2));
}
```

4. 答案：目前 HTML 文档中的内容所用的字符编码都推荐使用 UTF-8，UTF-8 是一种可变长度的 Unicode 编码格式，使用 1~4 个字节为每个字符编码，其具体的编码规则如下所列。

（1）Unicode 码在 0x0000~0x007F 之间的用 1 个字节编码。

（2）Unicode 码在 0x0080~0x07FF 之间的用 2 个字节编码。

（3）Unicode 码在 0x0800~0xFFFF 之间的用 3 个字节编码。

（4）Unicode 码在 0x10000~0x10FFFF 之间的用 4 个字节编码。

像一个英文字符对应 1 个字节，而一个中文字符或其他语言的字符对应的可能是 2 个、3 个或者是 4 个字节。String 对象的原型方法 charCodeAt() 可返回指定位置的字符的 Unicode 码，这是一个 0~65535 之间的整数。将这个值和刚刚的 4 个区间范围作比较，就能知道需要使用几个字节编码，具体写法如下所示：

```
function sizeof(str) {
  var length = str.length,
    total = 0,
    code;
  for (var i = 0; i < length; i++) {
    code = str.charCodeAt(i);
    if (code <= 0x007f)          //规则一
      total += 1;
    else if (code <= 0x07ff)     //规则二
      total += 2;
```

```
    else if (code <= 0xffff)              //规则三
        total += 3;
    else                                   //规则四
        total += 4;
}
return total;
}
```

5. 答案：由于父组件 Provider 的 value 属性是一个对象字面量，因此每次重新渲染 Provider 时，都会为 value 属性创建一个新对象，从而触发后代组件 Consumer 的渲染。可以把 value 属性的值提升到父状态中来解决这个问题，代码如下所示：

```
class Grandpa extends React.Component {
    constructor() {
        this.state = {
            value: {name: "strick"},
        };
    }
    render() {
        return (
            <Context.Provider value={this.state.value}>
                <Son />
            </Context.Provider>
        );
    }
}
```

6. 答案：全局注册的组件有不能重复组件名、字符串模板缺乏语法高亮、不支持 CSS 等缺点，而采用.vue、.js 等扩展名的单文件组件就能解决这些问题。下面是 btn.vue 文件的内容，包含 3 部分：样式、模板和脚本。

```
<style>
    button {
        color: red;
    }
</style>
<template>
    <button>{{txt}}</button>
</template>
<script>
    module.exports = {
        data: function() {
            return {
                txt: "提交"
            };
        }
    }
</script>
```

搭配 webpack 的 vue-loader、vue-style-loader、css-loader 等加载器和 VueLoaderPlugin 插件就能构建可注册的组件，关键配置代码如下所示：

```
const VueLoaderPlugin = require("vue-loader/lib/plugin");
module.exports = {
```

```
    module: {
        rules: [
            {
                test: /\.vue$/,
                use: ["vue-loader"]
            },
            {
                test: /\.css$/,
                use: ["vue-style-loader", "css-loader"]
            }
        ]
    },
    plugins: [new VueLoaderPlugin()]
};
```

如果要在脚本中注册 btn.vue，则代码如下所示：

```
import BtnCustom from    "./btn.vue"
```

六、面试题

提示：一个优秀的程序员可以完成的事情，10 个、20 个甚至更多的普通程序员都不一定能够完成，优秀与普通在 IT 行业所能产生的价值会差别非常大，所以薪水自然也会存在着巨大的差别。但面试官提出有关薪水的问题却是一个非常敏感的问题，面试的过程中此类问题也被面试官经常提及。面试官提出此类问题，对于求职者而言确实很棘手，如果求职者要求太低，那显然贬低了自己的能力，而如果要求太高，又会显得分量过重，公司受用不起。一些企业通常在招聘前，就对职位定下开支预算，因而他们第一次提出的价钱往往是他们所能给予的最高价钱，他们询问求职者其实也只不过想证实一下这笔钱是否足以引起求职者对该工作的兴趣。

在市场经济规律下，在企业里面，一般就是干多少活领多少钱，所以对于此类问题，采用以下几种方式回答一般比较容易得到面试官的认可。

（1）我对工资没有硬性要求。我相信贵公司在处理上会妥善合理。我注重的是找对工作机会，所以只要条件公平，我不会计较太多，当然包括金钱。

（2）我对计算机编程有着系统的认识，学生阶段获得过系统分析师资格、微软认证、思科认证等，熟悉 C、C++、C#、Java 等多种编程语言以及精通算法与数据结构，有着多个实际的项目经验，不需要进行大量的培训就可以融入实际的项目中去，同时我本人也对编程特别感兴趣。因此，我希望公司能根据我的实际情况以及当前市场标准的水平，给我一个合理的薪酬。

（3）对于待遇我是这样看的，作为一个应届毕业生，也是一名企业新人，想得更多的应该是能为企业做出什么贡献而不是从企业获取多少财富，自己在工作的过程中个人能力得到发展，企业也因为我的发展和贡献而受益，自然不会亏待我，这本身是一个互惠互利的过程。所以我觉得，期望配得上自己能力的薪水才是最重要的。

当面试官要求你必须自己说出具体数目时，求职者就不要说一个宽泛的范围，否则你将只能得到最低限度的数字。最好结合当前的同类公司的市场行情以及师兄师姐对你的建议，给出一个具体的合理的数字，这样既能表明你已经对当今的人才市场作了调查，知道像自己这样水平的雇员有什么样的价值，也表明你对公司有着非常明确的期望。

真题详解 12　国内某知名网络设备提供商前端工程师笔试题

一、单选题

1．答案：C。

分析：替换元素（Replaced Element）也叫置换元素，简单地说，是指内容不包含在文档中的元素。只有选项 C 中 img 元素的内容需要设置 URL 才能获得。

2．答案：D。

分析：CSS 属性 z-index 用于改变元素的层叠顺序，属性值是一个无单位的数字（包括正数和负数）或 auto（auto 相当于 0）。当元素处在相同的层叠上下文中时，z-index 属性的值越大越不容易被覆盖。由于选项 D 中的数字最大，所以叠放在最上面的背景色是 yellow。

3．答案：A。

分析：func()方法中的 this 指向的是 obj 对象，因此 func()方法中调用的是 obj 对象的 name 属性，该值为 "strick"。即时函数会开辟一块独立的临时私有作用域，此时 this 指向的是全局对象，因此匿名函数中调用的是全局变量 name，该值为 "freedom"。self 变量指向的仍然是 obj 对象，因此 self.name 得到的值也是 "strick"。

4．答案：B。

分析：选项 A 中的布尔属性 seamless 可让 iframe 元素中引用的文档成为父文档的一部分。选项 B 中的 sandbox 属性用于指定嵌套内容的安全规则，也就是对内嵌文档中的插件、表单、脚本、链接等进行限制，保证文档浏览的安全性。

5．答案：D。

分析：相等运算符（==）允许在比较中进行类型转换。选项 D 中的左操作数是布尔值，右操作数是 null，左操作数会调用 Number()函数转换成数字，最终表达式变为 0==null，而数字和 null 是不相等的，所以返回 false。

6．答案：A。

分析：本题中，对于选项 A，HTTPS（Hyper Text Transfer Protocol over Secure Socket Layer）是以安全为目标的 HTTP 通道，是 HTTP 的安全版，通过在 HTTP 下加入 SSL（Secure Sockets Layer，安全套接层）实现的。而 SSL 是为网络通信提供安全及数据完整性的一种安全协议。所以，选项 A 正确。

对于选项 B，IPSec（Internet Protocol Security，互联网协议安全）是一种开放标准的框架结构，通过使用加密的安全服务以确保在 Internet 上进行保密而安全的通信。所以，选项 B 错误。

对于选项 C，PGP（Pretty Good Privacy，完美隐私）是一个基于 RSA（RSA 是目前最有影响力的公钥加密算法，它能够抵抗到目前为止已知的绝大多数密码攻击，已被 ISO 推荐为公钥数据加密标准，其中，RSA 是创始人的名字的组合）公钥加密体系的邮件加密系统。所以，选项 C 错误。

对于选项 D，SET（Secure Electronic Transaction，安全电子交易）协议是 VISA 国际组织、万事达（MasterCard）国际组织创建的，结合 IBM、Microsoft、Netscope、GTE 等公司制定的一个为了在互联网上保证交易的安全性的规范，主要的目的是解决信用卡电子付款的安全保障性问题。所以，选项 D 错误。

7．答案：D。

分析：操作系统（Operating System，OS），是管理和控制计算机硬件与软件资源的计算机程序，是直接运行在"裸"机上的最基本的系统软件，是计算机硬件和其他软件的接口，任何其他软件都必须在操作系统的支持下才能运行。它具有作业管理、文件管理、存储管理、设备管理以及进程管理等功能。以下将分别针对这几种功能进行介绍。

（1）作业管理主要包括任务管理、界面管理、人机交互、图形界面、语音控制和虚拟现实等。

（2）文件管理又称为信息管理。它是操作系统中实现文件统一管理的一组软件、被管理的文件以及为实施文件管理所需要的一些数据结构的总称，是对文件存储器的存储空间进行组织、分配和回收的软件，负责文件的存储、检索、共享和保护。

（3）存储管理实质上是对存储"空间"的管理，主要指对内存的管理。

（4）设备管理其实是对硬件设备的管理，其中包括对输入/输出设备的分配、启动和完成。

（5）进程管理也称为处理器管理，是对处理器执行"时间"的管理，即如何将 CPU 真正地分配给每个任务进行任务处理。

本题中，选项 A 中分配内存与选项 C 中资源回收属于内存管理，选项 B 中输出/输入属于输入设备管理，选项 D 中的用户访问数据库资源是由用户对数据库系统发起的操作，不属于操作系统的作用范畴。所以，选项 D 正确。

8．答案：A。

分析：线性表也叫顺序表，在线性表中的数据元素，其关系是一一对应的，即除了第一个数据元素和最后一个数据元素之外，其他数据元素都是首尾相接的。

本题中，对于选项 A，线性表是随机存取结构，当对其执行插入和删除操作时，只要不是针对最后一个元素，此时都需要进行元素的搬家，最坏情况下的时间复杂度是 $O(n)$。因此，访问第 i 个结点（1<=i<=n）和求第 i 个结点的直接前驱（2<=i<=n），其时间复杂度都为 $O(1)$。所以，选项 A 正确。

对于选项 B 和选项 C，由于插入和删除操作都需要移动元素，此时算法的时间复杂度为 $O(n)$，它与题目要求的 $O(1)$ 的时间复杂度不相符。所以，选项 B 与选项 C 错误。

对于选项 D，将 n 个结点从小到大排序的时间复杂度通常介于 $O(n)$ 与 $O(n^2)$ 之间，它与题目要求的 $O(1)$ 的时间复杂度不相符。所以，选项 D 错误。

9．答案：A。

分析：对于选项 A，堆排序的过程如下。

构造最大堆，从而得到最大的元素，将最大的元素与最后一个元素交换（即取出最大的元素），然后对以根结点为首的、除最后一个元素之外的 n-1 个元素进行一次构造堆操作。由堆的性质可知，经过该次操作后得到的堆仍为最大堆，所以可以继续将根结点与第 n-1 个结点交换，取出第二大元素……重复上述操作，直到依次取出第 n-1 大元素即完成了排序。所以，堆排序的时间复杂度一直都是 O(nlogn)，它是一种不稳定的排序算法。所以，初始数据集的排列顺序对算法的性能无影响。因此，选项 A 正确。

对于选项 B，插入排序的平均时间复杂度为 O(n^2)，在序列初始有序的情况下，其时间复杂度为 O(n)，它是一种稳定的排序算法。因此，选项 B 错误。

对于选项 C，冒泡排序的平均时间复杂度为 O(n^2)，在序列初始有序的情况下，增加交换标志 flag 可将时间复杂度降到 O(n)，它是一种稳定的排序算法。因此，选项 C 错误。

对于选项 D，快速排序与主元的选择有关，如果选择子序列左侧第一个元素比较，那么第一个元素最好是大小居中的，以使得分成的两个子数组长度大致相等，性能才能最佳，否则，在序列初始有序的情况下，时间复杂度可能会退化到 O(n^2)，它是一种不稳定的排序算法。因此，选项 D 错误。

二、多选题

1. 答案：ABC。

分析：选项 A 中的效果只需为 href 属性设置特定的值就能实现，如"javascript: void(0);"。void 是 JavaScript 的运算符，会忽略计算结果返回 undefined。href 属性嵌入的脚本只能实现简单的函数调用，不可用于函数声明，因此选项 B 正确，而选项 D 并不正确。在 Firefox 中，可右击链接，在弹出的快捷菜单中选择"将此链接加为书签"命令，就能顺利地实现选项 C 中的效果。

2. 答案：ABCD。

分析：过渡是为了让元素从一个状态到另一个状态时，当中的变化能更连贯、更平滑、更细腻，减少给用户一触即发的感觉。以上 4 个选项都是它的子属性。选项 A 中的 transition-property 用于设置参与过渡的属性名；选项 B 中的 transition-duration 表示过渡持续时间；选项 C 中的 transition-delay 表示过渡开始之前的延迟时间；选项 D 中的 transition-timing-function 用于设置缓动函数。

3. 答案：AB。

分析：选项 A 中的圆括号内需要有表达式，否则是无效语法；选项 B 会把两根斜杠当成注释，从而让这条语句变得不完整，发生异常；选项 C 是创建对象的一种简写形式；选项 D 是创建数组的一种简写形式。

三、填空题

1. 答案：20、20。

分析：外边距（margin）和内边距（padding）参照的都是包含块的宽度。注意：上下边距并没有参照包含块的高度。在上面的代码中，div 元素是 p 元素的包含块，p 元素的 margin 和 padding 属性都会参照 div 元素的宽度计算。经过计算后，p 元素的 margin 和 padding 属性值都是 20 px。

2. 答案：[4, 5]。

分析：数组方法 splice()用于删除、插入或替换元素。此函数可接收多个参数，其中第一个参数是开始位置（start），第二个参数是要删除的元素个数（deleteCount）。如果任何一个参数为负数，就表示从数组反方向（尾部）开始算起。在上面的代码中，-2 表示从倒数第二个元素开始删除，省略删除个数就相当于（arr.length-start），最终调用 splice()方法得到的返回值是由删除元素组成的[4, 5]。

3．答案：28。

分析：由于在 JavaScript 中没有块级作用域，所以 age 变量的声明会被提升，声明提升后的代码如下所示。刚声明的变量，它的默认值为 undefined，这是一个假值，所以取反后能进入条件语句的分支中，为其赋值为 28。

```
var age = 30;
function func() {
    var age;
    if (!age) {
        age = 28;
    }
    console.log(age);
}
func();
```

4．答案：0、1、0。

分析：add()函数返回的是一个匿名函数，由于闭包的关系，匿名函数能够引用其声明时所处作用域中的 number 变量。调用两次 func1()函数，引用的是同一个 number 变量。它的初始值是 0，当第一次调用时，输出 0，这是因为后置递增虽然会对操作数进行增量，但返回的却是未计算的值。当第二次调用时，就能输出 1。func2()函数中的 number 变量不会受前面的影响，它的初始值仍然是 0，因此输出的也是 0。

四、问答题

1．答案：锚点（anchor）是一种特殊链接，能定位到 HTML 文档中的某个特定位置，这个文档既可以在当前域名下，也可以在其他域名下，代码如下所示。通过 HTML 元素的 id 或 name 属性来设置锚点，目前只有 a 元素可以用 name 属性设置锚点，但 HTML5 将 a 元素的 name 属性给废弃了，所以推荐的用法是都用 id 属性来设置锚点。

```
<a href="#">返回顶部</a>
<a href="#anchor">内部定位</a>
<a href="http://www.pwstrick.com/1.html#anchor">外部定位</a>
```

2．答案：分区响应图（即热点区域），能让图像上的部分位置产生超链接。将 map 元素和 area 元素组合使用，可创建分区响应图，代码如下所示：

```
<img src="img/lake.png" usemap="#Map" />
<map name="Map">
    <area shape="circle" coords="50,50,30" href="/">
    <area shape="rect" coords="100,100,150,170" href="/">
</map>
```

map 元素中的 name 属性必须定义，赋予一个名称，以便 img 元素使用 usemap 属性引用它，如果同时还指定了 id 属性，那么两个属性必须具有相同的值。

3．答案：img 是一个替换元素，替换元素没有自己的基线，如果将它和非替换元素混排，那么其行内盒的底端将与基线对齐。由于与基线对齐，图像下方就会留出几像素的空隙。

4．答案：CSS Sprite 是一种图像处理技术，将零散的小图标整合在一起，形成一张大图（见右图），这张图可称为雪碧图或精灵图。当用这张大图作背景图像时，可以利用 background-position 属性进行背景定位，找到想要的小图标。这么处理图像，不但可以解决命名困扰，还能减少 HTTP 请求数，降低图像字节，

提升网页性能。但制作和维护这张雪碧图比较烦琐,当加一个小图标的时候,必须修改原图,还不能破坏原先图标的位置。

5.答案:CSS 中过渡与动画有 3 个方面的不同,如下所列。

(1)过渡只能指定元素的初始状态和结束状态,而动画通过关键帧,可以控制变化过程中的更多状态(即更多阶段)。

(2)动画不需要触发条件,当 HTML 文档和相关样式载入完成后,就能立即执行。

(3)动画的子属性比过渡多,可以控制动画的循环次数、播放方向和动画状态。

6.答案:TCP 中具有超时重传和快速重传两种重传机制,具体如下所列。

(1)TCP 会设定一个超时重传计数器(RTO),定义数据包从发出到失效的时间间隔。当发送方发出数据包后,在这段时间内没有收到确认,就会重传这个包。

(2)快速重传不会一味地等待,当发送方连续收到 3 个或 3 个以上对相同数据包的重复确认时,就会认为这个包丢失了,需要立即重发。

7.答案:JSON 格式的数据主要有如下 4 个优势。

(1)语法格式更简单。

(2)层次结构更清晰。

(3)所用字符数更少。

(4)数据解析更直接。

8.答案:CDN(Content Delivery Network)即内容分发网络,它是在现有的互联网基础之上再构建的一层智能虚拟网络(包括分布式存储、负载均衡、请求重定向和内容管理等),通过在各地放置结点服务器实现。其目的是降低访问延时,避开影响传输速度与稳定性的瓶颈和环节,从而提升用户访问网站的响应速度和成功率。CDN 能实时地根据网络流量、负载状态、用户的距离和响应时间等综合信息把用户的请求导向离他最近的结点服务器上,使用户能就近获取所需的内容。

9.答案:ES6 中的 default 关键字可指定模块的默认值(如变量、函数或类等),即为模块指定默认的导出和导入,代码如下所示。一个模块只能存在一个默认导出。

```
let name = "strick";
export default name;
```

10.答案:箭头函数中不包含 this,不过在其内部还是能使用 this 的,这个 this 是从上一层的作用域中继承而来的。

11.答案:反射(Reflect)向外界暴露了一些底层操作的默认行为,它是一个没有构造函数的内置对象,类似于 Math 对象,其所有方法都是静态的。代理中的每个陷阱都会对应一个同名的反射方法(如 Reflect.set()、Reflect.ownKeys()等),而每个反射方法又都会关联到对应代理所拦截的行为(如 in 运算符、Object.defineProperty()等),这样就能保证某个操作的默认行为可随时被访问到。

12.答案:PureComponent(纯组件)是一种特殊的组件,继承自 Component,包含一个 isPureReactComponent 属性,其值为 true。在 PureComponent 的生命周期中,shouldComponentUpdate()回调方法不会直接返回 true,而是对新旧 state 和 props 进行浅比较,也就是比较对象属性的值和个数是否相等。

13.答案:自 React v0.14 开始,官方将与 DOM 相关的操作从 React 中剥离,组成单独的 react-dom 库,从而让 React 能兼容更多的终端。在引入 react-dom 库后,就能调用一个全局对象：ReactDOM。ReactDOM 只包含了 unmountComponentAtNode()、findDOMNode()、createPortal()和 render()等为数不多的几个方法。

14．答案：容器组件（Container Component），也叫智能组件（Smart Component），由 react-redux 库生成，负责应用逻辑和源数据的处理，为展示组件传递必要的 props，可与 Redux 配合使用，不仅能监听 Redux 的状态变化，还能向 Redux 派发 Action。

展示组件（Presentational Component），也叫木偶组件（Dumb Component），由开发者定义，负责渲染界面，接收从容器组件传来的 props，可通过 props 中的回调函数同步源数据的变更。

15．答案：从 npm 5 开始，当执行"npm install"命令时，会生成 package-lock.json 文件，它能明确包的版本号和来源，并且详细记录了依赖包的版本、来源、需要的模块等各种信息。从而就能确保在迁移到其他项目中后，仍然能下载到相同的包。

16．答案：Git 是一款开源的分布式版本控制系统，它的出现和 Linux 紧密相关。Linux 内核项目组为了能更好地管理和维护 Linux 内核开发，于 2002 年开始启用商业的分布式版本控制系统 BitKeeper。虽然软件开发商授权了 Linux 社区能免费使用，但是好景不长，到了 2005 年，BitKeeper 的开发商由于某些原因终止了与 Linux 社区的合作关系。于是 Linux 的作者 Linus Torvalds 就决定开发一款能替代 BitKeeper 的分布式版本控制系统（即 Git），在花费十天的时间后发布了 Git 的第一个版本。

17．答案：虽然 Vue 和 React 有许多相似之处，如使用 Virtual DOM、将注意力保持在核心库、组件化等，但它们之间还是有着显著的不同，如下所列。

（1）Vue 的整体思想是拥抱经典的 Web 技术，而 React 提倡一切都以 JavaScript 为基础。

（2）Vue 虽然也支持 JSX，但默认推荐的还是 DOM 模板，而在 React 中，组件的渲染功能都依赖 JSX。

（3）Vue 的路由库和状态管理库都由官方维护且与核心库同步更新，而 React 则是把它们交给社区维护。

（4）Vue 提供了 CLI 脚手架，而 React 提供了 create-react-app。

（5）Vue 只需阅读文档指南就可以建立简单的应用程序，而 React 学习曲线陡峭，在使用 React 前，需要先了解 JSX、ES6、构建系统等概念。

（6）当 Vue 和 Weex 合作时，能用 Vue 的语法开发可在多端运行的原生组件，而 React Native 通过 React 的语法实现了相同的功能，并且成熟度更高。

18．答案：模块重用的场景有许多。例如，多个 Store 实例共用一个模块或一个 Store 实例多次注册同一模块等。如果模块中的状态是以对象的方式声明，那么这个状态对象会被共享，从而导致模块间的数据被相互污染。为了解决这个问题，可以将状态声明成函数（代码如下所示），这样就能让每个 Store 实例或每次注册的模块维护各自的状态。

```
const module = {
  state: function() {
    return { digit: 0 };
  }
};
```

五、编程题

1．答案：浮动元素通常会在水平方向上往左或往右移动，如果要居中，首先需要往反方向偏移一定的距离，元素的偏移可以用相对定位和偏移属性实现，代码如下所示。如果容器和浮动元素的宽度都已定义,那么偏移距离可以通过计算得到;如果浮动元素的宽度未知,那就不能用计算的方式,得用百分数的方式来确定。

```css
.float {
    float: left;
    position: relative;
    left: 50%;
}
```

将偏移距离设为 50%,元素的左边缘被移动到了容器中间的位置,要得到元素居中的效果,可以借用子元素或使用 CSS3 新增的位移功能。

先说一下借用子元素的方法,这个方法需要在浮动元素内增加子元素,子元素再做相对定位的反向偏移。例如,在下面的 HTML 文档中,子元素 section 反向偏移 50%,也就是偏移浮动元素一半宽度的距离后,就能实现内容居中。不过,此时需要将原先在浮动元素上的样式迁移到这个子元素中,如宽度、高度、背景色等。

```html
<div>
    <div class="float">
        <section style="position:relative; left:-50%"></section>
    </div>
</div>
```

使用 CSS3 新增的位移功能就不需要添加子元素,直接让浮动元素反向位移 50%就能实现居中,水平位移中的百分数参照的是自身宽度,所以 50%就是宽度的一半,代码如下所示:

```html
<div>
    <div class="float" style="transform:translateX(-50%)"></div>
</div>
```

2. 答案:设计的函数有两个参数,第一个参数是待补全的整数,第二个参数是指定的位数,例如,补全 4 位的整数,如果传入 1,那么返回 "0001";如果传入 123,那么返回 "0123"。在函数中,首先创建一个指定长度的空数组,然后将空数组用 "0" 合并,接着和传入的整数拼接,最后调用 String 对象的 slice()方法,并传入一个负数,用于去除多余的零,具体代码如下所示:

```javascript
function prefixZero(integer, digit) {
    return (new Array(digit).join("0") + integer).slice(-digit);
}
```

3. 答案:质数又叫素数,是指一个大于 1 的自然数,除了 1 和它本身外,不能被其他自然数整除的数。利用记忆函数,可在每次计算完成后,就将计算结果缓存到函数的自有属性内,具体实现代码如下所示:

```javascript
function prime(number) {
    if (!prime.digits) {
        prime.digits = {};       //缓存对象
    }
    if (prime.digits[number] !== undefined) {
        return prime.digits[number];
    }
    var isPrime = false;
    for (var i = 2; i < number; i++) {
        if (number % i == 0) {
            isPrime = false;
            break;
```

```
        }
      }
      if (i == number) {
        isPrime = true;
      }
      return (prime.digits[number] = isPrime);
    }
```

4. 答案：ECMAScript 5 为 Array 对象添加了 isArray()方法，专门用于检测对象是否为数组，但并不是所有浏览器都支持。对于那些比较旧的浏览器，需要借助基础对象 Object 的原型方法 toString()，它能返回格式为"[object Type]"的字符串，其中 Type 是对象的类型，此方法能检测出的对象有 Number、Array、Date、RegExp 等。调用 toString()方法的时候也要注意，不能直接使用，必须使用函数的方法 call()或 apply()间接调用，因为对象有可能重写了此方法。具体代码如下所示：

```
function isArray(obj) {
  if (Array.isArray) {
    return Array.isArray(obj);
  }
  var toString = Object.prototype.toString;
  return toString.call(obj) === "[object Array]";
}
```

5. 答案：Render Props 是另一种能增强组件复用性的模式，它能指定组件需要渲染的内容，并将其封装到一个函数中，然后传递给组件。例如，有一个 Container 组件，在渲染时为其声明了一个 render 属性，其值是一个返回 Btn 组件的函数，代码如下所示：

```
ReactDOM.render(
  <Container render={state => <Btn name={state.name} />} />,
  document.getElementById("container")
);
```

在 Container 组件的 render()方法中调用了传递进来的 render 属性，并将内部的 state 作为参数传递给它（代码如下所示），这样就完成了一次 Render Props。

```
class Container extends React.Component {
  constructor(props) {
    super(props);
    this.state = { name: "提交" };
  }
  render() {
    return <div>{this.props.render(this.state)}</div>;
  }
}
```

注意，用于传递渲染内容的属性名不一定叫 render，也可以叫其他名字，如 children、func 等。

6. 答案：组件支持自定义事件，并且能在子组件中触发该事件，从而实现组件之间的通信。假设有两个父子关系的组件 parent 和 child，在 child 组件上声明了自定义的 dot 事件，而在<button>元素上添加了 click 事件，它们接收的事件处理程序都叫 add，代码如下所示：

```
Vue.component("child", {
  template: '<button @click="add">提交</button>',
```

```
      methods: {
        add: function() {
          this.$emit("dot", 1, 2);
        }
      }
    });
    Vue.component("parent", {
      template: '<child @dot="add"></child>',
      methods: {
        add: function(left, right) {
          console.log(left, right);      //1 2
        }
      }
    });
```

Vue 提供的实例方法$emit()，它的第一个参数是要触发的事件名称，其余参数都将回传给该事件的处理程序。在子组件 child 的 add()方法中向$emit()传递了 3 个参数（"dot"、1 和 2），父组件 parent 中的 add()方法能接收从子组件传递过来的两个数值（1 和 2）。

六、面试题

提示：企业在招聘女程序员的时候，经常需要考虑女性在家庭和婚姻中所承担的角色可能会影响到工作，所以面试时经常会提出许多相关的问题。因此，求职者能否回答好这些问题将直接关系到求职能否成功。

以下是女生在求职的过程中经常会遇到的一些问题以及应对策略。

（1）你觉得家庭和事业哪个更重要？

无论是男性还是女性，家庭与事业的矛盾都是同时存在的，只是受到传统思想的影响，即"男主外女主内"，认为女性应该更倾向于照顾家庭，导致在面试时女性不得不经常面对这样的提问。但是，也不是说企业就愿意听到女性求职者"工作至上，完全不顾家庭"的回答，对于企业来说，既希望你以事业为重，但也希望你拥有一个幸福美满的家庭。只有这样，才会使人无后顾之忧，集中精力工作，才能发挥出你的聪明才干。

所以，在回答此类问题时，一般要表达出以下 3 个方面的意思：第一，家庭与事业之间确实存在矛盾，但并不是不能解决的；第二，无论是家庭还是事业，都可以体现出个人的价值；第三，当家庭和事业出现冲突时，自己有具体的处理方案，当然，在大部分情况下，还是会以工作为重。可以回答："我会结婚，会有自己的家庭，但我认为女人最重要的是能够保持自己的活力，工作对现代女性来说尤为重要。"

（2）婚后是否计划在近期内生育？

很多企业都会问女性求职者生孩子的问题，其实这是一种干涉隐私和性别歧视。

除了家庭与事业无法平衡外，企业提出此类问题，更多是出于成本的考虑。婚假和产假一般时间较长，在这段时间里，求职者无法给企业带来任何效益。作为以盈利为目的的企业，自然要考虑经济是否合算，对企业而言，当然也无可厚非，但是这种做法确是很不规范的，完全是一种歧视女性的表现。

但不管怎么样，结婚生子是每个女性必须正视的问题，所以没有必要掩饰什么，但回答一定要委婉，可以回答：我很重视自己的事业，因此我的决定以不影响我的工作和公司的利益为前提，谁都希望鱼和熊掌能够兼得，但当二者不能同时得到，需要选其一的时候，在一段时间内我会选择工作，因为拥有一份好的工作，将会为未来孩子的成长提供更为坚实的经济基础。而且，我觉得总会有合适的时候让我二者兼得，我会理智地处理好这个问题，我相信我的丈夫是个明事理的人，他一定会理解和支持我的。

（3）如果公司派你到外地出差，你的男朋友不同意你去，你会怎么办？

面试官提出此种问题，其实并不是真的想知道求职者是否喜欢出差，当工作需要时，不喜欢出差也必须要出差。很多时候，在面临抉择的时候都很难做到两全。但此时，面对面试官提出的此类问题，为了获得他们的青睐，还是应该更加突出工作的重要性，可以参考以下几种回答：①公司安排我出差，是工作上的需要，我和我的男友都是热爱工作和事业的人，相信我的男友会支持我。如果他不同意，我也会说服他。②我觉得如果公司派我出差，肯定有它的必要，所以我一定会去的，同时我也会了解男朋友不同意的原因，然后想出一个让他不用担心的解决办法，决不让私人的事情影响到我工作当中的事情。③只要公司需要，我会义无反顾。这些年，因为各方面原因，几乎没出过远门，虽然全家人都不反对，男朋友也想陪我出去转转，但终未成行。出差很可能会成为我今后工作的一部分，这一点在我来之前，家人早就告诉我了。

对于行业内存在的部分性别歧视，女程序员首先要保持一颗平常心，要让自己内心变得无比强大，碰到不信任的领导或男同事，要大胆说出自己的想法，同时拿出有说服力的行动。不要轻言放弃，只要努力，一切皆有可能，女性相比男性，心更细，做事情更严谨，而程序员这个职业也需要严谨的人，测试行业也一般更加青睐女程序员，所以并不存在着女性不如男性的情况，只要踏踏实实做好自己的事情，每天做好自己分内的事情，脚踏实地，一样可以做得很好，一样可以不输于男程序员，撑起一片天地。

真题详解 13　国内某知名手机制造商前端工程师笔试题

一、单选题

1．答案：B。

分析：meta 元素可以用 name 属性表示文档级元数据，在 name 属性中有一个叫 keywords 的值，用于定义文档的多个关键字，由于选项 B 少了个字母"s"，因此，它是一个错误的属性值。

2．答案：B。

分析：选项 A 会在内容溢出时，在容器中显示滚动条。选项 C 会把溢出内容替换为省略号。如果把选项 D 中的 word-wrap 属性设为 break-word，那么也能实现文本强制换行。

3．答案：A。

分析：Window 对象提供了两个属性 pageXOffset 和 pageYOffset，它们分别表示滚动条到视口左边和上边的距离，因此，只有选项 A 描述正确。

4．答案：B。

分析：选项 A 中的 auto 会将背景图像保持为原始尺寸；选项 C 中的 cover 能完全覆盖住背景区，但不会保持原图像的宽高比；选项 D 中两个 100% 分别表示背景图像的宽和高，相当于使用 cover 关键字。

5．答案：A。

分析：PING 命令主要是为了检查网络是否通畅，它通过向计算机发送 ICMP（Internet Control Message Protocol，互联网控制报文协议）应答报文并且监听回应报文的返回，以校验与远程计算机或本地计算机的连接。对于每个发送报文，PING 最多等待的时间为 1s，并打印发送和接收报文的数量。比较每个接收报文和发送报文，以校验其有效性。如果能够成功校验 IP 地址，但不能成功校验计算机名，则说明名称分析存在问题。在默认情况下，发送 4 个回应报文，每个报文包含 64 字节的数据（周期性的大写字母序列）。通过以上的分析，选项 A 正确。

6．答案：D。

分析：w 命令用来显示当前登录的用户信息。top 命令用来实时显示系统中各个进程的资源占用状况。ps 命令用来列出系统中当前运行的进程。uptime 命令主要用于获取主机运行时间和查询 Linux 系统负载等信息，可以显示系统现在时间、系统已经运行了多长时间、目前有多少登录用户以及系统在过去的 1 min、5 min 和 15 min 内的平均负载。所以，选项 D 正确。

7．答案：D。

分析：二叉树是非线性数据结构，即每个数据结点至多只有一个前驱，但可以有多个后继，可以使用顺序存储和链式存储两种结构来存储。以下将分别对这两种存储结构进行介绍。

（1）顺序存储结构

二叉树的顺序存储指的是用元素在数组中的下标表示一个结点与其孩子和父结点的关系。这种结构特别适用于近似满二叉树。这种方法的缺点可能会有大量空间的浪费，在最坏的情况下，一个深度为 k 且只有 k 个结点的右单支树需要 2^k-1 个结点存储空间。下面两张图分别给出完全二叉树和非完全二叉树的存储示意图。

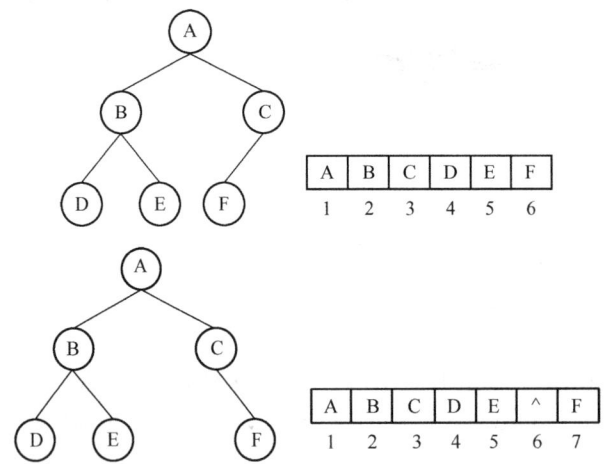

（2）链式存储结构

二叉树的链式存储结构是指用链表来表示一棵二叉树。

每个结点有一个数据域，两个指针域分别指向左孩子和右孩子。其结点结构为：

| lchild | data | rchild |

下图给出了一个二叉树的链表存储方式。

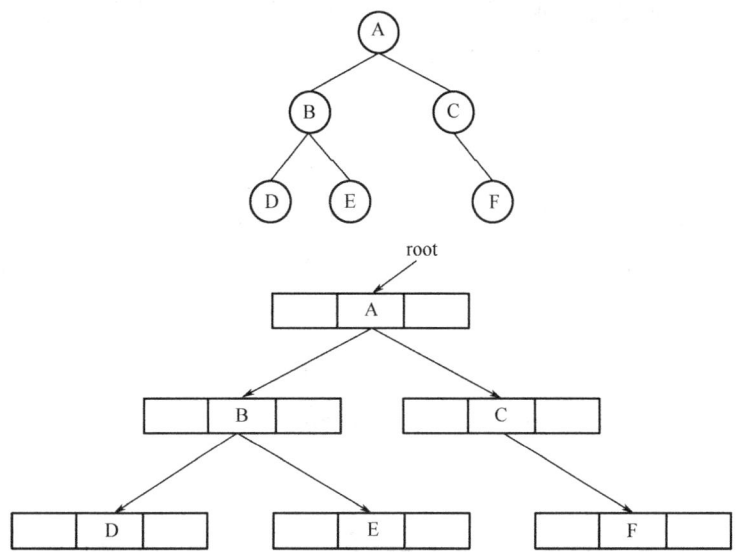

通过以上分析可知，选项 D 正确。

8．答案：D。

分析：本题首先要弄懂归并排序的思路。m 个元素 k 路归并的归并次数 $s=\log_k(m)$，当 m=100，s=3 时，代入公式，$\log_k(100)<=3$，即 k^3>=100，所以，k 值最小为 5，选项 D 正确。

9．答案：A。

分析：无向图指的是边没有方向的图。采用邻接表表示的无向图，存放表头结点的数组的大小为图的顶点个数。本题中，无向图的顶点个数为 n，所以，存放表头结点的数组大小为 n，选项 A 正确。

二、多选题

1．答案：ABCD。

分析：严格模式对 JavaScript 的语法和行为都做了一些更改，消除了语言中一些不合理、不确定和不安全之处。严格模式规定函数声明中不能定义同名参数，不能用 delete 运算符删除不可删除的属性，禁止使用以 0 为前缀的八进制数字，不能将 eval 用作变量。根据这 4 个限制可知，执行选项 A、选项 B、选项 C 和选项 D 中的代码都会抛出错误。

2．答案：ABC。

分析：HTTPS（HTTP Secure）是一种构建在 SSL 或 TLS 上的 HTTP，能为网络通信提供来源认证、数据加密和报文完整性检测，保证通信的保密性和可靠性。选项 D 中的说法并不正确，HTTPS 可以验证通信两端的身份。

3．答案：BC。

分析：选项 A 中的 Chrome 和选项 D 中的 Safari，它们的私有前缀都是-webkit-；选项 B 中的 IE，它的私有前缀是-ms-；选项 B 中的 Firefox，它的私有前缀是-moz-。

三、填空题

1．答案：110、60。

分析：位移（translate）也是 CSS3 新增的功能，元素可向水平或垂直位移，水平方向参照的是元素的宽度，垂直方向参照的是元素的高度。HTML 元素默认都是 W3C 盒模型，因此如果元素有内边距（padding）或边框（border），那么在计算时还要包含这两个属性值。上面代码中的两个百分数参照的两个值分别为 220 px 和 120 px，经过计算后的位移值分别是 110 px 和 60 px。

2．答案：[1]。

分析：数组方法 slice() 用于提取元素。此方法接收两个参数，第一个参数是开始位置（start），第二个参数是结束位置（end），返回由提取元素组成的新数组。任何参数为 NaN，都会被当作 0 来处理。上面的 slice() 方法相当于如下代码，最终返回的结果为[1]。

```
arr.slice(0, 1)
```

3．答案："strick"。

分析：函数的作用域链创建于函数定义时，而不是函数调用时。因此虽然 func1() 在内部函数 inner() 内被调用，但它调用的 name 变量最终是到全局作用域中寻找，而不是到 func2() 函数中寻找。

4．答案：undefined、1。

分析：所有在某个作用域内声明的变量或函数，它们的声明语句都会在编译阶段被提升至此作用域的顶部，也就是所在脚本文件或函数体的顶部。函数声明和变量声明都会被提升，但函数声明的优先级高于变量声明，并且变量的赋值语句不会被提前。把上面代码中的变量和函数声明提升后，相当于如下代码：

```
function outer() {
    function inner() {
        return a;
    }
    var a;
    console.log(a);
    a = 1;
    console.log(inner());
}
```

此时的 a 还未被赋值，它的值是默认的 undefined。而调用函数时，已为 a 赋值，此时它的值为 1。

四、问答题

1．答案：href 属性中的 URL 可以是浏览器支持的任何协议，因为有这个特点，所以 a 元素也可用于手机拨号、发送短信、发送邮件等功能。当发送短信的时候，可将内容作为参数直接带过去；当发送邮件的时候，可将收件人、抄送人、主题和内容作为参数直接带过去，代码如下所示：

```
<a href="tel:10086">拨打电话</a>
<a href="sms:10086?body=test">发送短信</a>
<a href="mailto:strick@pw.org?cc=jane@pw.com">发送邮件</a>
```

2．答案：HTML5 新增了两个与图像相关的语义化元素：figure 和 figcaption。这两个元素都属于内容分组，两者组合，可用于插入图像和对图像的描述，代码如下所示：

```
<figure>
    <img src="img/avatar.jpg" />
    <figcaption>头像照片, 2017/06/18</figcaption>
```

</figure>

3. 答案：当给子元素设置 vertical-align 属性的时候，父元素的基线会被移动。元素默认都是与父元素的基线对齐的，但此时父元素的基线被移动，从而导致参照基线对齐的元素也会跟着调整。

4. 答案：Data URI 可以将外部资源（如图像）经过 Base64 编码后，嵌入到其他文档中，能够减少额外的 HTTP 请求。Data URI 由协议、MIME 类型（可选）、Base64 编码设定（可选）和内容组成，格式如下：

    data:[<mime type>][;base64],<data>

在实际使用中的代码片段如下：

    data:image/png;base64,/9j/4AAQSkZJRgAB...

Data URI 是用 Base64 进行编码，Base64 会以每 6 位为一个单元，对应某个字符，如果要编码的字节数不能被 3 整除，就用 0 在末尾补足。举一个简单的例子，编码 PW，最后得到的值是 UFc=，计算过程如下图所示。

文本	P							W															
ASCII编码	87							80															
二进制位（补0）	0	1	0	1	0	0	0	0	0	1	0	1	0	1	1	1	0	0	0	0	0	0	0	0
索引	20						5						28											
Base64编码	U						F						c						=					

虽然使用 Data URI 减少了一次 HTTP 请求，但它会让嵌入的文档体积膨胀，影响浏览器渲染，并且还会降低 Gzip 的压缩效率，破坏资源的缓存，所以在使用它的时候需要权衡利弊。

5. 答案：有 3 种操作能够触发过渡，分别是 CSS 伪类、媒体查询和 JavaScript，具体如下所列。

（1）CSS 伪类触发：CSS 有众多伪类（如：hover、:checked 等），如果用:hover，那么只有当鼠标悬停在元素上时，才能执行过渡。

（2）媒体查询触发：当改变窗口的尺寸时，就会触发媒体查询，然后执行过渡。

（3）JavaScript 触发：用脚本更改元素样式，也能触发过渡效果。

6. 答案：UDP（User Datagram Protocol，用户数据报协议）是一种简单、不可靠的通信协议，它只负责将数据发出，但不保证它们能否到达目的地，之所以不可靠是由于以下几个原因导致的。

（1）因为 UDP 没有顺序控制，所以当出现数据包乱序到达时，没有纠正功能。

（2）因为 UDP 没有重传控制，所以当数据包丢失时，也不会重发。

（3）UDP 在通信开始时，不需要建立连接，结束时也不用断开连接。

（4）UDP 无法进行流量控制、拥塞控制等避免网络拥堵的机制。

UDP 的包头长度不到 TCP 包头的一半，由于它并且没有重发、连接等机制，故而在传输速度上比起 TCP 有更大的优势，它比较适合即时通信、信息量较小的通信和广播通信。TCP 相当于打电话，UDP 相当于写信，打电话需要先拨号建立连接，再挂电话断开连接；而写信只要把信丢入邮筒，就能送到指定地址。日常生活中的语音聊天和在线视频使用 UDP 作为传输协议的比较多，因为即使丢几个包，对结果也不会产生太大影响。

7．答案：函数通常有两种创建方式：函数声明和函数表达式，它们的区别如下所列。

（1）函数声明必须包含名称，而函数表达式可省略名称。

（2）函数声明有位置限制，不能出现在条件语句、循环语句或其他语句中，而函数表达式没有位置限制，可以出现在语句中实现动态编程。

（3）函数声明会先于函数表达式被提升至作用域的顶部，因此用函数声明创建的函数可以在声明之前被调用，而函数表达式必须在表达式之后才能被调用。

8．答案：平时的优化除了会参考雅虎前端性能团队总结的优化建议之外，还会根据实际情况做些调整，具体如下所列。

（1）网站中的图像放置在专门的图像服务器中，开辟多个不用传 Cookie 的子域名，这些子域名都能访问该服务器中的图像。

（2）优化请求，包括合并文件、缓存资源、使用 CDN、减小 Cookie、启用 GZip 压缩和长连接等。

（3）优化 CSS，包括将 CSS 文件置于 HTML 文档的顶部、使用外部样式、压缩 CSS 文件等。

（4）优化 JavaScript，包括减少重绘与重排、避免内联脚本阻塞并行下载、批量执行 DOM 操作、把脚本置于 HTML 文档底部等。

（5）优化图像，包括压缩、合并、预加载、懒加载和使用 WebP 格式等。

9．答案：代码模块化有 3 点限制，如下所列。

（1）由于 ES6 中的模块被设计成静态的，因此需要在编译阶段就明确模块之间的依赖关系，而不是在运行过程中动态计算。

（2）export 和 import 语句只能出现在模块的顶层作用域中，而不能出现在块级或函数作用域中。

（3）导出和导入语句中的标识符如果重复，那么也会引起语法错误。

10．答案：为了控制栈帧的数量，减少内存空间的使用，引入了尾调用优化（Tail Call Optimization，TCO）。这也不是一个新语法，只是一种空间上的优化，并且所有的工作都由 JavaScript 引擎（如 V8、SpiderMonkey 等）代劳了。

11．答案：React 组件中的 state 用于记录其内部状态，这类有状态的组件会随着 state 的变化修改其最终的呈现。在组件的构造函数 constructor()中代码如下所示，通过 this.state 初始化组件的内部状态，其中 this.state 必须是一个对象。

```
class Btn extends React.Component {
  constructor() {
    super();
    this.state = {
      text: "提交"
    };
  }
  render() {
    return <button>{this.state.text}</button>;
  }
}
```

如果要读取 this.state 中的数据，那么可以像上面的代码那样通过成员访问运算符得到。

但如果要更新 this.state 中的数据，那么就需要用 setState()方法，而不是用运算符。

12．答案：指针事件（Pointer Event）能处理指针设备（如鼠标、手指触摸）触发的 DOM 事件，但要注意，这些事件（如下所列）只能在支持指针事件规范的浏览器中工作。

  onPointerDown onPointerMove onPointerUp onPointerCancel onGotPointerCapture
  onLostPointerCapture onPointerEnter onPointerLeave onPointerOver onPointerOut

13．答案：redux-devtools 是一个能实时监控 Redux 的工具库，它能查看 Action 的派发记录和状态的变更情况，功能包括在 Action 时间轴上自由的前进或后退、重置 Store 等。如果不想将其集成到项目中，可以使用 Chrome 的扩展插件 Redux DevTools。

14．答案：Babel 是一个 JavaScript 编译器，不仅能将当前运行环境不支持的 JavaScript 语法（如 ES6、ES7 等）编译成向下兼容的可用语法（如 ES3 或 ES5），这其中会涉及新语法的转换和缺失特性的修补；还支持语法扩展，从而能方便地使用 JSX、TypeScript 等语法。目前最新版本是 7.13，自从 6.0 以来，Babel 被分解得更加模块化，各种转译功能都以插件的形式分离出来，可按自己的需求，灵活配置。

15．答案：版本控制系统（Version Control System，VCS）能管理文件内容的变更记录，即可追踪文件的修订历史，确保不同的人在编辑同一文件时能保持同步。该系统不仅能应用于保存源码的文本文件，还能对图像、Word 文档等各种类型的文件进行版本控制。有了版本控制系统之后，就能很方便地回退文件到某个状态、比较文件变更前后的区别、查询到修改文件的人等。目前市面上的版本控制系统大致可分为两种：集中式和分布式。

16．答案：当把 v-for 和 v-if 作用于同一个元素时，v-for 的优先级要比 v-if 高，这意味着每次迭代都要执行一次 v-if 中的判断条件，以下面的模板为例。

```
<li v-for="item in array" v-if="item > 1">
  {{item}}
</li>
```

当 Vue 处理指令时，就会执行下面的运算。

```
this.array.map(function(item) {
  if (item > 1) {
    return item;
  }
});
```

由上可知，即使只是渲染列表的一小部分，每次视图更新都得遍历整个列表。而如果将 array 替换成计算属性（如下所示），就能只在 array 发生变化时才重新运算，从而使得过滤和渲染的效率更高，并且解耦了视图层的逻辑。

```
computed: {
  newArray: function() {
    return this.array.filter(function(item) {
      return item > 1;
    });
  }
}
```

17．答案：在创建 Store 实例时添加 strict 选项，并将其赋值为 true（如下所示），就能开启 Vuex 的严格模式。

```
const store = new Vuex.Store({
  strict: true
```

});

在严格模式中，状态的变更必须由 Mutation 触发，否则将会抛出错误，这样就能保证所有的变更都是可追踪的。注意，不要在生产环境中开启严格模式，因为此时会深度观察状态树并检测不合格的状态变更，从而造成额外的性能损耗。

五、编程题

1．答案：HTML5 推荐使用 meta 元素中的 charset 属性来声明，代码如下所示：

```
<meta charset="UTF-8" />
```

以前也会使用一种比较长的编码声明方式，代码如下所示，两者是等价的。

```
<meta http-equiv="content-type" content="text/html;charset=utf-8" />
```

2．答案：通过 Location 对象能够获取当前窗口中的文档（也就是页面）的 URL。该对象提供了 search 属性，能够返回一段查询字符串，序列化该属性的值就能直接访问查询字符串中的参数，代码如下所示：

```
function parseUrl() {
    var parsed = {},
        url = location.search;
    if (url.length < 0) return parsed;
    //将去除问号的查询字符串用&符号分割成数组
    var urls = url.split('?');
    if(urls.length <= 1) return parsed;
    //数组的值为"key=value"格式的字符串
    var params = urls[1].split('&');
    //参数化
    for(var i= 0, length=params.length; i<length; i++) {
        var element = params[i],
            position = element.indexOf('='),     //搜索等号的位置
            key,                                  //参数名
            value;                                //参数值
        if (position >= 0) {                      //有等号
            key = element.substr(0, position);
            value = element.substr(position + 1);
        } else {                                  //无等号
            key = element;
            value = '';
        }
        //对参数值进行解码
        parsed[key] = decodeURIComponent(value);
    }
    //返回参数化后的对象
    return parsed;
}
```

3．答案：Element 对象有一个 parentNode 属性，能够返回父元素。当没有父元素时，返回 null。通过该属性可以检测当前元素是否为另一个元素的后代，代码如下所示。函数的第一个参数是祖先元素，第二个参数是后代元素。

```
function isPosterity(ancestor, element) {
    while (element) {
        if (element == ancestor)
            return true;
```

```
        element = element.parentNode;
    }
    return false;
}
```

4. 答案：题中说明了动画的循环次数是两次，持续的时间是 3 s，并强调要有连贯性，因此需要设置 3 个动画的子属性：animation-duration、animation-iteration-count 和 animation-direction。动画包含两个动作，第一个是水平位移，第二个是放大，因此需要使用两个变形函数：translateX()和 scale()。具体实现过程如下所示：

```
div {
    animation: drift 3s 2 alternate;
}
@keyframes drift {
    from {
        transform: translateX(0) scale(1);
    }
    to {
        transform: translateX(100px) scale(1.5);
    }
}
```

5. 答案：在高阶组件中，可以通过 super.render()渲染原组件，从而就能控制高阶组件的渲染结果，即渲染劫持。例如，在新组件的 render()方法中复制原组件并为其传递新的 props，代码如下所示：

```
function inheritHOC(Wrapped) {
    class Enhanced extends Wrapped {
        render() {
            //获取原组件
            const origin = super.render();
            //合并原组件的属性，并新增 value 属性的值
            const props = Object.assign({}, origin.props, {value: "strick"});
            return React.cloneElement(origin, props, origin.props.children);
        }
    }
    return Enhanced;
}
```

6. 答案：在路由配置时，如果 path 属性的值是通配符（*），那么就能匹配所有的路径，代码如下所示：

```
const routes = [
    { path: '/list', component: List },
    { path: '*', component: NotFound }
];
```

由于默认的 404 页面对用户不友好，因此有必要在应用中展示制作好的提示页面。在上面的配置中，因为路由优先级的原因，所以需要将通配符添加在最后，也就是只有路径全部匹配失败时，才渲染 NotFound 组件。

六、面试题

提示："好马配好鞍，好鞍配好马"。一般认为，程序员的个人能力与其阅读的书籍数量、书籍质量存在着重要的关联关系，尤其是阅读好书或是阅读好的技术博客、网站，往往可以

给人带来真正扎实的基础知识，开阔人的学习视野，领悟技术的本质，所以面试官有时会把求职者阅读的专业书籍作为评价求职者个人水平和能力的重要标准。在他们看来，能够阅读高水平书籍的求职者一般基础知识更加牢固，发展前景更加明朗。所以，如果能够回答出一些比较经典的书籍，无疑对面试的成功会有很大的帮助。

国外知名网站 StackOverflow 历时两年调查发现，对程序员最有影响，每个程序员都该阅读的前 10 名书的分别是《代码大全 2》《程序员修炼之道》《计算机程序的构造和解释》《C 程序设计语言》《算法导论》《重构——改善既有代码的设计》《人月神话》《设计模式》《计算机程序设计艺术（卷 1）》《编译原理》。以上这 10 本书堪称经典中的经典，除此之外，编者也整理出了一些比较经典的计算机类书籍供读者参考，下表为一些经典的计算机类的书籍。

类　　别	书　　籍
HTML	《HTML5 权威指南》
CSS	《CSS 权威指南》
	《CSS 禅意花园》
	《CSS 揭秘》
	《高流量网站 CSS 开发技术》
JavaScript	《你不知道的 JavaScript》
	《JavaScript 高级程序设计》
	《JavaScript 忍者秘籍》
	《JavaScript 权威指南》
	《Effective JavaScript——编写高质量 JavaScript 代码的 68 个有效方法》
网络	《HTTP 权威指南》
	《图解 HTTP》
	《图解 TCP/IP》
	《Wireshark 网络分析的艺术》
算法	《算法导论》
	《计算机程序设计艺术》
	《编程珠玑》
	《编程之美》
性能	《高性能 JavaScript》
	《高性能网站建设》
	《高性能网站建设进阶指南》
	《Web 开发秘方》
	《Web 性能权威指南》
	《JavaScript 性能优化——度量、监控与可视化》
编译原理	《编译原理》
	《编译原理基础》
	《计算机程序的构造和解释》

(续)

类　别	书　　籍
软件工程	《设计模式——可复用面向对象软件的基础》
软件工程	《大话设计模式》
	《重构——改善既有代码的设计》

面试官除了询问求职者阅读的计算机类图书外，可能会询问求职者平时关注的技术网站有哪些。国内比较著名的技术网站有 CSDN、51CTO、博客园、ITeye、慕课网等，国外比较著名的技术网站有 StackOverflow、MDN、GitHub、W3C 官网等。另外，还有各类"技术达人"的博客，如阮一峰、司徒正美、张鑫旭等。

真题详解 14　某知名大数据综合服务提供商前端工程师笔试题

一、单选题

1. 答案：B。

分析：target 属性用于指定在何处显示链接的资源，有 4 个关键字可选。选项 A 中的_self 表示当前窗口；选项 B 中的_blank 表示新窗口；选项 C 中的_parent 表示父窗口，当没有父窗口的时候，与_self 的效果相同；选项 D 中的_top 表示顶层窗口，如果已经是顶层窗口，那么与_self 的效果相同。只有选项 B 中的关键字才会在新窗口中显示链接的资源。

2. 答案：A。

分析：CSS3 将文本装饰（text-decoration）拆分为 3 个属性，分别为文本装饰的类型（text-decoration-line）、形状（text-decoration-style）和颜色（text-decoration-color）。根据题目的要求，需要设置这 3 个属性，只有选项 A 满足条件。

3. 答案：A。

分析：选项 D 中的 options 属性表示选择框中的所有选项（即 Option 元素）。选项 B 的 selected 和选项 C 的 index 都是 Option 元素中的属性，前者表示选项是否选中，后者表示选项在 options 集合中的索引。

4. 答案：A。

分析：如果使用选项 B 中的 scroll，那么背景图像不会随着内容一起滚动。如果使用选项 C 中的 fixed，那么背景图像会附着到视口上，图像也不会随着内容一起滚动。选项 D 中的 auto 是一个无效值。

5. 答案：A。

分析：对于选项 A，PPTP（Point to Point Tunneling Protocol，点对点隧道协议）是在 PPP（Point to Point Protocol，点对点协议）的基础上开发的一种新的增强型安全协议，它支持多协议虚拟专用网（Virtual Private Network，VPN），可以通过密码验证协议（Password Authentication Protocol，PAP）、可扩展认证协议（Extensible Authentication Protocol，EAP）等方法增强

安全性。可以使远程用户通过拨入互联网服务提供商（Internet Service Provider，ISP）直接连接 Internet 或其他网络安全地访问企业网。

对于选项 B，IPSec（Internet Protocol Security，Internet 协议安全性）是一种开放标准的框架结构，通过使用加密的安全服务以确保在 Internet 协议（IP）网络上进行保密而安全的通信。它通过端对端的安全性来提供主动的保护以防止专用网络与 Internet 的攻击。

对于选项 C，L2TP（Layer Two Tunneling Protocol，第二层隧道协议）是一种虚拟隧道协议,通常用于虚拟专用网。第二层隧道技术是在数据链路层使用隧道协议对数据进行封装，然后再把封装后的数据作为数据链路层的原始数据，并通过数据链路层的协议进行传输。L2TP 自身不提供加密与可靠性验证的功能，可以和安全协议搭配使用，从而实现数据的加密传输。经常与 L2TP 搭配的加密协议是 IPsec，当这两个协议搭配使用时，通常合称 L2TP/IPsec。

对于选项 D，CHAP 全称是 PPP（点对点协议）询问握手认证协议（Challenge Handshake Authentication Protocol）。该协议可通过三次握手周期性地校验对端的身份，可在初始链路建立完成时，在链路建立之后重复进行。

以上 4 个协议，只有 PPTP 用于用户拨号认证。所以，选项 A 正确。

6．答案：C。

分析：umask 主要用来设置用户创建文件的默认权限（设置的是权限的补码），在计算新创建文件的默认权限的时候，首先写出文件最大的权限模式，然后从这个模式中拿走 umask 就可以得到新创建文件的默认权限。Linux 操作系统中的文件有 3 种权限：r（读）、w（写）和 x（执行），分别用数字 4、2、1 代表。对于新创建的文件来说，最大的权限是 6，因为新创建的文件不能有执行权限，只能在创建后通过 chmod 命令（chmod 是 Linux 系统管理员最常用到的命令之一，用于改变文件或目录的访问权限）给文件增加执行权限。新创建的文件的最大权限模式为 666（-rw-rw-rw-），由于 unmask 设置为 244，因此，从 666 中拿去 244 后变为 422（-r---w--w-）。所以，本题的答案为 C。

7．答案：C。

分析：线性表的顺序存储是指用一组地址连续的存储单元依次存储线性表的数据元素。链式存储结构又叫链接存储结构，在计算机中用一组任意的存储单元存储线性表的数据元素（这组存储单元可以是连续的，也可以是不连续的）。它不要求逻辑上相邻的元素在物理位置上也相邻。因此，它没有顺序存储结构所特有的弱点，但也同时失去了顺序表可随机存取的优点。

链式存储结构有以下 5 个特点。

（1）比顺序存储结构的存储密度小（每个结点都由数据域和指针域组成，所以相同空间内假设全存满，则链式存储比顺序存储所能存储的数据少）。

（2）逻辑上相邻的结点物理上不必相邻。

（3）插入、删除灵活（不必移动结点，只要改变结点中的指针）。

（4）查找结点时链式存储要比顺序存储慢。

（5）每个结点由数据域和指针域组成。

链式结构的插入和删除操作只需要修改插入和删除结点，以及其前驱结点的指针域即可，而顺序存储结构在插入和删除操作的时候需要执行大量数据的移动操作。由此可以看出，顺序表适合随机访问,不适合插入和删除操作,而链式表适合插入和删除操作,不适合随机访问操作。散列表适合查找运算,索引表在插入和删除的时候还需要修改索引表,因此链式表最适合插入和删除操作。所以,选项 C 正确。

8. 答案:B。

分析:通常,对一个有序数组进行查找的最好方法为二分查找法。二分查找的过程如下(假设表中元素是按升序排列):首先,将表中间位置记录的关键字与查找关键字比较,如果两者值相等,则查找成功;否则,利用中间位置记录将表分成前、后两个子表,如果中间位置记录的关键字的值大于查找关键字的值,则进一步查找前一子表;否则,进一步查找后一子表。重复以上过程,直到找到满足条件的记录,查找成功,或直到子表不存在为止,此时查找不成功。

例如,对于数组{1,2,3,4,5,6,7,8,9},当需要查找元素 6 时,如果用二分查找的算法执行,其顺序如下。

(1)第一步查找中间元素,即 5,由于 5<6,所以,6 必然在 5 之后的数组元素中,那么就在{6,7,8,9}中查找。

(2)寻找{6,7,8,9}的中位数,为 7,7>6,所以,6 应该在 7 左边的数组元素中,那么只剩下 6,即找到了。

本题中,数组序列共 11 个数据元素,第一次比较下标为 10/2=5 的元素 32。第二次比较下标为 4/2=2 的元素 15,得到要查找的数。

通过以上的分析可知,二分查找的时间复杂度为 $O(\log n)$。所以,选项 B 正确。

9. 答案:B。

分析:图的广度优先搜索算法需使用的辅助数据结构为队列,图的深度优先搜索算法需使用的辅助数据结构为栈。

什么是广度优先搜索呢?当一个结点被加入队列时,要标记为已遍历,遍历过程中,对于队列第一个元素,遍历其所有能够一步达到的结点;如果是标记未遍历的,将其加入队列,从第一个元素出发所有能一步直接达到的结点遍历结束后将这个元素出列。广度优先则需要保证先访问顶点的未访问邻接点先访问,恰好就是先进先出。整个过程也可以看作一个倒立的树形。

(1)把根结点放到队列的末尾。

(2)每次从队列的头部取出一个元素,查看这个元素所有的一级元素,把它们放到队列的末尾。并把这个元素记为它下一级元素的前驱。

(3)找到所要找的元素时结束程序。

(4)如果遍历整棵树还没有找到,结束程序。

什么是图的深度优先搜索?当遍历到某个结点 A 时,如果是标记未遍历,将其入栈,遍历它能够一步直接达到的结点;如果是标记未遍历,将其入栈且标记为已遍历,然后对其进行类似 A 的操作,否则,找能够一步直接达到的结点进行类似操作,直到所有能够一步直接达到的结点都已遍历,将 A 出栈。

整个过程可以想象成一个倒立的树形。

(1)把根结点压入栈中。

(2)每次从栈中弹出一个元素,搜索所有在它下一级的元素,把这些元素压入栈中。并把这个元素记为它下一级元素的前驱。

（3）找到所要找的元素时结束程序。

（4）如果遍历整棵树还没有找到，结束程序。

根据以上的分析可知，本题的答案为 B。

二、多选题

1．答案：ABC。

分析：http-equiv 属性提供了一些程序指令，用于模拟 HTTP 首部。在 http-equiv 属性中包含 3 个关键字，分别是 content-type、default-style 和 refresh，对应的效果分别是选项 A、B 和 C。选项 D 中的效果需要通过把 name 属性设为 viewport 后才能实现。

2．答案：ABCD。

分析：当 JavaScript 解释器启动（也就是浏览器加载新页面）时，会有一些可用的内置对象（built-in objects）被初始化，这些内置对象包括全局对象、String、Boolean、Number、Object、Function、Array、Date、RegExp、Error、Math 和 JSON。由此可知，4 个选项都是内置对象。

3．答案：ABCD。

分析：瀑布模型的核心思想是按工序将问题化简，将功能的实现与设计分开，便于分工协作，即采用结构化的分析与设计方法将逻辑实现与物理实现分开。将软件生命周期划分为制订计划、需求分析、软件设计、程序编写、软件测试和运行维护 6 个基本活动，并且规定了它们自上而下、相互衔接的固定次序，如同瀑布流水，逐级下落。

本题强调的是瀑布模型的 4 个典型阶段，通常是分析、设计、编码和测试。所以，选项 A、选项 B、选项 C 和选项 D 都正确。

三、填空题

1．答案：hidden。

分析：将边框的外观（border-style）设为 hidden 表示隐藏边框，当应用于表格单元格的时候，hidden 的优先级比较高。

2．答案："justice" 和 "strick"。

分析：执行 obj.getName()后返回字符串"justice"，这是最普通的隐式绑定。接下来先调用对象 obj 中的子对象 child，再调用子对象中的 getName()方法，最终引用的是子对象中的 name 变量，返回字符串"strick"。这说明方法中的 this 只会指向离它最近的对象，也就是调用该方法的对象。

3．答案：5。

分析：按照声明提升的规则，将上面的即时函数稍微改造一下，代码如下所示。a 变量是局部变量，而 b 变量进行了隐式的全局声明。所以赋值后的全局变量 b 能在即时函数之外被引用。

```
(function() {
    var a;
    a = 5;
    b = 5;
})();
console.log(b);
```

4．答案：5。

分析：数组的大小是动态的，在创建时无须指定一个固定长度，它能根据需要自动分配新空间，容纳新增的数据。在上面的代码中，首先创建了一个空数组，然后在索引 3 的位置定义了一个值，此时变成了一个稀疏数组，它的长度是 4，最后在其末尾插入一个元素，它的长度再加一，变成了 5。

四、问答题

1. 答案：下表对 5 种图像格式做了不同方面的对比。表中的 alpha 透明是指使用 alpha 通道实现的透明。

格式	透明	压缩	动画	颜色数	浏览器兼容性	特　　点
GIF	支持，但不是 alpha 透明	无损	支持	8 位	全部支持	简单动画，颜色少，有锯齿
PNG	alpha 透明	无损	不支持	8 位和 24 位	IE6 不支持透明	压缩比高，色彩好，除了动画，其余方面可替代 GIF
JPEG	不支持	有损	不支持	24 位	全部支持	存储照片或颜色丰富的复杂图像
APNG	alpha 透明	有损	支持	8 位和 24 位	Firefox 和部分 Chrome、Safari、Opera 支持，IE 不支持	PNG 格式的扩展，可替代 GIF
WEBP	alpha 透明	无损和有损	支持	24 位	Chrome 和 Opera 支持，IE、Safari 和 Firefox 不支持	更优的图像数据压缩算法

2. 答案：form 属性是 HTML5 新增的，用于关联某个 form 元素。以往 input 元素需要放在 form 元素之内，定义了此属性后，就可以放在文档的任何位置，代码如下所示：

```
<!-- form 元素内 -->
<form id="info" method="post">
    <input type="text" />
</form>
<!-- 关联 id 为 info 的 form 元素 -->
<input type="text" form="info" />
```

3. 答案：设备像素比就是物理像素与设备独立像素在水平或垂直方向的比例，以下是对物理像素和设备独立像素的说明。

（1）物理像素（Physical Pixel）也叫设备像素，屏幕上的最小显示单元，在设备生产的时候，就已定好在屏幕上需要多少个这样的单元。

（2）设备独立像素（DP 或 DiP）是一种虚拟像素，逻辑上衡量像素的单位，相当于 CSS 像素（在样式表中的单位）。

以 iPhone 5 为例，设备的宽高为 320 px×568 px，可理解为设备独立像素在屏幕水平和垂直方向的数量，而物理像素则是 640 px×1136 px，那么它的设备像素比就是 2，1 个设备独立像素包含 4 个物理像素，如右图所示。

设备独立像素	
物理像素	物理像素
物理像素	物理像素

4. 答案：响应式设计（Responsive Web Design）可根据不同设备的可视区域改变网页布局，展现不同的设计风格，力求在当前设备中达到最完美的效果，减少用户浏览网页的额外操作（如缩放、平移或滚动等）。举一个简单的例子，同一张网页，在打印的时候尽量用白底黑字、为链接增加下画线、禁止背景图像；在

移动端移除不支持的 CSS 伪类（如:hover、:focus 等），少用耗性能的特效，考虑横屏和竖屏之间的变化；在屏幕阅读器中确保 CSS 插入的内容仅仅是装饰，过渡、转换和动画也仅仅是装饰，而不是关键功能。响应式设计是流式网格、自适应图像和媒体查询的结合体，具体如下所列。

（1）流式网格要求元素使用相对单位或百分比控制尺寸大小。

（2）自适应图像是指不给图像设置固定尺寸，根据流体网格进行缩放，最大到 100%。

（3）创建不同的媒体查询，根据设备的尺寸和特点，设置适合的样式，下图中展示的就是不同屏幕尺寸下的页面布局。

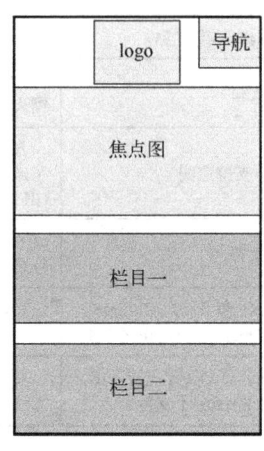 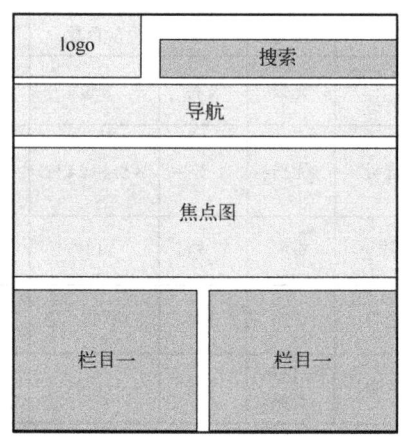

5. 答案：数字和百分数都需要与字体大小（font-size）相乘才能得到真实的行高，在上面的 CSS 规则中，p 元素真实的行高为 24 px。它们的区别主要在继承方面，如果父元素的行高是数字，那么子元素继承的也将会是这个数字；如果父元素的行高是百分数，那么子元素继承的将会是经过计算后的真实行高。

6. 答案：之所以说 HTTP 不安全，是由于以下 3 个原因导致的。

（1）数据以明文传递，有被窃听的风险。

（2）接收到的报文无法证明是发送时的报文，不能保障完整性，因此报文有被篡改的风险。

（3）不验证通信两端的身份，请求或响应有被伪造的风险。

7. 答案：利用 Function 构造器能创建函数，这是第三种创建函数的方式。构造器通过动态编译字符串代码来实现函数的创建，其实现方式和使用全局函数 eval()类似。构造函数 Function()能接收任意多个实参，最后一个是新函数的函数体，其他都是新函数的形参，下面代码演示了它的用法。

```
var func = new Function("a", "b", "return a+b;");
//相当于下面的函数表达式
var func = function(a, b) {
    return a + b;
};
```

用 Function 构造器创建新函数不但写法比较晦涩，性能比较低效，而且新函数使用的还是全局作用域，代码如下所示：

```
var name = "freedom";        //全局变量
function func() {
```

```
    var name = "strick";
    return new Function("return name;");
}
func()();                    //"freedom"
```

8．答案：页面性能的参数一般包括以下几部分。

（1）请求时间相关的参数，包括白屏时间、加载总时间、DNS 查询耗时和 TTFB（读取页面第一个字节的时间）等。

（2）资源载入信息，通常是以瀑布图的形式展现，包括资源地址、载入耗时、TTFB 和 TCP 连接耗时等。

（3）网络的状态和速度。

（4）代理信息，包括操作系统、设备和浏览器等。

（5）Ajax 请求监控，包括请求地址、请求耗时和传输字节量等。

（6）异常监控，包括异常的提示信息、行数、列数和地址等。

9．答案：Unicode 是一种字符集（即多个字符的集合），它的目标是涵盖世界上的所有字符，为其提供唯一的标识符，这个标识符叫作码位或码点（Code Point）。码位既可以用一个从 0 开始计算的数值表示，也可以用 U+作为前缀后面紧跟十六进制数表示。

10．答案：WeakSet 相对于 Set，虽然只多了一个单词 Weak（弱），但两者在很多方面都表现出了差异，具体如下所列。

（1）WeakSet 中的值必须是对象，像数字、字符串或 Symbol 等其他类型都是不允许的。

（2）WeakSet 中的对象都是弱引用，当没有变量或属性引用该对象时，将会被 GC（Garbage Collection）自动回收掉。

（3）不可枚举 WeakSet 中的对象，即 WeakSet 不包含 forEach()、keys()、values()和 entries()方法。

（4）无法获取 WeakSet 中的成员数量，即没有 size 属性。

11．答案：React 的特点如下所列。

（1）推崇组件式应用开发，而组件（component）是一段独立的、可重用的、用于完成某个功能的代码。

（2）为了保持灵活性，只实现了核心功能，提供了少量的 API，一些 DOM 方法都被剥离到了 react-dom.js 中。

（3）采用函数式编程思想。

（4）引入了 JSX 语法（能把 HTML 嵌入进 JavaScript 中）和 Virtual DOM 技术。

（5）每个组件的呈现和行为都由特定的数据所决定，而数据的流动都是单向的，即单向数据流。

12．答案：props（properties 的缩写）能接收外部传递给组件的数据，当组件作为 React 元素使用时，props 就是一个由元素属性所组成的对象。以 Btn 组件为例，它的 props 的结构如下所示，其中 children 是一个特殊属性，表示组件的内容，即所包裹的子组件。

```
<Btn name="strick" digit={0}>提交</Btn>
props = { name: "strick", digit: 0, children: "提交" }
```

13．答案：react-window 是一种虚拟滚动库，用于呈现大型的列表和表格数据，可在给定的时间内渲染有限的内容，既能降低重新渲染组件所消耗的时间，也能减少 DOM 结点的数量。

14．答案：redux-saga 是一个管理应用程序副作用（如异步获取数据，访问浏览器缓存等）的库，目标是让副作用管理更容易，执行更高效，测试更简单。redux-saga 是一个 Redux 中间件，相当于一个单独的线程，独自管理副作用。这个线程可通过正常的 Action 从主应用程序启动、暂停和取消，它既能访问完整的应用程序状态，也能调度 Action。

15．答案：在 Babel 中，可以将各种命令的参数集中到一个配置文件中，而可配置的文件包括 babel.config.js、.babelrc 和 package.json。

16．答案：Git 会先将那些变更的文件复制一份，然后把备份文件转换成 Blob 对象，并对其进行压缩，再把文件各自的内容通过 SHA-1 Hash 运算出对应 Blob 的名称（即版本号），如下所示，最后由这些 Hash 值作为索引组成一个快照（即版本信息），而通过快照就能反推出该版本中所有发生变更的文件内容。

```
fbcceef922ce47253804cf00c72c2e955b8bc1b3
```

17．答案：虽然 Vue 的事件绑定方式违背了关注点分离，但由于 Vue 的事件处理程序和表达式都声明在当前视图的 ViewModel 上，因此在维护方面更加清晰简单，而使用 v-on 有如下 3 个好处。

（1）查看模板就能定位 JavaScript 代码中对应的方法。

（2）ViewModel 中是纯粹的逻辑代码，和 DOM 完全解耦，这样更易于测试。

（3）无须手动管理事件，当 ViewModel 被销毁时，所有绑定的事件都会被自动删除。

18．答案：Mutation 直接与状态关联，可通过 commit()方法触发状态的更新，但只支持同步操作；Action 不与状态直接关联，可通过 dispatch()方法通知 Mutation，支持同步和异步两种操作。

五、编程题

1．答案：过去不能直接处理上传按钮中的本地文件，为了不刷新窗口也能上传，只能通过 iframe 元素来做中介（代码如下所示），无刷新上传的关键是 form 元素的 target 属性需要指向 iframe 元素。

```html
<form action="action.php" enctype="multipart/form-data" method="post" target="upload">
    <iframe name="upload"></iframe>
    <input name="attach" type="file" />
    <input type="submit" />
</form>
```

2．答案：创建 HTML 元素可以通过 Document 对象的 createElement()方法实现。查找指定 id 属性的元素可以通过 Document 对象的 getElementById()方法实现。设置元素的内容可以通过定义 Element 对象的 innerHTML 属性实现。在指定元素之前插入元素可以通过 Node 对象的 insertBefore()方法实现。insertBefore()能接收两个参数，第一个参数是要插入的结点，第二个参数是指定的子结点。具体的实现过程如下所示：

```
var dd = document.createElement("dd"),
    dl = document.getElementById("numbers"),
    third = document.getElementById("third");
dd.innerHTML = 4;
dl.insertBefore(dd, third);
```

3．答案：利用数组的 toString()方法可将数组转换为用逗号衔接的字符串，再用 split()方法把字符串用逗号分隔成数组，最后用 map()方法把新数组内的每个元素都转换成数字，具体

实现如下所示:

```
var arr = [1, [2, [3, 4, 2], 2], 5, [6]];
var result = arr.toString().split(",")
    .map(function(value, index, array) {
        return +value;
    });
```

4．答案：二分查找的前置条件是数组要有序，因为此处已满足这个条件，所以可以省去排序的操作。二分查找专注与中间位置的元素进行比较，然后以这个元素为分界点，把数组分成左右两部分。如果和当前中间位置的元素匹配，那么就结束查找，否则继续和左边或右边部分中间位置的元素进行比较，再把这部分子数组分成两半。就这样反复比较，反复缩小范围，直至结束。具体的写法如下所示：

```
function binarySearch(target, arr) {
    var start = 0,                              //起始位置
        end = arr.length - 1,                   //结束位置
        middle,
        element;
    while (start <= end) {
        middle = Math.floor((start + end) / 2); //向下取整
        element = arr[middle];                  //中间位置的元素
        if (target == element)                  //目标元素匹配成功
            return middle;
        else if (target > element)              //在右边部分查找
            start = middle + 1;
        else                                    //在左边部分查找
            end = middle - 1;
    }
    return -1;
}
```

5．答案：只要不给路由组件 Route 定义 path 属性，就能直接匹配成功，再配合 Switch 组件就能实现默认页面的设置，代码如下所示：

```
<Switch>
    <Route exact path="/" component={Main}/>
    <Route path="/list" component={List}/>
    <Route component={Default} />
</Switch>
```

6．答案：当创建一个路由器实例时，可以通过 scrollBehavior()方法来设置滚动的位置，它有 3 个参数：to、from 和 savedPosition。其中 to 是目标路由对象，from 是来源路由对象，savedPosition 是原先（即路由切换前）的滚动位置。所以只要将 scrollBehavior()方法返回 savedPosition 就能保持原先的滚动位置，代码如下所示：

```
const router = new VueRouter({
    scrollBehavior: function(to, from, savedPosition) {
        return savedPosition;
    }
});
```

除了能保持原位之外，在 scrollBehavior()方法中还能指定滚动位置，如顶部、锚点处等，并且要注意，这个功能只能在支持 HTML5 History 的浏览器中使用。

六、面试题

提示：面试进行到最后，面试官一般都会给求职者一个向自己提问的机会。想在千军万马中让面试官注意到自己，一定要利用此机会掌握主动权。首先，当面试官对求职者提出此类问题时，求职者一定要有问题提问，而不是干脆地回答没有，因为当你回答没有的时候，面试官往往会理解你对他们公司、对这份工作没有太浓厚的兴趣，进而降低录用的可能性。如果你能够在面试官问了这句话之后提出一些问题，表现出你对公司和行业的兴趣，你的胜算将更加有保障。

其次，求职者要通过发问，更多地了解关于这次面试、这家公司、这份工作的相关信息，如企业文化、部门之间的同事情况、企业发展等，可以提问一些个人所申报职位的具体工作、发展机会、等待面试结果需要多长时间等相关的内容。

再次，就是通过向面试官提问，进一步强调自己在面试过程中没有机会谈及的个人优势，既起到了询问面试官的目的，也突出了自己未能提及的优点。例如，可以提问："我想知道在业余时间，贵公司是否会组织一些集体活动，如篮球、乒乓球、羽毛球、排球比赛等，因为我在学校的时候，比较喜欢体育锻炼。"

通过提问，一方面，求职者可以了解到企业的一些管理理念；另一方面，也可以间接地暗示面试官自己在某一领域有长期发展的计划。如果准备充分，求职者还应当对所应聘的行业提出自己的见解，包括现状的分析、趋势的预研等，从而提升在面试官心目中的形象，增强被录用的可能性。例如，"公司的长远目标和战略计划您能否用一两句话简要为我介绍一下？""目前这个职位最紧要的任务是什么？如果我有幸加入贵公司，您希望我三个月完成哪些工作？""你们单位今年为什么要招聘这个职位？""你们单位的年轻员工多吗？""什么新技术（编程语言）是你们未来希望采用的？""我申请的这个职位，对公司的业务有什么影响？"

对面试官提问也切忌提一些容易暴露自己缺点、不自信的问题。例如，"你们对毕业学校有要求吗？我不是名牌大学毕业的，你们会要吗？""我没有做过嵌入式开发，你们还会要我吗？""你们单位今年招聘几个人"等。此种问题不仅不能增加面试官对你的打分，甚至会降低在他们心中的形象。也不要揪住企业的短板一直追问，或者流露出很怀疑的态度，有些问题也不是一个普通的面试官能够回答的。例如，"现在云计算技术这么火，为什么贵单位不在这个方向投入人力物力了"。对于超出求职岗位或者太过高深的岗位，求职者最好还是保持警惕，超出求职岗位的问题，会让面试官觉得自己对所报岗位本身没有兴趣，过于高深的问题也会让面试官觉得自己好高骛远，引起反感。

真题详解 15　某知名社交类上市公司前端工程师笔试题

一、单选题

1. 答案：B。

分析：alpha 透明是指使用 alpha 通道实现的透明。虽然选项 A 中的格式也能实现透明效果，但并不是 alpha 透明。

2. 答案：B。

分析：white-space 属性与其他属性不同，不会影响元素的样式，它影响的是 HTML 文档中的空格、换行和 Tab 制表符。只有选项 B 中的 pre 才会保留 HTML 文档中的空格、换行和 Tab 制表符。

3. 答案：D。

分析：XHR 的 readyState 属性是一种数值属性，它表示通信的状态，选项 A 中的 0 表示未打开（即尚未调用 open()方法）；选项 B 中的 1 表示请求未发送；选项 C 中的 2 表示请求已发送并已收到响应首部；除了 1、2、3 以外，还有个 4 表示通信完成，已接收全部响应内容。

4. 答案：A。

分析：Bootstrap 是目前比较流行的前端框架，而不是类库，它由 Twitter 公司设计，在 2011 年 8 月开源。除了选项 A 之外，其余 3 个选项对 Bootstrap 的描述都正确。

5. 答案：D。

分析：本题中，对于选项 A，当客户端主动关闭连接时，会发送最后一个 ack，然后进入 TIME_WAIT 状态，再停留两个最大分节生命期（Maximum Segment Lifetime，MSL，指的是一个 IP 数据包能在互联网上生存的最长时间，超过这个时间 IP 数据包将在网络中消失）时间，进入 CLOSED 状态。正确的说法应该是 TIME_WAIT 状态是等待两个 MSL 时间的状态。所以，选项 A 错误。

对于选项 B，对于 sockfd，close 会引起四次握手断开连接过程。shutdown 之前调用 close，只有当一个 sockfd 引用了此 TCP 连接，才会出现四次握手。如果多个进程或者 fd 引用了 TCP 连接，那么只 close 一个，只是减少一次引用。半关闭状态只能由 shutdown 引起，当然除了四次握手的中间暂存的状态不算，也就是半关闭不是由 close 引起的，而只能由 shutdown 引起。即使是暂态，close 也不一定会引起。所以，选项 B 错误。

对于选项 C，由于 TCP 连接是全双工的，因此，每个方向都必须单独进行关闭。这个原则是当一方完成它的数据发送任务后就能发送一个 FIN 来终止这个方向的连接。收到一个 FIN 只意味着这一方向上没有数据流动，一个 TCP 连接在收到一个 FIN 后仍能发送数据。主动发送 FIN 消息的连接端，收到对方回应 ack 之前不能发只能收。所以，选项 C 错误。

对于选项 D，TCP 允许在传输的过程中突然中断连接，也就是 TCP 重置，通过设置 RST 为 1。通过 shutdown 进入半关闭状态，调用 close 会进入四次握手断开连接。TCP 连接在 ESTABLISHED 状态时收到 RST 包后，直接清理队列并删除 TCB，连接进入 CLOSED 状态。所以，选项 D 正确。

6. 答案：A。

分析：bash 是一个为 GNU（GNU is Not Unix 的递归缩写）计划编写的 Unix shell，它的名字是一系列缩写：Bourne-Again Shell。它是大多数 Linux 系统以及 mac OS X v10.4 默认的 shell，能运行于大多数 UNIX 风格的操作系统之上，甚至被移植到 Microsoft Windows 上的 Cygwin 系统中，以实现 Windows 的 POSIX 虚拟接口。此外，它也被 DJGPP 项目移植到 MS-DOS 上。

bash 的命令语法是 Bourne shell 命令语法的超集。本题中，对于选项 A，$#用来表示执行

bash 程序时命令行参数的个数。所以，选项 A 正确。

对于选项 B，$$用来表示当前脚本运行的进程 ID。所以，选项 B 错误。

对于选项 C，$@用来表示参数列表。所以，选项 C 错误。

对于选项 D，$?命令表示函数或者脚本自身的退出状态，用于检查上一个命令、函数或者脚本执行是否正确。所以，选项 D 错误。

7. 答案：D。

分析：链表是一种物理存储单元上非连续、非顺序的存储结构，数据元素的逻辑顺序是通过链表中的指针链接次序实现的。链表由一系列结点（链表中每一个元素称为结点）组成，结点可以在运行时动态生成。每个结点包括两个部分：一个是存储数据元素的数据域，另一个是存储下一个结点地址的指针域。由此可见，可以通过结点的指针域找到下一个结点，存储地址是否连续并不重要。所以，选项 A、选项 B 和选项 C 错误，选项 D 正确。

需要注意的是，数组与链表不同，对数组的访问是通过数组的下标来实现的，所以，对于数组而言，存储地址必须是连续的。

8. 答案：B。

分析：分块查找是折半查找和顺序查找的一种改进方法，分块查找由于只要求索引表是有序的，对块内结点没有排序要求，因此，它特别适合于结点动态变化的情况。

对于分块查找的平均查找长度，通常由两部分组成：一个是对索引表进行查找的平均查找长度；另一个是对块内结点进行查找的平均查找长度。假设线性表中共有 n 个结点，分成大小相等的 b 块，每块有 $s=n/b$ 个结点。假定查找索引表采用顺序查找，只考虑查找成功的情况，并假定对每个结点的查找概率是相等的，则其平均查找长度 $ASL=(b+1)/2+(s+1)/2$；假设索引表中采用折半查找，则其平均查找长度 $ASL=(s+1)/2+\log_2(b+1)-1$。

本题中，$s=200/4=50$，$b=4$，所以，其平均查找长度 $ASL=(200/4+4)/2+1=28$，选项 B 正确。

引申：有一个 2000 项的表，采用等分区间顺序查找的分块查找法，问：

（1）每块的理想长度是多少？

（2）分成多少块最为理想？

（3）平均查找长度是多少？

（4）若每块是 20，ASL 是多少？

详解：分块查找的平均查找长度包括索引表和分块内的两部分之和，即索引表+块中。

假设线性表长 n，均匀分成 m 块，每块中记录个数 s，则 $m =\lceil n/s \rceil$（其中$\lceil\ \rceil$符号表示上取整），在等概率查找的前提下，如果约定在索引表中确定关键字所在的分块也是顺序查找，因为顺序查找的平均查找长度为$(L+1)/2$，则 $ASL = (n/s + s)/2 + 1$。当 $s =\text{sqrt}(n)$时，该和值有极小值：$\text{sqrt}(n) + 1$。

因此，如果索引表内也是顺序查找，则每块的理想元素个数是 sqrt(2000)，约为 44.7，近似为 45，同样分块数量也是 45，因此，$ASL=2*(45+1)/2= 46$。

如果每块长 20，则分块为 2000/20=100 块，按照上面的结果，则 $ASL = (100+1)/2 + (20+1)/2 = 61$。

9. 答案：A。

分析：对于树（无环图相当于树）的深度优先遍历，其实就是拓扑排序，而本题中要求

"按退栈次序打印出相应的顶点",其实就是逆拓扑排序。所以,选项 A 正确。

二、多选题

1. 答案:ABCD。

分析:a 元素用于生成超级链接,超级链接可帮助用户导航到其他网页、文件或位置。它的 href 属性可以设为浏览器支持的任何协议的 URL,因为有这个特点,a 元素也可用于手机拨号、发送短信、发送邮件等功能。

2. 答案:ABC。

分析:在 ECMAScript 5 中,属性能够设置自身的特性。当属性的 configurable 特性为 false 时,将会有以下 5 种限制。

(1)不能用 delete 运算符删除此属性,如果强行删除,那么在严格模式中会抛出错误。

(2)不能再变回可配置。

(3)不能再修改成可枚举特性。

(4)可写特性只能从 true 改为 false,不能从 false 改为 true。

(5)不能变成访问器属性。

3. 答案:AC。

分析:对于选项 A,tcpdump 是根据使用者的定义对网络上的数据包进行截获的包分析工具,工作在数据链路层。tcpdump 是一种免费的网络分析工具,尤其是其提供了源代码,公开了接口,因此,它具备很强的可扩展性,对于网络维护和入侵防范都非常有用。所以,选项 A 正确。

对于选项 B,集线器,英文称为 "Hub",属于数据通信系统中的基础设备,工作在物理层。所以,选项 B 错误。

对于选项 C,交换机是一种基于 MAC 地址识别,能完成封装转发数据包功能的网络设备,工作在数据链路层。交换(switching)是按照通信两端传输信息的需要,用人工或设备自动完成的方法,把要传输的信息送到符合要求的相应路由上的技术统称。所以,选项 C 正确。

对于选项 D,路由器用于连接多个逻辑上分开的网络,工作在网络层。所以,选项 D 错误。

三、填空题

1. 答案:red。

分析:在上面的代码中,为两段内嵌样式定义了 title 属性(即为该样式表命名),可用于设置首选样式表。由于在 meta 元素中把名为 red 的样式表设为首选样式表,因此 p 元素中的文本将会显示为红色。

2. 答案:yellow。

分析:将边框的外观(border-style)设为 none 表示无边框,当应用于表格单元格的时候,none 的优先级比较低。

3. 答案:"freedom"。

分析:得到的结果是全局变量 name 的值,而不是 obj 对象中的值,隐式绑定丢失了,变成了默认绑定。这是因为 childName 变量引用的是 getName()方法本身,因此执行 childName() 其实就是一个普通的函数调用。

4．答案：undefined、1、2。

分析：在全局作用域中声明了一次 a 变量，而在 func()函数中，又声明了一次 a 变量，虽然声明语句在后面，但它还是会被提升至函数的顶部，代码如下所示：

```
var a = 1;
function func() {
    var a;
    console.log(a);
    a = 2;
    console.log(this.a);
    console.log(a);
}
```

第一次输出的是局部变量 a，而局部变量此时还未赋值，它的值是 undefined。第二次输出的是 this 对象中的 a 属性，此时 this 指向的是全局对象，它包含一个 a 属性，其值为 1。第三次输出的还是局部变量 a，不过此时已被赋值，其值为 2。

四、问答题

1．答案：HTML5 新增的 type 类型有 tel、email、number、date 和 color 等。tel 类型可输入电话号码格式的文本；email 类型可输入电子邮箱格式的文本；number 类型可输入整数或浮点数；date 类型可选择日期；color 类型可指定颜色。

2．答案：可参考下表中的对比。元素操作是指读取、写入等操作。Tab 导航是指能否用〈Tab〉键定位到该元素。

属 性	元素外观	元素操作	获取焦点	Tab 导航	表单提交	元 素 支 持
disabled	修改	否	否	否	没有发送数据	input、textarea、option、select 和 button 等元素
readonly	维持	是	是	是	会发送数据	input 和 textarea

3．答案：CSS Hack 是一种编程技巧，让 CSS 代码能兼容各种浏览器，尽量让页面取得理想的效果，避免出现错误的布局。不同厂商的浏览器（如 Chrome、Firefox 等）或相同厂商不同版本的浏览器（如 IE6、IE7 等）对 CSS 的解析能力有差异，并且各自还会存在特有的缺陷，CSS Hack 就会利用这些特点来执行或忽略相应的 CSS 样式。虽然 CSS Hack 能提升兼容性，但还是尽量少用，这是因为每次都要多写几段额外的兼容样式代码，带来了巨大的维护成本，并且在浏览器升级后，浏览器支持了更多的 CSS 特性或修正了 bug，原先的写法可能就会失效。

4．答案：定位布局适用于不规则的排版，通常会给需要排列的元素定义为绝对定位或固定定位。定位元素可往 4 个方向（上下左右）随意偏移，由于偏移的距离没有限制，因此可以偏移到包含块的外面。如果多个元素偏移到同一个位置，那么可以用 z-index 属性改变元素的层叠顺序。现实生活中的照片墙，如果搬到在网页中，就很适合用定位来实现。

5．答案：HTTPS 有如下 4 个缺点。

（1）通信两端都需要进行加密和解密，而这会消耗大量的 CPU、内存等资源，从而会增加服务器的负载。

（2）加密运算和多次握手降低了访问速度。

（3）在开发阶段，加大了页面调试难度。因为信息都被加密了，所以用代理工具时，需要先解密然后才能看到真实信息。

（4）用 HTTPS 访问的页面，页面内的外部资源都需要用 HTTPS 请求，包括脚本中的 ajax 请求。

6．答案：当把匿名函数作为值传递给定时器时，只要执行异步回调，就会创建一个闭包，在闭包中能够引用循环中的 i 变量，几个定时器都会在循环结束后再执行，此时 i 变量中的值为 3。

7．答案：当一个函数能够访问和操作另一个函数作用域中的变量时，就构成了一个闭包（closure）。闭包之所以有这个能力，是因为这些变量存在于该函数声明时所处的作用域。在一个函数中嵌套另一个函数，或者将一个匿名函数作为值传入另一个函数中，是创建闭包的常见方式。闭包有个最大的特点，就是能记住声明时所处的作用域，这样就能让函数在其他作用域中也能被成功调用，即使那个作用域消失了，它还是能访问其中的变量，因为它保存了变量的引用。

8．答案：曾经用过在线的 WebPageTest（https://www.webpagetest.org），WebPageTest 通过布置一些特定的场景进行测试，如不同的网速、浏览器和位置等，如下图所示。

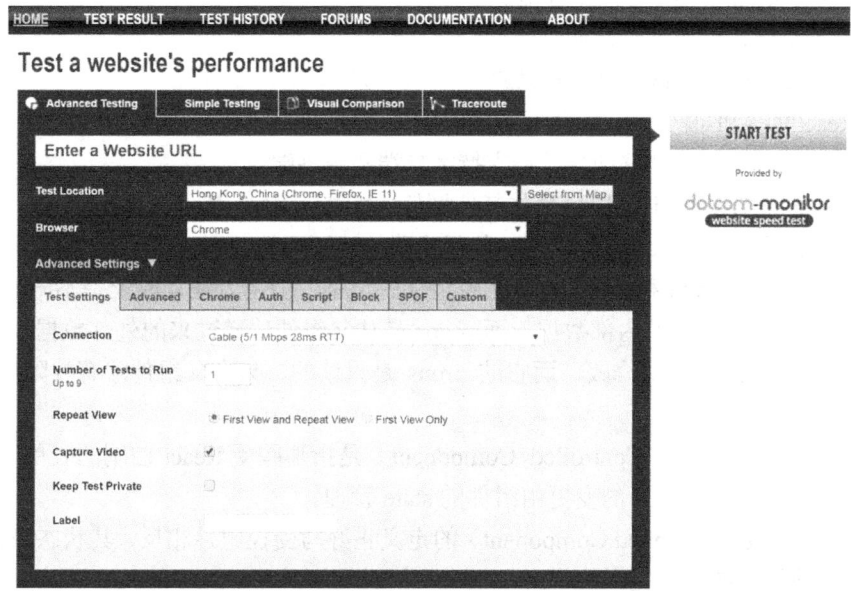

测试完成后，能获得优化等级、性能参数、请求瀑布图和网页幻灯片快照等，如下图所示。

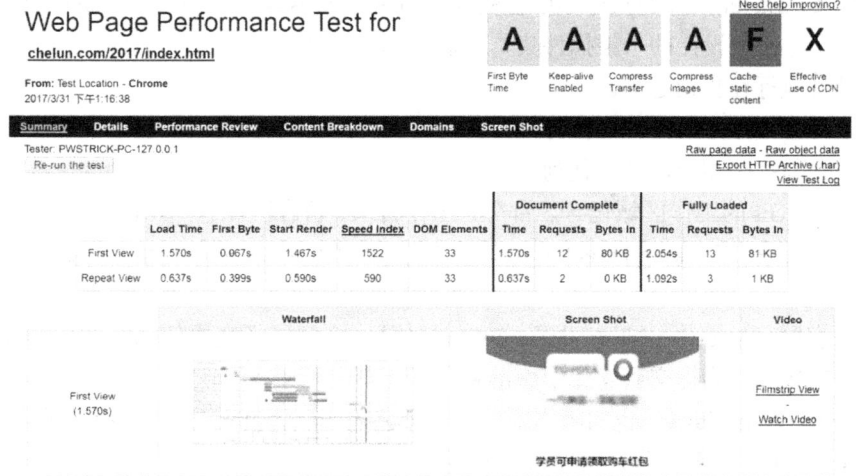

该工具还支持本地部署和移动设备的测试，通过该工具就能全方位地了解网站的性能，并能制订出有针对性的改进方案。

9．答案：Unicode 标准化（Unicode Normalization），也叫 Unicode 正规化或 Unicode 规范化，可将字符转换成指定的字节序列，统一表现形式，以及确定字符之间的等价性。

10．答案：Map 类似于 Object（对象），可用来存储键值对，但需要通过 SameValueZero 算法保持键的唯一性。与 Set 一样，在使用之前也需要实例化，代码如下所示，构造函数 Map() 中的参数也是一个可选的可迭代对象，但此对象需要是键值对的集合或两列的二维数组。

```
new Map();                                    //Map(0) {}
new Map([["name", "strick"], ["age", 28]]);   //Map(2) {"name" => "strick", "age" => 28}
```

11．答案：React 的优点如下所列。

（1）通过 Virtual DOM 提高了性能。

（2）易模块化，重用性高，便于测试。

（3）生态圈繁荣，社区活跃，周边产物层出不穷。

（4）React 的 API 很少，从而降低了学习成本。

（5）跨平台，不仅支持移动端，还支持客户端和服务端。

（6）React 只实现了 View 层，易与其他框架（如 Angular）集成。

（7）JSX 沿用了 JavaScript 的语法，使得代码的读写更简单。

12．答案：虽然 state 和 props 都会影响组件的渲染，但两者在功能上是不同的。

（1）state 是组件私有的内部数据，而 props 是从父组件传递过来的外部数据。

（2）state 可由组件自身修改，而它的 props 是只读的，只有父组件才有权限修改，即传递新数据进来。

13．答案：受控组件（Controlled Component）是指那些受 React 控制的表单元素，其状态（value、checked 等属性）的变更由组件的 state 管理。

非受控组件（Uncontrolled Component）的定义正好与受控组件相反，其状态由自己管理，通常使用 ref 属性获取表单元素的值。

14．答案：redux-thunk 主要用来处理 Redux 中的异步请求，它扩展了 dispatch() 方法，使其参数既可以是 JavaScript 对象，也可以是函数。

15．答案：Babel 插件的执行顺序会受配置时所处的位置的影响，具体规则如下所列，其中预设是指官方预先设计的一组插件集，本质上仍然是插件。

（1）插件执行在预设之前。

（2）插件会按顺序从前往后执行。

（3）预设与插件相反，从后往前执行。

16．答案：Git 的工作区域包含 3 部分：工作目录、暂存区和仓库，它们的说明如下所列。

（1）工作目录（Working Directory）就是去除项目版本信息后的目录，即磁盘上实际操作的目录。

（2）暂存区（Stage）也叫索引区（Index），是一个记录了变更信息的文件，即保存着变更文件的当前快照，为提交到仓库中做准备。

（3）仓库（Repository）也叫版本库，是一个名为.git 的隐藏目录，保存着项目的元数据、快照等信息，Git 的仓库可分为远程和本地两种。

17. 答案：Vue 为元素提供了一个能标识其身份的 key 特性，利用该特性可让 diff 算法快速找到变化的结点，并且高效地将其插入到新位置，而不用渲染无变化的元素。

18. 答案：Vuex 是一个专为 Vue.js 设计的状态管理库，适用于多组件共享状态的场景。Vuex 能集中式地存储和维护所有组件的状态，并提供相关规则保证状态的独立性、正确性和可预测性，这不仅让调试变得可追踪，还让代码变得更结构化且易于维护。

五、编程题

1. 答案：在 HTML 文档中先定义一个 canvas 元素，并且将画布的宽和高分别设置为 200 px 和 100 px，再用脚本绘制按钮，具体代码如下所示：

```
<canvas id="btnCanvas" width="200" height="100">
    <p>这是一个按钮，用于启动游戏</p>
</canvas>
<script>
    var canvas = document.getElementById("btnCanvas"),
        ctx = canvas.getContext("2d");
    ctx.fillStyle = "#007ab9";                      //矩形背景色
    ctx.fillRect(0, 0, canvas.width, canvas.height);  //绘制矩形
    ctx.font = "40px serif";                        //字体设置
    ctx.fillStyle = "#FFF";                         //字体颜色
    ctx.fillText("游戏开始", 20, 60);                //绘制文本
</script>
```

2. 答案：HTML 解析遇到<script>元素，会先执行脚本，再恢复文档的解析和渲染，脚本的执行默认情况是同步和阻塞的。因此一些并不影响业务的脚本（如统计、监测等）可以放在业务资源加载完后再动态添加。下面是一个动态加载外部脚本的函数，接收两个参数：第一个参数是外部脚本的 URL；第二个参数是一个自定义函数，如果传递了这个函数，那么该函数会在脚本加载完成后再执行。

```
function loadScript(src, fn) {
    var script = document.createElement("script");
    script.src = src;
    document.body.appendChild(script);
    script.onload = function() {
        fn.call(this);
    };
}
```

3. 答案：总共有 3 种方式可以为元素设置 CSS 类：第一种是定义元素的 className 属性；第二种是利用 HTML5 新增的 classList 属性；第三种是使用 Element 对象的 setAttribute()方法。3 种方式具体的实现代码如下所示：

```
var div = document.getElementById("info");
div.className = "ui-border";                      //方式一
var list = info.classList;
list.add("ui-border");                            //方式二
div.setAttribute("class", "ui-border");           //方式三
```

4. 答案：可以用一种空间换时间的方法。先创建一个空对象和空数组，然后遍历带重复元素的数组，把此数组的元素存为对象的属性，并判断对象是否已包含此属性。如果未包含，那么把当前元素插入到空数组中，否则跳过，具体代码如下所示：

```
function distinct(arr) {
```

```
var obj = {},                          //空对象
    result = [],                        //空数组
    length = arr.length;
arr.forEach(function(value, index) {
  if(!obj[value]) {
    obj[value] = true;
    result.push(value);
  }
});
return result;
}
```

在上面代码的 if 条件语句中,判断的依据是对象是否包含指定的属性,当引用对象没有属性时,得到的值是 undefined,执行逻辑非返回的结果是 true。除此以外,还要注意一点,上面是通过方括号来读取和写入属性的值,而方括号内必须是一个计算结果为字符串的表达式,这就导致一个问题,如果传入一个数字 1 和一个字符串 "1",那么这两个会被认为是同一个值,有一个会被过滤掉。为了避免出现这个问题,可以在遍历的时候再加一次判断,代码如下所示:

```
arr.forEach(function(value, index) {
  if(!obj[value]) {
    obj[value] = true;
    result.push(value);
  }else if(result.indexOf(value) == -1) {
    result.push(value);
  }
});
```

5. 答案:当为 React 编写单元测试时,浅层渲染(Shallow Renderer)可以只渲染组件的最外层,并能断言它的 render()方法的返回值,而不必担心子组件是否被实例化或渲染。

```
function Name() {
  return (
    <div>
      <span>strick</span>
    </div>
  );
}
```

上面是一个 Name 组件,其断言如下所示:

```
import ShallowRenderer from 'react-test-renderer/shallow';
const renderer = new ShallowRenderer();
renderer.render(<Name />);
const result = renderer.getRenderOutput();
//测试代码
expect(result.type).toBe("div");
expect(result.props.children).toEqual([<span>strick</span>]);
```

6. 答案:路由懒加载用于延迟组件渲染,只有当路由匹配时才加载对应的组件,这样既能减少脚本文件的尺寸,还能提升页面加载速度。只需几步就能实现路由懒加载。

首先将组件封装到一个单文件中,如 main.vue,代码如下所示:

```
<script>
  module.exports = {
```

```
      template: '<div>主页</div>'
    };
  </script>
```
然后在 webpack.config.js 中配置相关参数,包括入口、输出、vue-loader 加载器、VueLoaderPlugin 插件等,下面只列出了 publicPath 参数,为懒加载的 bundle 文件指定路径前缀,以免无法读取。

```
module.exports = {
  output: {
    publicPath: "./dist/"
  }
};
```

最后利用 webpack 的 import()函数动态导入拆分出的组件代码,代码如下所示:

```
const Main = () => import('./main.vue');
```

路由配置与以往没有区别(如下所示),但现在只会在路由匹配时才加载 Main 组件。

```
const routes = [
  { path: '/main', component: Main }
];
```

六、智力题

答案:A。

分析:根据题目中的各类条件,分别对其进行编号:"学生 B 不是学计算机的"①、"学计算机的出生在西安"②、"学生 B 不出生在深圳"③、"学化学的不出生在武汉"④、"学生 A 不是学化学的"⑤、"学计算机的出生在西安"⑥。

根据以上 6 个条件可以进行如下推理:

根据①和②可以推断:学生 B 出生在武汉或深圳。(a)

通过(a)和③可以推断:学生 B 出生在武汉。(b)

根据①、④和(b)可以推断:学生 B 学的是英语。(c)

根据(c)和⑤可以推断:学生 A 学的是计算机。(d)

根据(d)和⑥可以推断:学生 A 出生在西安。(e)

剩下的就是学生 C 出生在深圳,学的是化学。

因此,最后的结论为:学生 A 出生在西安,学的是计算机;学生 B 出生在武汉,学的是英语;学生 C 出生在深圳,学的是化学。可以将最后的结论代入题目中进行验证。所以,选项 A 正确。

真题详解 16 某知名互联网公司前端工程师笔试题

一、单选题

1. 答案:D。

分析:选项 D 是 HTML5 新增的 type 属性值,可输入电话号码格式的文本,但不会强制执行特定的验证机制,这是因为电话号码的规则众多。

2. 答案:C。

分析:CSS 定义了 5 种通用字体系列,分别是 serif、sans-serif、monospace、cursive 和

fantasy。选项 C 中的 SimSun 是 serif 中的一种字体，表示宋体。

3．答案：C。

分析：CSS 属性 vertical-align 用于行内元素和单元格元素的垂直对齐，选项 C 中的 baseline 是它的默认值。

4．答案：B。

分析：除了选项 B 之外，其他 3 个选项中的 CSS 类都用于控制表单的排列。选项 A 中的.form-horizontal 表示水平排列；选项 C 中的.form-group 表示垂直排列；选项 D 中的.form-inline 表示内联排列。

5．答案：B。

分析：RTSP（Real Time Streaming Protocol，实时流传输协议）是 TCP/IP 体系中的一个应用层协议。RTSP 请求报文的方法包括 OPTIONS、DESCRIBE、SETUP、TEARDOWN、PLAY、PAUSE、GET_PARAMETER 和 SET_PARAMETER。很显然，CALL 不是 RTSP 的方法。所以，选项 B 正确。

6．答案：C。

分析：bash 中赋值语句的写法为：变量名称=值（等号两边不能有空格）。所以，选项 C 正确。

7．答案：B。

分析：单链表查找的时候从头结点开始一直找下一个结点，如果要查找的元素在最后，就相当于找了 n 次，所以，时间复杂度为 O(n)。所以，选项 B 正确。

8．答案：B。

分析：本题中的二叉树并没有说明到底是一棵什么类型的二叉树（完全二叉树、满二叉树、普通二叉树还是其他二叉树），所以，其高度存在不确定性。

定义二叉树中的结点总数为 n，当每个结点只有一棵子树的时候，其高度值最大，为 n。当该二叉树为完全二叉树时，其高度值最小，为 $\lfloor \log_2 n \rfloor +1$（其中$\lfloor \ \rfloor$符号表示取下整），其他情况的二叉树的高度都是介于这两个值之间，即 $[\lfloor \log_2 n \rfloor +1, n]$，不大于最大值也不小于最小值。

本题中要想求二叉树的最小高度，那么此时该二叉树为完全二叉树，其对应的高度为 $\lfloor \log_2 360 \rfloor +1=9$。所以，选项 B 正确。

9．答案：C。

分析：图的遍历指的是从图中的任意一个顶点出发，对图中的所有顶点访问一次且仅访问一次。图的遍历操作和树的遍历操作功能相似。图的遍历是图的一种基本操作，图的许多其他操作都是建立在遍历操作的基础之上。

由于图的复杂性，图的遍历操作也比较复杂，主要表现在以下几个方面。

（1）在图中，没有一个固定的首结点，因为任意一个顶点都可作为第一个被访问的结点。

（2）在非连通图中，从一个顶点出发，只能够访问它所在的连通分量上的所有顶点，因此，还需考虑如何选取下一个出发点以访问图中其余的连通分量。

（3）在图中，如果有回路存在，那么一个顶点被访问之后，有可能沿回路又回到该顶点。

在图中，一个顶点可以和其他多个顶点相连，当这样的顶点访问过后，存在如何选取下一个要访问的顶点的问题。

鉴于图的遍历比较复杂,在通常情况下,图的遍历有两种方式:深度优先遍历(Depth First Search,DFS)和广度优先遍历(Breadth First Search,BFS)。由于图存在回路,所以在遍历过程中,为了区别一个顶点是否已经被访问过和避免一个顶点被多次访问,应记下每个访问过的顶点,即每个顶点对应有一个标志位,该标志位初始值为 False(表示未访问),一旦该顶点被访问,就将其置为 True(表示已访问),以后在遍历图的过程中,如果又碰到该顶点,视其标志位的状态,而决定是否对其访问。

在通常情况下,除了使用递归法可以实现图的遍历以外,还可以使用栈的方法实现,具体方法如下:①如果栈为空,则退出程序,否则访问栈顶结点,但不弹出栈顶结点;②如果栈顶结点的所有直接邻接点都已访问过,则弹出栈顶结点,否则将该栈顶结点未访问的其中一个邻接点压入栈中,同时,标记该邻接点为已访问,继续执行①。所以,选项 C 中的描述是错误的。选项 A、选项 B 和选项 D 中的描述是正确的。

二、多选题

1. 答案:AB。

分析:选项 A 是 HTML5 新增属性,指示下载资源,该属性需要与 href 属性组合使用。选项 B 用于定义链接资源所使用的语言,仅仅是提示,没有特殊功能。

2. 答案:BC。

分析:在 Element 对象中有个 className 属性,专门用于读写 CSS 类,因此可以像选项 B 那样设置 CSS 类。HTML5 为每个元素定义了 classList 属性,该属性保存着一个类数组对象,能对元素的 CSS 类进行添加、检测和移除等操作,选项 C 就是通过对象的 add()方法来设置 CSS 类的。

3. 答案:ABC。

分析:一般在打开网页的时候,需要在浏览器中输入网址,因此,需要通过网址找到访问资源的 IP 地址,从而可以把请求发送到对应的机器上,在这个过程中需要域名系统(Domain Name System,DNS,互联网上作为域名和 IP 地址相互映射的一个分布式数据库,能够使用户更方便地访问互联网,而不用去记住能够被机器直接读取的 IP 数串。通过主机名,最终得到该主机名对应的 IP 地址的过程叫作域名解析)协议;HTTP 是用于从 Web 服务器传输超文本到本地浏览器的传输协议。浏览器与服务器通过 HTTP 进行交互。HTTP 是应用层协议,在传输层是通过 TCP 来传输 HTTP 请求的。Telnet 是互联网远程登录服务的标准协议和主要方式。它为用户提供了在本地计算机上完成远程主机工作的能力。一般使用方法为通过终端登录到远处主机,因此,在浏览器打开网页的过程中用不到。所以,本题的答案为 A、B 和 C。

三、填空题

1. 答案:合并列、合并行。

分析:table 元素有两个特殊的属性:colspan 和 rowspan。colspan 属性可合并列,rowspan 属性可合并行,这两个属性可制作出不规则的表格。

2. 答案:9。

分析:行高(line-height)参照的是元素自身的字体大小(font-size),p 元素自身没有定义字体,需要从父元素 div 中继承过来,继承过来的值为 18 px,再与 50%计算后,可以得到

p 元素的最终行高，这个值就是 9 px。

3．答案："freedom"。

分析：得到的结果是全局变量 name 的值，而不是 obj 对象的 name 属性值，隐式绑定丢失了，变成了默认绑定。在 parentName()函数中引用的是 getName()方法本身，因此执行 fn()其实就是一个普通的函数调用。

4．答案：NaN、3。

分析：在全局作用域中有一个 a 变量，在即时函数中也有一个 a 变量，本题只用到了函数中的局部变量 a。在即时函数中，a 变量会发生声明提升，代码如下所示：

```
var a = 1;
(function() {
  var a;
  console.log(++a);
  a = 2;
  console.log(++a);
})();
```

第一次输出的是还未赋值的 a 变量，它的值是 undefined，对 undefined 执行前置递增，返回的值是 NaN。第二次输出的还是局部变量，但此时已被赋值，当对其执行前置递增时，返回已计算的值，也就是 3。

四、问答题

1．答案：align 属性表示表格在文档中的对齐方式（不是单元格内容的对齐方式），可用 CSS 属性 margin 来替代；cellpadding 属性用于指定单元格内边距（不是表格内边距），可用 CSS 属性 padding 替代；cellspacing 属性表示单元格之间的间隙，可用 CSS 属性 border-spacing 替代。

2．答案：iframe 元素主要有 4 个方面的缺点。

（1）浏览器对同一域名的并发请求数是有限制的，iframe 中的文档（即子文档）与父文档会共享连接，当并发请求数达到上限值时，子文档中的资源只能等待，直到前面的通信完成。

（2）阻塞父窗口的 load 事件。

（3）脚本的执行是同步和阻塞的，将 script 元素放置于 iframe 之前，同样也会阻塞 iframe 中资源的请求。

（4）制造点击劫持（ClickJacking），将一个不可见的 iframe 或包含用户感兴趣内容的 iframe 覆盖在文档的某个位置上，诱使用户单击 iframe 中的内容。

3．答案：移动设备（如手机、平板计算机等）的屏幕尺寸和分辨率千差万别，在分辨率高的设备中，元素看着会比较渺小；而在分辨率低的设备中，元素看着又比较巨大。弹性布局是一种相对布局，需要参照物，参照的是字体大小。使用 rem 单位的弹性布局是现在比较流行的做法，代码如下所示：

```
<html style="font-size:20px">
<body>
  <div>
    <section style="width:5rem">left</section>
    <section style="width:10rem">right</section>
  </div>
```

```
</body>
</html>
```

单位是 rem 的值会参照根元素（也就是 html 元素）的字体大小进行计算。在不同款式的移动设备中，根元素的字体大小会略有不同，需要用 JavaScript 动态计算得出，计算方案（如手淘的 flexible.js）有很多。

4．答案：浏览器都会维护各自的用户代理样式表（HTML 元素默认的 CSS 样式），这就导致同一个元素在不同浏览器中的表现将有差异。例如，ul 元素，默认会缩进，在 IE6 和 IE7 中是用外边距实现，而在其他浏览器中则是用内边距实现。为了解决这些兼容问题，减少浏览器的不一致性，统一元素的初始外观，需要在编码前对元素样式进行合适的重置。

5．答案：运营商是指提供网络服务的 ISP（Internet Service Provider），例如三大基础运营商：中国电信、中国移动和中国联通。某些运营商为了经济利益，有时候会劫持用户的 HTTP 访问，在页面上植入广告，而这些植入广告都非常影响界面体验和公司形象。为了避免被劫持，可以让服务器支持 HTTPS 协议，HTTPS 传输的数据都被加密过了，此时运营商就无法再注入广告代码了，这样页面就不会再被劫持了。

6．答案：Node（即 Node.js）是一个能够在服务端运行 JavaScript 的跨平台运行环境，它基于 Google 为 Chrome 设计的 V8 引擎（一种开源、高性能的 JavaScript 引擎）构建而成，由于 V8 引擎会紧跟 ECMAScript 标准，因此可以在 Node 中使用最新的 JavaScript 语言特性。Node.js 以单线程运行，提供了基于事件驱动（即使用事件轮询）和非阻塞 I/O 处理（即异步输入和输出）的接口，常用于开发高并发的 Web 应用。

7．答案：运行在宿主环境中的 JavaScript 引擎针对单线程，提供了一种机制来更高效地处理多个任务，这个机制称为事件循环（Event Loop）。事件循环具体的执行过程分为以下 4 步。

（1）先执行主线程中的任务。
（2）当主线程空闲时，再从任务队列中读取任务，继续执行。
（3）即使主线程阻塞了，任务队列还是会继续接收任务。
（4）主线程不断地重复步骤（2）操作。

8．答案：Cache-Control 首部能指定资源处于新鲜状态的秒数（代码如下所示），秒数从服务器将资源传来之时算起，用秒数比用具体日期要灵活很多。

```
Cache-Control:   max-age=315360
```

在 Cache-Control 首部中，有两个容易混淆的值：no-cache 和 no-store。no-cache 字面上比较像禁止资源被缓存，但其实不是，no-store 才是这个功能。no-cache 可以将资源缓存，只是要先与服务器进行新鲜度再验证，验证通过后才会将其提供给客户端，如下图所示。

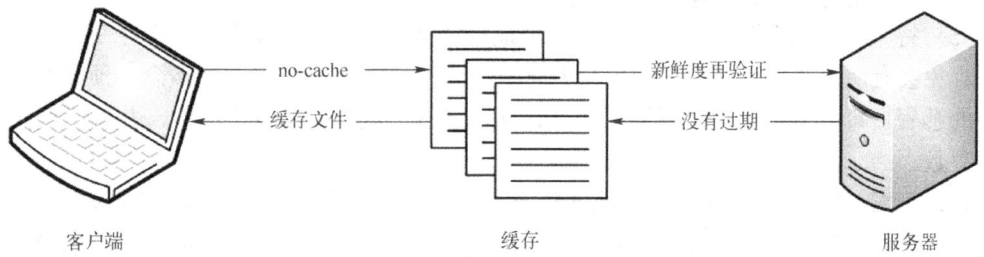

在通用首部中，还有个历史遗留首部：Pragma。Pragma 首部用于实现特定的指令，它也

有一个值为 no-cache，功能和 Cache-Control 中的相同，代码如下所示：

```
Cache-Control:   no-cache
Pragma:          no-cache
```

9．答案：由于正则表达式无法正确处理辅助平面中的 Unicode 字符，因此 ES6 新增了 u 标志，使其能够处理两个编码单元的字符。

10．答案：迭代器（Iterator）是一种用于迭代的对象，可有序地依次访问集合中的数据项。ES6 制订了一套标准化的迭代器接口（包含 3 个方法，如下表所列），只要实现了这套接口都能成为迭代器。

方法	返回值	描述
next()	IteratorResult	必选，获取下一个迭代器结果
return()	IteratorResult	可选，停止迭代并返回一个迭代器结果
throw()	IteratorResult	可选，抛出错误并返回一个迭代器结果

上表中的 IteratorResult 也叫迭代器结果，是一个特定形式的对象，它必须包含两个属性：value 和 done。value 属性就是集合成员的值，done 属性是一个布尔值，用于标记当前迭代是否结束。

11．答案：React 的局限如下所列。

（1）React 只是一个视图库，而不是一个框架。

（2）React 往往要与其他库（如 Redux、Router 等）配合才能完成各类需求。

（3）原生浏览器不支持 JSX，需要预先编译，并且 JSX 有学习成本。

12．答案：setState()方法在将新数据合并到当前状态之后（代码如下所示），就会自动调用 render()方法，驱动组件重新渲染，而直接更新就没有这个功能。

```
this.setState({ text: "提交" });
```

13．答案：React.StrictMode 是一个能对其后代进行检查和警告的组件，它不会渲染出任何可见的 DOM 元素，适用于开发模式，用法如下所示：

```
<React.StrictMode>
  <Btn />
</React.StrictMode>
```

React.StrictMode 有助于识别不安全的生命周期、对过时的字符串类型的 Refs 发出警告、检测意外的副作用等。

14．答案：Redux 提供了组织中间件的 applyMiddleware()函数，它有两种使用方式，代码如下所示，其中 m1 和 m2 是中间件，caculate 是 Reducer 函数。

```
applyMiddleware(m1, m2)(createStore)(caculate);
createStore(caculate, applyMiddleware(m1, m2));
```

15．答案：如果在配置文件中一个一个地声明插件，那么不仅会让该文件变得巨大，而且还难免会有所遗漏。官方为了避免此类问题，引入了预设（Preset）的概念。预设类似于生活中的套餐，每个套餐会集合不同的插件，从而能够一次性安装各类插件，并且还可共享配置的参数。

16．答案：Git 之所以能高性能地处理分支，主要得益于其与众不同的存储设计：弃文件变化，取文件快照。每次 commit 提交，Git 都会创建一个提交对象（Commit Object），该对象包含本次快照的指针、父对象的指针（即上一个提交对象）、当前工作目录的结构和相关附属信息（如作者、备注等），注意，首次提交产生的提交对象没有父对象。

Git 的分支本质上就是指向提交对象的可变指针，其默认分支叫 master。

17. 答案：v-on 支持多种类型的修饰符（包括事件、按键、鼠标等），在事件细节的处理方面，提供了更多的选择，如.stop、.prevent、.capture、.once 等。

18. 答案：TypeScript 是 JavaScript 的超集，一种面向对象的强类型语言，兼容现有和未来版本的 JavaScript，包括 ES6、ES7、提案等，能编译成纯净的 JavaScript 代码，支持任意的浏览器、环境和系统，并且是开源的。

五、编程题

1. 答案：Element 对象提供了一个 getBoundingClientRect()方法，它返回一个静态的不会实时更新的矩形对象（DOMRect），它里面不但包含了元素在 4 个方向（left、right、top 和 bottom）上距离视口的偏移值，还包含了元素的宽度和高度。如果要模拟 getBoundingClientRect()方法，那么可以用偏移属性和 offsetParent 来实现。注意，在循环中叠加的偏移值并不会包含边框宽度，如果要包含边框宽度，那么在循环中需要分别加上包含元素的 clientTop 和 clientLeft 属性的值，具体实现代码如下所示：

```
function offsetSum(node) {
    var top = 0, left = 0;
    while (node) {
        top += node.offsetTop;
        left += node.offsetLeft;
        node = node.offsetParent;
        if (node) {
            top += node.clientTop;      //上边框的宽度
            left += node.clientLeft;    //左边框的宽度
        }
    }
    return { top: top, left: left };
}
```

2. 答案：给 Button 元素添加 disabled 属性后，就能把它禁用掉。可以通过属性方式或特性方式设置 Button 元素的 disabled 属性，代码如下所示：

```
var btn = document.getElementById("btn");
//属性方式
btn.disabled = true;
//特性方式
btn.setAttribute("disabled", true);
```

3. 答案：有 3 种方式设置 CSS 属性：第一种是使用元素的 style 属性，该属性指向的是一个 CSSStyleDeclaration 对象；第二种是使用 CSSStyleDeclaration 对象中的一个特殊属性：cssText；第三种是使用元素的 setAttribute()方法。3 种方式具体的实现代码如下所示：

```
var div = document.getElementById("info");
//方式一
div.style.fontSize = "18px";
div.style.width = "100px";
//方式二
div.style.cssText = "font-size:18px;width:100px";
//方式三
div.setAttribute("style", "font-size:18px;width:100px");
```

4. 答案：数字虽然是基本类型，但它却可以像对象那样拥有属性或方法。之所以能这样，是由于数字可被隐式地封装成包装对象 Number。如果要像上面代码那样进行链式调用，可以在 Number 对象的原型上添加两个方法，具体代码如下所示：

```javascript
Number.prototype.add = function(num) {
  return this + num;
};
Number.prototype.minus = function(num) {
  return this - num;
};
```

5. 答案：Babel 插件负责编译过程中的转换，即在得到 AST（抽象语法树）后，对其进行增删改等操作，再将新的 AST 交给下一个阶段。一个普通的 Babel 插件，其结构如下所示：

```javascript
module.exports = function({ types: babelTypes }) {
  return {
    visitor: {
      Identifier(path, state) {}
    }
  };
};
```

（1）babelTypes 是一个能操纵 AST 结点的工具对象，包含创建、校验和转换等方法。

（2）visitor 是一个访问 AST 结点的对象（即访问者），可获取不同类型的结点。

（3）visitor 中包含的方法，其名称就是结点类型，除了 Identifier 之外，还有 ASTNodeTypeHere、FunctionDeclaration 等类型。

（4）方法接收两个参数：path 和 state。其中 path 参数是一个对象，不仅能读取当前结点的属性，还能访问与之关联的父兄等结点。state 参数记录了插件的状态，可通过它访问插件的配置参数。

接下来通过一个示例来演示开发插件的过程，首先创建一个名为 babel-plugin-demo 的插件，并修改之前结构中的 Identifier() 方法，代码如下所示：

```javascript
Identifier(path, state) {
  console.log(path.node.name);
  console.log(state.opts.name);
}
```

然后在 .babelrc 文件中添加此插件，并为其配置一个参数，代码如下所示：

```json
{
  plugins: [ ["./babel-plugin-demo.js", {name:"strick"}] ]
}
```

再创建一个 src.js 文件，代码如下所示：

```javascript
var digit = 1;
```

最后输入 "npx babel src.js" 命令，就能打印出 path.node 和 state.opts 的 name 属性，分别是 "digit" 和 "strick"。

6. 答案：通过类型断言将一个变量指定为 Person 类型的函数（如下所示），此时该变量（worker）不但实现了对函数的约束，还包含 age 属性和 getAge() 方法，可对它们进行自定义。

```typescript
let worker = <Person>function(name: string): boolean {
  return true;
}
```

```
worker.age = 28;
worker.getAge = function() {
  return this.age;
};
```

六、智力题

1．答案：B。

分析：本题要求选项中只有唯一错误，而其他选项都是正确的。所以，假设选项 A 中描述不正确，那么本题的正确选项个数肯定不为 5，而题目要求 6 个选项中只有唯一错误，那么其他 5 个选项都是正确的，所以得出的结论是正确选项的个数为 5，与假设矛盾，所以，假设不成立。所以，选项 A 正确。

采用同样的方法，可以推导其他选项的正确性。有兴趣的读者可以自己尝试。限于篇幅关系，此处不再赘述。

2．答案：C。

分析：本题可以从答案一个个分析，看一下每个答案是否能够完全符合 6 个条件。通过分析可知，选项 C 正确。

真题详解 17 某知名网络安全公司校园招聘技术类笔试题

一、单选题

1．答案：A。

分析：HTML5 新增了 6 个提交相关的属性，选项 A 中的 formaction 正是这 6 个属性中的一个。除了 form 属性之外，其余的都是用于覆盖表单的对应属性（对应关系见下表），这个表单是指包含此元素的表单或关联的表单。

HTML5 新增的属性	表单的属性
formaction	action
formenctype	enctype
formmethod	method
formtarget	target
Formnovalidate	novalidate

2．答案：C。

分析：单元格元素都有 headers 属性，通过定义一个或多个 th 元素的 id 属性来关联表头，有助于设备对表格的处理。选项 A 中的 colspan 用于合并列，选项 B 中的 rowspan 用于合并行，选项 D 中的 valign 是一个过时的属性，可让单元格中的内容垂直对齐。

3．答案：D。

分析：选项 A 中的 background-clip 属性用于定义裁剪背景区。选项 B 中的 background-attachment 属性可指定背景图像附着内容的方式。选项 C 中的 background-position 属性能指定背景图像的位置。

4．答案：A。

分析：动画（animation）有 8 个子属性，animation-iteration-count 表示循环次数，只有当该属性定义为 infinite 时，动画才可以被循环无限次。4 个选项只有选项 A 包含 infinite 关键字，因此选择该选项。

5．答案：A。

分析：下表表示的是 HTTP 应答中的错误说明（从 500 开始）。由此可见，选项 A 正确。

错误编码	错误名称	描述
500	Internal Server Error（内部服务器错误）	服务器遇到了意料不到的情况，不能完成客户的请求
501	Not Implemented（未实现）	服务器不支持实现请求所需要的功能。例如，客户发出了一个服务器不支持的 PUT（从客户端向服务器传送的数据取代指定的文档的内容）请求
502	Bad Gateway（错误网关）	服务器作为网关或者代理时，为了完成请求访问下一个服务器，但该服务器返回了非法的应答
503	Service Unavailable（服务不可用）	服务器由于维护或者负载过重未能应答。例如，Servlet 可能在数据库连接池已满的情况下返回 503。当服务器返回 503 时，可以提供一个 Retry-After 头
504	Gateway Timeout（网关超时）	由作为代理或网关的服务器使用，表示不能及时地从远程服务器获得应答（HTTP 1.1）
505	HTTP Version Not Supported（HTTP 版本不受支持）	服务器不支持请求中所指明的 HTTP 版本（HTTP 1.1 新）

6．答案：D。

分析：对于选项 A，.rpm 格式的文件需要用 rpm 命令来安装。所以，选项 A 错误。

对于选项 B，.tar.gz 格式的文件必须首先用 tar 命令解压，解压后才能安装。所以，选项 B 错误。

对于选项 C，.tar.bz2 格式的文件也需要用 tar 命令解压，解压后才能安装。所以，选项 C 错误。

对于选项 D，.deb 格式的文件需要用 dkpg 命令来安装。所以，选项 D 正确。

7．答案：C。

分析：对于选项 A，单链表是一种链式存取的数据结构，用一组地址任意的存储单元存放线性表中的数据元素。链表中的数据是以结点来表示的，每个结点的构成：元素（数据元素的映像）+ 指针（指示后继元素存储位置），元素就是存储数据的存储单元，指针就是连接每个结点的地址数据。根据定义可知，单链表中中间部分出发只能访问结点的后续结点。因此，选项 A 错误。

对于选项 B，双向链表也叫双链表，是链表的一种，它的每个数据结点中都有两个指针，分别指向直接后继和直接前驱。所以，从双向链表中的任意一个结点开始，都可以很方便地访问它的前驱结点和后继结点。但是从中间结点出发只能访问所有的后继结点，或者只能访问所有的前驱结点。因此，选项 B 错误。

对于选项 C，循环链表是另一种形式的链式存储结构（链表最后一个结点的指针域指向链表的首结点）。它的特点是可以从任意结点出发依次访问所有结点。因此，选项 C 正确。

对于选项 D，线性链表是一个更大的概念，单链表、双向链表都可以看作是一种线性表。

因此，选项 D 错误。

8．答案：C。

分析：在解答本题前，首先需要了解一个概念，什么是完全二叉树？所谓完全二叉树是指除树的最后一层外，每一层上的结点数均达到最大值，且在最后一层上只缺少右边的若干结点的二叉树。

通过完全二叉树的定义，可以引出以下两种性质：①对于深度为 k 的，有 n 个结点的二叉树，当且仅当其每一个结点都与深度为 k 的满二叉树中编号从 1 至 n 的结点一一对应时称为完全二叉树；②一棵二叉树至多只有最下面两层上的结点的度数可以小于 2，并且最下层上的结点都集中在该层最左边的若干位置上，则此二叉树为完全二叉树。

假设 n_0 是度为 0 的结点总数（即叶子结点数），n_1 是度为 1 的结点总数，n_2 是度为 2 的结点总数，由二叉树的性质可知：$n_0=n_2+1$，$n=n_0+n_1+n_2$（其中 n 为完全二叉树的结点总数），由上述公式把 n_2 消去得 $n=2n_0+n_1-1$，由于完全二叉树中度为 1 的结点数只有两种可能：0 或 1，由此得到 $n_0=(n+1)/2$ 或 $n_0=n/2$，即 $n_0=\lfloor n/2 \rfloor$。可根据完全二叉树的结点总数计算出叶子结点数。

本题中，n 的值为 100，根据上面的分析可知，n_0=50。所以，度为 0 的结点有 50 个，度为 1 的结点有 1 个，度为 2 的结点有 49 个，二叉树前 k 层最多有 2^k-1 个结点。所以，100 个结点二叉树高度为 7，按照广度优先遍历编号，有 50 个非叶子结点，所以最小的叶子结点编号为 51。

下面给出另外一种求解方法。

100 个结点时，二叉树高度为 7。

7 层包含数据个数为 $100-(2^6-1)=37$。

6 层包含数据的编号为 32~63，6 层中前 19 个数据包含子树（37/2=18.5），故最小的叶结点应该为 32+19 = 51。所以，选项 C 正确。

9．答案：D。

分析：XML（Extensible Markup Language，可扩展标记语言）是一种用于标记电子文件，使其具有结构性的标记语言。在 XML 中，任何的起始标签都必须有一个结束标签，也就是题目中所提到的结点闭合。由此，可以类比到数据结构课本中讲过的括号匹配的检验，因为括号都是成对出现，一个左括号必然对应一个右括号，而括号匹配采用的主要思路如下：每当读到一个括号时，如果是右括号，则或者与栈顶的左括号匹配，或者不合法；若是左括号，则把左括号压栈。本题可以采用同样的方式来判断结点是否闭合。所以，栈可以成为检验 XML 结点是否闭合的数据结构，选项 D 正确。

二、多选题

1．答案：AC。

分析：选项 A 和选项 C 中的两个属性都能改变 img 元素的呈现，即可以设置元素的样式。在 HTML5 中，已规定不能再使用这类属性。

2．答案：ABCD。

分析：有些媒体特性能和前缀 min（最小）或 max（最大）组合，拼接成一个新的媒体特性，选项 A 中的 max-width 就是这类媒体特性。选项 B 中的 aspect-ratio 表示视口宽度和高度的比值。选项 C 中的 device-pixel-ratio 表示设备像素比。选项 D 中的 device-width 表示设备宽度。

3．答案：AB。

分析：加密算法可以分为两种——对称式加密算法和非对称式加密算法。对称式加密就是加密和解密使用同一个密钥；非对称式加密就是加密和解密所使用的不是同一个密钥。

常见的对称式加密算法有 DES（效率高，适用于加密大量数据）、3DES（采用 3 个不同的密钥，3 次加密，更加安全）、RC2 和 RC4（采用变长的密钥，比 DES 效率更高）、AES（速度快，安全级别高）等，常见的非对称式加密算法有 RSA、DSA（数字签名算法）、ECC 等。所以，选项 A 与选项 B 正确。

三、填空题

1. 答案：16.7。

分析：屏幕在一般情况下频率为 60 Hz，也就是每秒刷新 60 次，合理的时间间隔就是 16.7 ms，计算过程如下所示。

```
1000 ms / 60 = 16.7 ms
```

2. 答案：false、false。

分析：instanceof 运算符能检测对象之间的关联性，它的左操作数是要检测的对象，右操作数是个构造函数。如果左操作数不是对象，那么就直接返回 false。由于第一个表达式中的左操作数是基本类型，因此返回 false。

in 运算符用于检测属性是否存在于对象中，数组的索引就是它的属性。第二个表达式中的左操作数是 2，已经超出了数组中最大的索引，因此返回 false。

3. 答案：1、3、2。

分析：定时器创建的是异步任务，过了指定的延迟时间后，异步任务被放入任务队列中。即使延迟时间是 0 ms，也要先到任务队列中等待，等到主线程空闲的时候，才会从任务队列中读取任务。因此定时器会在另外两条语句执行完后再被调用。

4. 答案：[1, NaN, NaN]、[1, 2, 3]。

分析：转型函数 parseInt() 能接收两个参数：第一个参数是要被解析的值；第二个参数是基数（radix），一个介于 2～36 的整数，表示数字在解析时使用的进制，如果这个参数不在指定范围内，那么函数将返回 NaN。

转型函数 Number() 只能接收一个参数，就是要被解析的值。Array 对象的 map() 方法可用回调函数的结果（即返回值）组成一个新数组，回调函数包含 3 个参数：当前元素、元素索引和原始数组。当把 parseInt() 函数传给 map() 方法时，相当于调用了 3 次 parseInt() 函数，代码如下所示：

```
parseInt("1", 0);
parseInt("2", 1);
parseInt("3", 2);
```

第一次调用返回 1，这是由于基数为 0 时，字符串会以十进制来解析。第二次调用返回 NaN，这是由于基数超出了正常的范围。第三次调用也返回 NaN，这是由于除了 0 和 1 之外，其他数字都不是有效的二进制数字。当把 Number() 函数传给 map() 方法时，相当于调用了 3 次 Number() 函数，代码如下所示：

```
Number("1");
Number("2");
Number("3");
```

3 个值都会按十进制来计算，分别返回 1、2 和 3。

四、问答题

1. 答案：表格布局主要有以下 5 个方面的弊端。

（1）可访问性差，表格布局中的内容从左到右和从上到下的读取并不总是有意义的，并且还缺乏依赖关系，无障碍工具（如屏幕阅读器）从这些文档中获取的数据会非常混乱，影响用户的浏览。

（2）难以实现响应式，通常可用媒体查询对不同设备呈现适合的界面，但表格布局需要用单元格嵌套表格，而单元格之间的合并需要用元素的 colspan 或 rowspan 属性，不能用 CSS 属性简单进行设置。

（3）可维护性差，表格布局需要使用大量的元素属性，并且表格之间需要相互嵌套。这使得代码难以阅读，特别是如果不缩进，标签没有层次感，更加难以理解代码的意图。

（4）不够语义化，表格布局会用到大量的单元格，单元格（th 或 td）不像 nav、header、footer 等元素有明确的含义。语义化的界面既能保持代码整齐，还可优化搜索引擎。

（5）加载速度慢，嵌套的表越多，文档就变得越臃肿，不但会加长网络传输的时间，而且也会增加渲染的时间。

2. 答案：HTML5 新增的多媒体元素有 video、audio、source 和 track。video 元素用于播放视频；audio 元素用于播放音频；source 是 video 和 audio 的子元素，可同时指定多个格式的多媒体文件；track 也是 video 和 audio 的子元素，为多媒体文件添加辅助文本信息。

3. 答案：Normalize.css 是一种现代化、为 HTML5 准备的优质重置方案，提倡元素的默认样式有其存在的道理。规范了元素的表现形式，使得元素在所有浏览器中呈现一致的、符合现代标准的效果，并提供安全的跨浏览器基础。

4. 答案：Sass 和 SCSS 主要有如下 4 个方面的区别。

（1）Sass 表示旧语法，SCSS 表示新语法。

（2）新语法的文件扩展名是.scss，而旧语法的文件扩展名是.sass。

（3）新语法中选择器的内容用大括号包裹，而旧语法使用缩进。

（4）新语法用分号（;）分隔语句，而旧语法用换行符。

5. 答案：此处列举了 HTTP/1.1 中 5 个比较有代表性的不足之处。

（1）在传输中会出现队首阻塞问题。

（2）响应不分轻重缓急，只会按先来后到的顺序执行。

（3）并行通信需要建立多个 TCP 连接。

（4）服务器不能主动推送客户端想要的资源，只能被动地等待客户端发起请求。

（5）由于 HTTP 是无状态的，所以每次请求和响应都会携带大量冗余信息。

6. 答案：npm（Node Package Manager）即 Node 包管理器，是一个在线仓库，用于管理 Node 程序所需的 JavaScript 模块，包括安装、升级、卸载、维护等操作。npm 提供了一个平台，让开发者们可以在此方便地发布和分享代码。当通过 npm 命令下载指定模块时，会自动创建一个名为 node_modules 的目录，相关模块都会保存在该目录中。

7. 答案：不能。由于全局变量 age 在调用之前没有声明，所以此处会抛出未定义的异常。但如果将它作为 Window 对象的一个属性（代码如下所示），再调用它，就不会再抛出异常。

```
console.log(window.age);        //undefined
```

8. 答案：localStorage 是指本地存储，sessionStorage 是指会话存储。它们都不会作为请求报文中的额外信息传递给服务器，并且存储容量也相同，但在使用的时候略有不同。本地存储永远不会过期，即使浏览器关闭，也还会存在，同源的本地存储可以共享。而会话存储只能应用于页面会话期间,当关闭页面或浏览器的时候,会话存储中的数据将会被自动清除。

9. 答案:y 标志也叫黏性(sticky)标志,当正则表达式中携带 y 标志时,匹配会从 lastIndex 属性指定的位置开始。

10. 答案:包含 Symbol.iterator 属性的对象被称为可迭代对象(Iterable),Symbol.iterator 是一个特殊的内置符号,它的值是一个返回迭代器的方法。

11. 答案:React.lazy()函数可以动态加载一个组件,既能延迟组件的渲染,也有助于缩减 bundle(即通过 Webpack 或 Browserify 这类构建工具打包的文件)的体积,其用法如下所示:

```
const Title = React.lazy(() => import('./Title'));
function Article() {
  return (
    <div>
      <Title />
    </div>
  );
}
```

React.lazy()能接收一个函数作为参数,在函数体中会调用导入函数 import()。

12. 答案:在 React 中,Keys 会作为元素的身份标识,能够帮助 React 识别出发生变化的元素,从而只渲染这些元素。每个元素的 key 属性在当前列表中要保持唯一性,即在其兄弟元素之间要独一无二。但要注意,key 属性不是全局唯一的。一般不建议用数组的索引作为 key 属性的值,因为一旦数组中元素的位置发生变化,其索引也会跟着改变,不利于渲染优化。

13. 答案:Formik 是一个用于 React 的小型表单库,提供了验证、跟踪表单状态和处理表单提交等功能,让表单的测试和重构变得轻而易举。

14. 答案:React Router 是一套建立在 React 之上的路由系统,是实现单页面应用(Single Page Application,SPA)的关键,可动态加载适当的内容到页面中,减少与服务器之间的通信次数,保持页面与 URL 之间的同步。

15. 答案:虽然 env 预设(@babel/preset-env)能统一 JavaScript 的新语法(即将高版本编译成低版本),但是无法支持内置的新方法或新对象,如 Promise、Array.of()等。为此,Babel 引入了的 Polyfill 技术(全部打包在@babel/polyfill 中),该技术将所缺的特性添加到全局对象中或内置对象的原型上,弥补 env 预设的不足,从而模拟出完整的 ES6+语法和特性。

@babel/polyfill 包含两个模块:regenerator-runtime 和 core-js,前者用于编译生成器与异步函数(async 和 await),后者用于处理其他兼容性问题。

16. 答案:Git 提供了 tag 命令,可默认为最新提交的版本打标签,如下所示,其中标签名称可自定义。

```
git tag v1.0
```

如果要为指定的版本打标签,则代码可如下所示,在标签名称后面紧跟版本号。

```
git tag v0.9 5f4a8ee92d7a46deb0f7c4a7060276ec089c960a
```

通过"git tag"命令可以列出已有的标签,注意,这些标签是按字母顺序排列的,而不是按创建时间顺序排列的。

```
$ git tag
v0.9
v1.1
```

17. 答案:Vue 为 v-model 指令提供了 3 种修饰符,如下所列,每个修饰符后面都给出了相应的示例。

（1）.lazy 修饰符能将同步输入值的事件从 input 替换成 change，以下面的文本框为例，只有当修改其值并失去焦点时，才会更新数据对象的 name 属性。

<input type="text" v-model.lazy="name" />

（2）.number 修饰符能让输入值自动转换成数字，常与 number 类型的文本框配合使用。

<input type="number" v-model.number="age" />

（3）.trim 修饰符能过滤输入值的首尾空格。

<input type="text" v-model.trim="school" />

18．答案：null 和 undefined 是所有类型的子类型，即这两种类型的变量，可以赋给其他类型的变量，例如，下面的 number 类型的两个变量。

```
let u: undefined;
let digit: number = u;
let n: null;
let number: number = n;
```

而 void 类型的变量不能赋给其他类型，编译下面这段代码，将会抛出"Type 'void' is not assignable to type 'number'."的错误。

```
let v: void;
let figure: number = v;
```

五、编程题

1．答案：Window 对象提供了一个 getComputedStyle()方法，能读取经过浏览器计算后实际使用的属性值。此方法的第一个参数是元素对象，第二个参数是一个可选的 CSS 伪元素（如::after、::before 等），它的返回值是一个只读的 CSSStyleDeclaration 对象。有一点要注意，IE8 及以下版本并不支持该方法，但可以用一个非标准的元素属性 currentStyle 来读取实际值。读取实际值的具体实现代码如下所示：

```
var div = document.getElementById("info"),
    style = window.getComputedStyle(div);
style.width;                //"10px"
//IE8 及以下版本
div.currentStyle["width"];
```

2．答案：JavaScript 常用的隐藏方法有 3 种，如下所列。

（1）将元素盒类型（display）设为 none，隐藏的元素在正常流中不占用任何空间。

（2）将元素的 CSS 属性 visibility 设为 hidden，隐藏的元素在正常流中还是会占用空间，仍具有元素的真实尺寸。

（3）将元素设为绝对定位脱离正常流，再设置一个比较大的偏移，移动到屏幕之外。

这 3 种方法的具体实现，代码如下所示：

```
var btn = document.getElementById("btn");
btn.style.display = "none";
btn.style["visibility"] = "hidden";
btn.style.cssText = "position:absolute;left:-9999px";
```

3．答案：为了简单起见，暂不做事件对象的兼容处理，也不进行调用上下文（this）的绑定，代码如下所示：

```
function addHandler(element, type, handler) {
    if (element.addEventListener) {
```

```
        element.addEventListener(type, handler, false);
    }else if (element.attachEvent) {
        element.attachEvent('on' + type, handler);
    }else {
        element['on' + type] = handler;
    }
}
```

函数接收 3 个参数：第一个参数是事件目标；第二个参数是事件类型；第三个参数是事件处理程序。在函数中通过能力检测，判断出当前浏览器支持哪种注册方式，当两个注册方法 addEventListener()和 attachEvent()都不支持时，就采用对象属性的方式注册事件。通过此函数注册的事件，默认都采用了冒泡的事件传播形式。

4．答案：如果需要简单实现，那么可以利用 Array 对象的两个方法 indexOf()和 lastIndexOf()实现。indexOf()方法从左往右在数组中查找匹配的元素，如果匹配到就返回当前索引，否则返回-1。lastIndexOf()方法的功能和 indexOf()类似，区别只是从右往左查找。具体的实现思路是在遍历数组的时候对每个元素分别调用 indexOf()和 lastIndexOf()，如果得到的两个值不同，那么说明该元素是重复的，具体代码如下所示：

```
function duplicate(arr) {
    var result = [];
    length = arr.length;
    arr.forEach(function(value, index) {
        if(arr.indexOf(value) != arr.lastIndexOf(value)
            && result.indexOf(value) == -1) {
            result.push(value);
        }
    });
    return result;
}
```

5．答案：首先创建一个以"babel-preset-"为前缀的目录，然后在该目录下创建两个文件。

第一个是 package.json 文件，记录必要的依赖包，配置如下所示。注意，自定义的预设既可以是插件，也可以是其他已发布的预设。

```
{
    "name": "babel-preset-demo",
    "description": "making own preset",
    "main": "index.js",
    "dependencies": {
        "@babel/plugin-transform-react-jsx": "^7.3.0",
        "@babel/preset-env": "^7.4.5"
    }
}
```

第二个是 index.js 文件，通过 require()函数引入所依赖的包，并以配置文件的格式导出，如下所示：

```
module.exports = {
    presets: [
        require("@babel/preset-env")
    ],
```

```
            plugins: [
                require("@babel/plugin-transform-react-jsx")
            ]
        };
```

最后将其发布到 npm 中,就能像官方的预设那样使用了。

6. 答案:如果要用接口来约束函数的结构,那么需要在接口中声明一个调用签名,它只包含参数列表和返回值类型,不用指定函数名称,如下所示:

```
        interface Func {
            (str: string, digit: number): boolean;
        }
```

在创建 Func 类型的函数时,需要声明两个参数的类型以及返回值类型,如下所示,其中参数的名称可以与接口中定义的不同。

```
        let exist: Func;
        exist = function(name: string, age: number): boolean {
            return true;
        }
```

如果在声明函数时,省略了参数和返回值的类型(如下所示),那么 TypeScript 的类型系统会根据接收的参数和 return 语句推断出相应的类型。

```
        exist = function(name, age) {
            return true;
        }
        exist("strick", 28);          //正确
        exist(28, "strick");          //错误
```

六、智力题

答案:乙至少猜 14 次才可以准确猜出这个数字,在这种策略下,乙猜的第一个数字是 14。数字所在区间为[1,100],乙在猜测数字时,存在以下 3 种可能性。

(1)直接猜中。
(2)猜测数字大于真实值。
(3)猜测数字小于真实值。

以下将分别针对这 3 种不同的情况进行分析。第(1)种直接猜中的情况概率很低,只有百分之一,不具有代表意义。第(2)种情况,乙猜测的数字的值比真实值大,此时没有提示,假设待猜测的数字的值为 N2,乙猜测的数字的值为 N1,很显然,在本情况下,N1>N2,此时,为了找到 N2,只能逐一在[1,N1-1]之间进行猜测,即 1<=N2<=N1-1。只有第(3)种情况,会存在提示,假设待猜测的数字的值为 N2,乙猜测的数字的值为 N1。很显然,在本情况下,N1<N2,根据提示可知,可以继续在[N1+1,100]中选择另外的数 N2,即 N1+1<=N2<=100。

所以,对于第(2)种情况,一共需要猜测的次数为 N1-1+1=N1 次(其中,N1-1 表示需要在[1,N1-1]之间逐一取值,1 表示进行第一次测试)。对于第(3)种情况,如果第一次猜的数字小于真实值,但第二次猜的数字大于真实值,此时需要尝试的总次数是[N1+1,N2-1]的元素个数加 2(加 2 是 N2 和 N1 本身猜用掉一次),即为 N2-N1+1 次,根据思想"每次猜错后,尝试猜测的总次数相等",有 N1=N2-N1+1,可知 N2=2N1-1,增量为 N1-1。类似地,前两次猜得偏小,但第三次猜大,尝试总次数为[N2+1,N3-1]的元素个数加 3,即 N3-N2+2,那么

有 N3-N2+2=N1，N3=N2+N1-2，增量为 N1-2，以此类推，增量是随着猜测次数的增加而逐一减少。设最后一次猜测为 k，则 Nk=N1+(N1-1)+(N1-2)+⋯+1，Nk 是等于或大于 100 的第一个数，根据等差数列求和公式可以算出 N1=14，N2=27，N3=39，N4=50，N5=60，N6=69，N7=77，N8=84，N9=90，N10=95，N11=99。

所以，序列是 14、27、39、50、60、69、77、84、90、95、99。因为无论第几次猜大了，最终的总次数总是 14。

真题详解 18　某知名互联网游戏公司校园招聘前端开发岗位笔试题

一、单选题

1．答案：D。

分析：多媒体元素 audio 专门用于播放音频；video 元素专门用于播放视频；source 和 track 都是 video 和 audio 的子元素，前者能同时指定多个格式的多媒体文件，后者能为多媒体文件添加辅助文本信息。

2．答案：A。

分析：位图图像（Bitmap Image）又称栅格图（Raster Graphics），它由像素矩阵组成，也就是由无数个像素点组成，它并不是由点和线组成。因此，选项 A 不正确。

3．答案：C。

分析：选项 A 中的 translate()是一个位移函数；选项 B 中的 scale()是一个缩放函数；选项 D 中的 rotate()是一个旋转函数。

4．答案：A。

分析：选项 B 中的-webkit-可被 Chrome 或 Safari 支持；选项 C 中的-moz-可被 Firefox 支持；选项 D 中的-o-可被早期版本的 Opera 支持。

5．答案：C。

分析：ARP（Address Resolution Protocol，地址解析协议）是一个位于 TCP/IP 协议栈中的底层协议，它用于映射计算机的物理地址与网络 IP 地址。在 Internet 分布式环境中，每个主机都被分配了一个 32 位的网络地址，此时就存在计算机的 IP 地址与物理地址之间的转换问题。ARP 所要做的工作就是在主机发送帧前，根据目标 IP 地址获取 MAC 地址，以保证通信过程的顺畅。

其具体过程如下：首先，每台主机都会在自己的 ARP 缓冲区中建立一个 ARP 列表，用于存储 IP 地址与 MAC 地址的对应关系；然后，当源主机需要将一个数据包发送到目标主机时，会首先检查自己的 ARP 列表是否存在该 IP 地址对应的 MAC 地址，如果存在，则直接将数据包发送到该 MAC 地址，如果不存在，就向本地网段发起一个 ARP 请求的广播包，用于查询目标主机对应的 MAC 地址，此 ARP 请求数据包里包括源主机的 IP 地址、硬件地址以及目标主机的 IP 地址等；接着，网络中所有的主机收到这个 ARP 请求之后，会检查数据包中的目的 IP 是否与自己的 IP 地址一致，如果不同就忽略此数据包，如果相同，该主机会将发送端的 MAC 地址与 IP 地址添加到自己的 ARP 列表中，如果 ARP 列表中已经存在该 IP 地址的相关信息，则将其覆盖掉。然后给源主机发送一个 ARP 响应包，告诉对方自己是它所需要查找的 MAC 地址；最后源主机收到这个 ARP 响应包后，将得到的目的主机的 IP 地址和 MAC 地址添加到自己的 ARP 列表中，并利用此信息开始数据的传输，如果源主机一直没有收到 ARP 响应包，则表示 ARP 查询失败。

反向地址解析协议（Reverse Address Resolution Protocol，RARP）与 ARP 工作方式相反。RARP 发出要反向解析的物理地址并希望返回其对应的 IP 地址，应答包括由能够提供所需信息的 RARP 服务器发出的 IP 地址。RARP 获取 IP 地址的过程如下：主机发起一个 RARP 请求的广播包，用于查询主机的 IP 地址，这个广播包中包含了主机的 MAC 地址。网络中的 RARP 服务器收到这个 RARP 请求后，检查其 RARP 列表，查询这个 MAC 地址对应的 IP 地址，如果找到，则发送响应包给请求主机，否则不做任何响应。源主机获取到这个 IP 地址后就可以用这个 IP 地址进行通信。所以，选项 C 正确。

6. 答案：A。

分析：批处理是指计算机系统对一批作业自动进行处理的技术。由于系统资源为多个作业所共享，其工作方式是作业之间自动调度执行，并在运行过程中用户不干预自己的作业，从而大大提高了系统资源的利用率和作业吞吐量。采用批量处理作业技术的操作系统称为批处理操作系统。批处理操作系统不具有交互性，它是为了提高 CPU 的利用率而提出的一种操作系统。

批处理操作系统分为单道批处理系统和多道批处理系统。在单道批处理系统中，内存中仅有一道作业，它无法充分利用系统中的所有资源，致使系统性能较差。在多道批处理系统中，用户提交的作业都存放在外存中，并形成队列，这个队列称为"后备队列"，然后作业调度程序按照作业调度算法将若干作业调入内存，多个作业同时执行，以达到 CPU 和资源的共享，提高资源的利用率和系统的吞吐量的目的。

通过上面的分析可知，批处理操作系统的目的是为了提高系统资源利用率。所以，选项 A 正确。

7. 答案：A。

分析：链式存储结构又叫链接存储结构，指的是在计算机中用一组任意的存储单元存储线性表的数据元素（这组存储单元可以是连续的，也可以是不连续的）。它不要求逻辑上相邻的元素在物理位置上也相邻，因此，它没有顺序存储结构所具有的缺点，但同时它也失去了顺序表可随机存取的优点。

具体而言，链式存储结构具有以下几个特点。

（1）每个结点都是由数据域和指针域组成的。

（2）它比顺序存储结构的存储密度小。由于链式存储结构的每个结点都是由数据域和指针域组成，所以在相同空间内，顺序存储结构比链式存储结构存储的元素更多。

（3）逻辑上相邻的结点物理上不必相邻。

（4）插入结点、删除结点灵活，原因在于此时它不必移动结点，只要改变结点中的指针即可。

（5）当查找结点时，链式存储要比顺序存储慢。

通过上面的分析可知，选项 B 与选项 C 中的描述是正确的，而选项 A 中的描述是错误的。

对于选项 D，因为对于链式存储结构，数据的逻辑关系与物理关系没有直接关系，逻辑上相邻的结点在物理上可能相邻也可能不相邻，而逻辑上不相邻的结点在物理上也是有可能相邻也有可能不相邻。所以，选项 D 中的描述是正确的。

8．答案：D。

分析：要解答出本题，首先需要对各种遍历方式有一个清晰的认识。可以通过右图来介绍二叉树的 3 种遍历方式的区别。

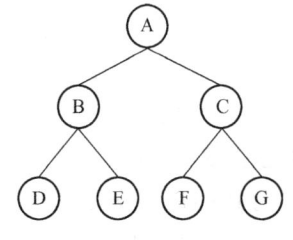

（1）先序遍历：先遍历根结点，再遍历左子树，最后遍历右子树。所以，右图的先序遍历序列是 ABDECFG。

（2）中序遍历：先遍历左子树，再遍历根结点，最后遍历右子树。所以，右图的中序遍历序列是 DBEAFCG。

后序遍历：先遍历左子树，再遍历右子树，最后遍历根结点。所以，右图的后序遍历序列是 DEBFGCA。

从上面的介绍可以看出，先序遍历序列的第一个结点一定是根结点，因此，本题中可以确定这个二叉树的根结点为 A。由中序遍历的特点可以把树分为三部分：根结点 A、A 的左子树和 A 的右子树。在中序遍历的序列中，在 A 结点前面的序列一定是在 A 的左子树上，在结点 A 后面的序列一定在 A 的右子树上。由此可以确定：A 的左子树包含的结点为 CDFEGH，右子树包含的结点为 B（见下图 a）。接下来对 A 的左子树上的结点采用同样的方法进行分析：对于序列 CDFEGH，先序遍历的时候先遍历到结点 D，因此，结点 D 是这个子树的根结点；通过对中序遍历进行分析可以把 CDFEGH 分为三部分：根结点 D、D 的左子树包含的结点为 C 和 D 的右子树上包含的结点为 FEGH（见下图 b）。然后对 FEGH 用同样的方法进行分析：在先序遍历的序列中先遍历到的结点为 E，因此，根结点为 E，通过分析中序遍历的序列，可以把这个序列分成三部分：根结点 E、E 的左子树上的结点 F 和 E 的右子树上的结点 GH（见下图 c）。最后分析结点 GH，在先序遍历序列中先遍历到 G，则说明 G 为根结点，在中序遍历序列中先遍历到结点 G，说明 H 是 G 右子树上的结点（见下图 d）。由此可以发现，通过先序遍历和中序遍历完全确定了二叉树的结构，可以非常容易地得出树的后续遍历序列为 CFHGEDBA。

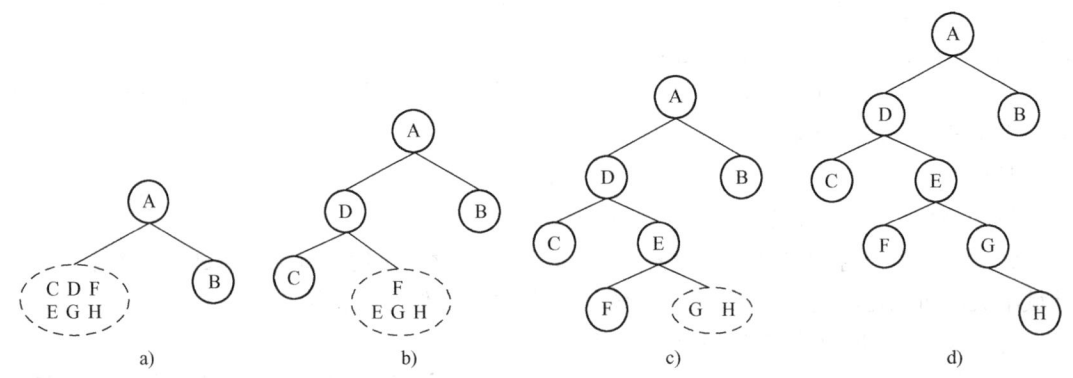

根据以上的分析可知，本题的答案为 D。

9．答案：C。

分析：给定 n 个权值为 n 的叶子结点，构造一棵二叉树，若带权路径长度达到最小，则称这样的二叉树为最优二叉树,也称为哈夫曼树(Huffman tree)。

通过定义可知,哈夫曼树是带权路径长度最短的树,权值较大的结点离根较近。所以,哈夫曼树中没有度为 1 的结点,假设度为 0 的结点个数为 x,度为 2 的结点个数为 y,则存在一个等式 x+y=2y+1,即 x=y+1,x+y 是树的总结点个数。所以,如果度为 0 的结点个数为 n,那么度为 2 的结点个数为 n-1,结点总数为 2n-1。

也可以这样理解,用 n 个权值(对应 n 个叶子结点)构造哈夫曼树,共需要 n-1 次合并,即哈夫曼树中非叶子结点的总数为 n-1,总结点个数为 2n-1。

本题中的结点总数为 4×2-1 = 7。所以,选项 C 正确。

二、多选题

1. 答案:ABC。

分析:表格(table)用于以网格的形式呈现二维数据,它基于行(tr)和单元格(td)组建而成,因此必须包含这 3 个元素才能实现表格的效果。

2. 答案:BC。

分析:选项 A 和选项 D 是无效的操作符。选项 B 中的 and 操作符用来连接媒体类型和媒体特性表达式,将它们组合成一条媒体查询。选项 C 中的 not 操作符用来否定整条媒体查询,但要注意,不能否定查询中的某个部分。

3. 答案:AB。

分析:题目中提到的路由之间的往返时间(Round Trip Time,RTT)指往返时间,即请求发送一个响应数据包,到得到一个回答数据包的时间。

对于选项 A,Traceroute 和 PING 是常用的两个网络测试工具。Traceroute 通过发送小的数据包到目的设备直到其返回,来测量其需要多长时间。一条路径上的每个设备 Traceroute 要测试 3 次。输出结果中包括每次测试的时间(ms)和设备的名称(如果有)及其 IP 地址。通过 Traceroute 可以知道信息从个人计算机到互联网另一端的主机是走什么路径。当然,每次数据包由某一同样的出发点(source)到达某一同样的目的地(destination)走的路径可能会不一样,但基本上来说,大部分时候所走的路由是相同的。很显然,通过 Traceroute 是可以显示源机器与目标机器之间的路由数量,以及各路由之间的 RTT。所以,选项 A 正确。

对于选项 B,PING(Packet Internet Groper,互联网包探索器),是用于测试网络连接量的程序。PING 发送一个 ICMP(Internet Control Messages Protocol)即互联网信报控制协议;回声请求消息给目的地并报告是否收到所希望的ICMP echo(ICMP 回声应答)。它是用来检查网络是否通畅或者网络连接速度的命令。作为一个生活在网络上的管理员,PING 命令是第一个必须掌握的DOS命令。它所利用的原理是这样的:利用网络上机器 IP 地址的唯一性,给目标IP地址发送一个数据包,再要求对方返回一个同样大小的数据包来确定两台网络机器是否连接相通,时延是多少。所以,选项 B 正确。

对于选项 C,FTP(File Transfer Protocol,文件传输协议)中文简称为"文传协议",它用于 Internet 上的控制文件的双向传输。所以,选项 C 错误。

对于选项 D,Telnet 协议是TCP/IP 协议簇中的一员,它是互联网远程登录服务的标准协议和主要方式,主要用于远程登录,为用户提供了在本地计算机上完成远程主机工作的能力。在终端使用者的计算机上使用 Telnet 程序,用它连接到服务器。终端使用者可以在 Telnet 程序中输入命令,这些命令会在服务器上运行,就像直接在服务器的控制台上输入一样,在本地就能控制服务器。所以，选项 D 错误。

三、填空题

1．答案：margin、padding、list-style-type。

分析：浏览器中的 ul 元素虽然默认包含外边距、内边距和列表外观，但是各个浏览器的默认值还不同，为了保持浏览器的一致性，统一元素的初始外观，经常会重置这 3 个 CSS 属性。

2．答案："undefined"、"object"。

分析：typeof 运算符能检测出 5 种内置类型和函数，执行完后会返回一个小写字母的类型字符串。当 typeof 检测基本类型中的 undefined 时，会返回 "undefined"。当检测基本类型 null 时，不是返回 "null"，而是返回 "object"。

3．答案：true、false。

分析：isPrototypeOf()方法是用于检测调用此方法的对象是否存在于指定对象的原型链中，构造函数 child()的原型指向构造函数 ancestor()，因此 ancestor()在 obj 的原型链上，调用 isPrototypeOf()方法得到的结果是 true。

instanceof 运算符是用于检测构造函数的原型是否存在于指定对象的原型链中，查看代码可知 ancestor()的原型并不在 obj 对象的原型链上，因此执行 instanceof 运算符得到的结果是 false。

4．答案：undefined、NaN。

分析：void 运算符能忽略操作数的计算结果而返回 undefined。全局属性 NaN（Not a Number）是一个特殊的数值，表示不是数字的数值，与它执行乘法运算，返回的还是 NaN。

四、问答题

1．答案：使用多媒体元素有以下 4 个方面的优势。

（1）支持移动设备，可为智能手机、平板电脑或其他移动设备提供丰富的观看体验。

（2）易于定制效果，使用传统的 CSS 就能为多媒体元素设计个性化的视觉体验，如渐变、阴影、遮罩和动画等。

（3）轻松实现响应式设计，能在不同媒体（如计算机屏幕、移动设备和辅助设备等）中渲染合适的样式，呈现最优的界面。

（4）语义化的元素，可提供明确的含义，提升文档的可访问性，便于阅读与理解。

2．答案：canvas 是 HTML5 新增的元素，该元素能创建一个固定大小的画布，在画布中可以绘制或处理要展示的内容（如图像、文本等），以下是它的特征和功能。

（1）只能通过 JavaScript 脚本来绘制图形，如矩形、圆等。

（2）如果要为图形设置 CSS 样式、文本或动画，那么也需要通过 JavaScript 来实现。

（3）canvas 元素有很强的图像操作能力，不但能实现图像合成与裁剪，还能修改图像的像素数据，实现滤镜的一些效果（如浮雕、模糊和黑白等）。

（4）如果在画布中绘制一个按钮，那么不能直接为这个按钮添加 DOM 事件（如单击、聚焦等）。

3．答案：Reset.css 和 Normalize.css 主要有 4 个方面的区别，如下所列。

（1）两者的哲学理念不同，Reset.css 倾向于统一元素的初始外观；而 Normalize.css 倾向于统一元素的表现形式。

（2）Reset.css 会牺牲元素的默认样式；而 Normalize.css 会有选择性地保留元素的默认样式。

（3）Normalize.css 能够修复浏览器的 bug；而 Reset.css 没有这个实用的功能。

（4）Reset.css 内容比较少，注释也不多；而 Normalize.css 有详细的注释，便于理解，并且用注释划分成了多个模块，便于管理。

4. 答案：一套经历过沉淀的 UI 库，有助于快速搭建页面，并且在兼容性、功能性等各方面都有保障。虽然现在市面上有很多精心雕琢的开源 UI 库，但可能某些方面不符合实际需求，而且要熟练驾驭第三方 UI 库，肯定需要一个过程，在这过程中必然会花费一定的时间与精力。如果是自己开发的 UI 库，那么就能以最小的代价调整成符合实际需求的 UI 库。开发 UI 库的过程也是学习和实践的过程，UI 库要做到小而全，自然会涉及很多平时不常用或不知道如何使用的概念，将这些概念纳入到 UI 库中，然后在应用 UI 库的时候，肯定会遇到各种问题，解决这些问题，不但有助于提升自己对概念的理解，还能激发创造力。

用 Sass 可以写出短小精悍的 UI 库，并且 Sass 有个导入功能（使用@import 关键字），非常适合模块化开发，其用法如下所示：

```
@import "../grid",
        "../button";
```

5. 答案：二进制分帧层改变了通信两端交互数据的方式，原先都是以文本传输，现在要先对数据进行二进制编码，再把数据分成一个个的帧，接着把帧送到数据流中，最后对方接收帧并拼成一条消息，再处理请求。在 2.0 版本中，通信的最小单位是帧（frame），若干个帧组成一条消息（message），若干条消息在数据流（stream）中传输，一个 TCP 连接可以分出若干条数据流，因此 HTTP/2.0 只要建立一次 TCP 连接就能完成所有传输。

6. 答案：使用 BOM 中的 Screen 对象能计算出当前显示器的分辨率。该对象有两个属性：width 和 height，分别表示当前显示器的宽度和高度（单位为像素）。如果要获取普通显示器的分辨率，那么利用这两个属性，就可以计算出。Window 对象的 screen 属性引用了 Screen 对象，下面是用 screen 属性计算分辨率的代码如下所示：

```
screen.width +"×"+ screen.height
```

如果要获取高清显示器（如 4K 显示器、Retina 屏等）的分辨率，那么还需要多一步计算。Screen 对象的两个属性只能读到物理像素，而高清显示器的 1 个像素可能包含 4 个、9 个甚至更多的物理像素，因此，在计算分辨率之前，需要先做一次转换。在 Window 对象中有个 devicePixelRatio（设备像素比）属性，就是物理像素与显示器像素在水平或垂直方向上的比例。像普通显示器，其值为 1；而像高清显示器，就有可能是 2、3、4 等。把 Screen 对象的宽度和高度分别和设备像素比相乘，就能得到高清显示器的分辨率了，代码如下所示：

```
var ratio = window.devicePixelRatio;
screen.width * ratio + "×" + screen.height * ratio;
```

7. 答案：document.write()和 innerHTML 都能将 HTML 字符串解析为 DOM 树，再将 DOM 树插入到某个位置，但两种在执行细节上还是有许多的不同，如下所列。

（1）write()方法存在于 Document 对象中，innerHTML 属性存在于 Element 对象中。

（2）document.write()会将解析后的 DOM 树插入到文档中调用它的脚本元素（<script>）的位置，而 innerHTML 会将 DOM 树插入到指定元素内。

（3）document.write()会将多次调用的字符串参数自动连接起来，innerHTML 要拼接需要

用赋值运算符"+=",代码如下所示:

```
//将两个参数拼接后输出
document.write("<p>strick</p>");
document.write("<p>freedom</p>");
//将两段 HTML 字符串拼接后输出
var container = document.getElementById("container");
container.innerHTML += "<p>strick</p>";
container.innerHTML += "<p>freedom</p>";
```

(4)只有当文档还在解析时,才能使用 document.write(),否则会将当前文档覆盖掉。而 innerHTML 属性则没有这个限制。代码如下所示,整个文档会被替换成一个单词"freedom"。

```
window.onload = function() {
  document.write("freedom");
};
```

8. 答案:首先控制视口的尺寸和缩放级别,并且禁止手动缩放(代码如下所示),使得页面能在移动设备中正确显示。

```
<meta name="viewport"
content="initial-scale=1,maximum-scale=1,minimum-scale=1,user-scalable=no">
```

然后用相对单位 rem 对页面进行布局,单位是 rem 的值会参照根元素(也就是 html 元素)的字体大小进行计算,这样就能保证在各种尺寸的屏幕中呈现比较一致的视觉效果。要实现这种弹性布局,对根元素设置合适的字体大小是关键。目前对它的计算方式有多种,可以先预设两个值:视口的参照宽度(即设计稿的宽度)和根元素的参照字体大小,例如,把这两个值设为 640 和 100,计算代码如下所示,其中 window.innerWidth 读取的是视口的实际宽度。

```
function resize() {
  var designWidth = 640,
    baseSize = 100,
    html = document.documentElement;
  html.style.fontSize = window.innerWidth * baseSize / designWidth + "px";
}
resize();
```

接着把这段代码加在合适的事件中再执行一次(如下面的 DOMContentLoaded 事件),保证能读取到视口的实际宽度。

```
document.addEventListener("DOMContentLoaded", function() {
  resize();
});
```

最后将上述两段代码放置在 CSS 文件之前,保证在加载 CSS 的时候,根元素已经被设置了合适的字体大小。这是一种比较简单的适配方案,如果要想让界面更加细腻,可以把设备像素比也纳入到计算中。

9. 答案:Object.is()方法用于判断两个值是否相同,内部实现了 SameValue 算法,其行为类似于全等(===)比较,但它认为两个 NaN 是相等的,而+0 和-0 却是不等的。

10. 答案:for-of 是 ES6 新增的一种循环语句,当要遍历一个可迭代对象时,会先通过它的 Symbol.iterator 属性得到默认迭代器,再调用迭代器的 next()方法,读取 IteratorResult 的 value 属性的值并赋给 for-of 语句中声明的变量,如此反复,直到 done 属性为 ture 时才终止遍历。而和其他循环语句一样,for-of 循环也能通过跳转语句 return、break 和 continue 提前终止。

11. 答案:代码拆分(Code Splitting)是指将应用程序的代码拆分成多个独立的模块,

在特定条件（如导航到某个页面或触发某个事件）下按需加载，从而能够减少首屏时间和所需加载的代码量。借助 webpack 或 Browserify 这类构建工具就能实现文件的打包和运行时的动态加载。

12．答案：组件的生命周期（Life Cycle）包含 3 个阶段：挂载（Mounting）、更新（Updating）和卸载（Unmounting），在每个阶段都会有相应的回调方法（也叫钩子）可供选择，从而能更好地控制组件的行为。

（1）在挂载阶段，回调函数有 constructor()、componentWillMount()、render()和 componentDidMount()。

（2）在更新阶段，回调函数有 componentWillReceiveProps()、shouldComponentUpdate()、componentWillUpdate()、render()和 componentDidUpdate()。

（3）在卸载阶段，回调函数只有一个无参数的 componentWillUnmount()。

13．答案：class 是 JavaScript 中的关键字，JSX 只是扩展了 JavaScript 的语法，因此不能直接使用。而在实际项目中，为了降低开发复杂度，常借助第三方的 classnames 库来处理元素的 CSS 类。

14．答案：Router 是 React Router 提供的基础路由器组件，一般不会直接使用。在真实的运行环境（如浏览器、React Native）中，通常引用的是封装了 Router 的高级路由器组件：BrowserRouter、HashRouter 和 MemoryRouter。

15．答案：webpack 是一个静态模块打包器，此处的模块可以是任意文件，包括 Sass、TypeScript、模板和图像等。webpack 可根据输入文件的依赖关系，打包输出浏览器可识别的 JavaScript、CSS 和 HTML 等文件，并且能对图像做优化处理。

16．答案：SVN 是 Subversion 的简称，它与 Git 的区别如下所列。

（1）Git 是一款分布式版本控制系统，而 SVN 是一款集中式版本控制系统。

（2）Git 会以 40 位的 Hash 值作为版本号，而 SVN 会以递增的数字作为版本号，并且全局唯一。

（3）Git 可以断网工作，而 SVN 必须联网才能工作。

（4）Git 在创建分支时会生成一个指向提交对象的可变指针，而 SVN 在创建分支时会执行廉价的复制，即建立一个已存在的目录树入口，相当于 UNIX 中的硬链接。

（5）Git 存储的是文件快照，而 SVN 存储的是文件或目录的变化。

（6）Git 允许使用 rebase 命令修改提交历史，而 SVN 的提交历史无法更改。

17．答案：Vue.extend()能创建一个 Vue 构造器（代码如下所示），由于其参数就是组件的选项，因此可预设部分选项，从而扩展 Vue 实例。

```
var BtnCustom = Vue.extend({
  data: function() {
    return { name: "strick" };
  },
  template: '<button>{{name}}</button>'
});
```

创建的构造器可挂载到一个元素上，也可以注册为全局或局部的组件，代码如下所示：

```
new BtnCustom().$mount('#container');        //挂载
Vue.component("btn-custom", BtnCustom);      //全局注册
var vm = new Vue({                           //局部注册
```

```
        el: "#container",
        components: {
          "btn-custom": BtnCustom
        }
      });
```

18. 答案：当没有明确指定类型时，TypeScript 会根据类型推论的规则推断出一个合适的类型。例如，下面的 digit 变量被推断为数字，第二条语句会为其赋一个字符串，在编译时会报错。

```
        let digit = 10;
        digit = "10";
```

如果声明变量时未赋值，那么该变量会被推断为 any 类型，代码如下所示，param 变量的值既可以是数字，也可以是字符串。

```
        let param;
        param = 10;
        param = "10";
```

当需要从几种类型中推断时，会选择一种最合适的通用类型。例如，下面的 arr 数组，其元素包含两种类型：number 和 string，推断结果为联合数组类型：(number | string)[]。

```
        let arr = [0, "a"];
        arr.push("b");
        arr.push(1);
```

五、编程题

1. 答案：当单击文档中的一个元素（如按钮）时，它会触发单击事件，同时此元素的容器元素也会触发单击事件，如果容器元素之上还有其他元素，那么也要触发单击事件，以此类推，发生一连串连锁效应，浏览器的这种行为就叫事件传播（Event Propagation）。事件传播描述了文档中的元素接收事件的顺序，总共有两种事件传播的形式：冒泡和捕获。DOM 中的事件对象有一个 stopPropagation()方法，可以阻止事件传播。IE 中的事件对象可以通过设置 cancelBubble 属性来阻止冒泡传播，具体实现代码如下所示：

```
        var btn = document.getElementById("btn");
        btn.onclick = function(event) {
          event = event || window.event;        //兼容处理
          event.stopPropagation();
          event.cancelBubble = true;
        };
```

2. 答案：由于复选框都是以组来使用的，所以要读取选中的值，最简单的方式是使用遍历，依次获取各个元素，再检测该元素的 checked 属性。具体实现代码如下所示：

```
        var colors = document.getElementsByName("color");
          values = [];                          //选中的值
        colors = [].slice.call(colors);         //将类数组对象转换为数组
        colors.forEach(function(element, key) {
          if(element.checked)
            values.push(element.value);
        });
```

3. 答案：FileReader 用于读取一个 File 对象（即选择的文件），读取到的内容可用 ArrayBuffer 对象、二进制字符串、Unicode 文本字符串或 Data URI 格式的字符串表示。有了 FileReader 后，就能将文件内容异步传输到服务器上。读取文件分为以下 4 步。

（1）为上传按钮注册 change 事件。
（2）从 File 元素的 files 属性中取得当前选择的文件。
（3）创建一个 FileReader 实例。
（4）通过 readAsDataURL()方法获取 Data URI 格式的文件内容。

具体实现代码如下所示：

```javascript
var upload = document.getElementById("upload");
upload.addEventListener("change", function() {
    var file = this.files[0];                    //获得文件对象
    var reader = new FileReader();               //创建 FileReader 实例
    reader.readAsDataURL(file);
    reader.onload = function(e) {
        //Data URI 格式的文件内容
        console.log(this.result);
    };
}, false);
```

4．答案：获取最大差值的两个元素，换个说法就是获取最大值和最小值。对于都是数字元素的数组，有一种简单的实现方式，那就是间接调用 Math 对象的 max()和 min()方法获得数组中的最大值和最小值，然后把这两个值相减得到的结果就是最大差值，具体代码如下所示：

```javascript
function difference(arr) {
    var max = Math.max.apply(this, arr);
    var min = Math.min.apply(this, arr);
    return max - min;
}
```

5．答案：侦听器能监听数据对象的属性和计算属性的变化，适合在数据变化时执行异步或高开销的操作，其配置如下所示：

```javascript
var vm = new Vue({
    data: {
        name: "strick"
    },
    watch: {
        name: function (val, oldVal) {
            console.log(val, oldVal);
        }
    }
});
```

watch 选项是一个对象，其键是要监听的属性名，对应的值可以是回调函数、字符串、对象等。回调函数包含两个参数，前者是属性的新值，后者是属性的旧值。

如果要监听一个对象的变化而不是它的某个属性，则代码可如下所示，增加一个 deep 参数，将其设为 true。注意，Vue 不会保留修改之前的对象副本，因此回调函数中的 val 和 oldVal 指向了同一个对象。

```javascript
var vm = new Vue({
    data: {
        people: {
            name: "strick",
            age: 28
        }
```

```
        },
        watch: {
          people: {
            handler: function(val, oldVal) {
              console.log(val, oldVal);
            },
            deep: true
          }
        }
      });
```

6. 答案：首先创建用于继承的 Person 和 Programmer 两个类，代码如下所示：

```
class Person {
  name: string;
}
class Programmer {
  work() { }
}
```

然后将这两个类当作接口，通过 implements 继承，并在新创建的 Man 类中为混入进来的属性和方法提供占位属性。注意，可以为继承的属性赋值，但不能实现继承的方法，只提供函数签名，下面代码中的 "=>" 符号只是用来声明方法的返回值类型。

```
class Man implements Person, Programmer {
  //Person
  name: string = "strick";
  //Programmer
  work: () => void;
}
```

接着定义用来执行混入操作的辅助函数 applyMixins()，并将 3 个类传入到该函数中，代码如下所示。

```
function applyMixins(derivedCtor: any, baseCtors: any[]) {
  baseCtors.forEach(baseCtor => {
    Object.getOwnPropertyNames(baseCtor.prototype).forEach(name => {
      Object.defineProperty(
        derivedCtor.prototype,
        name,
        Object.getOwnPropertyDescriptor(baseCtor.prototype, name)
      );
    });
  });
}
applyMixins(Man, [Person, Programmer]);
```

经常这一系列步骤之后，实例化 Man 类，就能成功调用 Person 的 name 属性和 Programmer 的 work() 方法了，代码如下所示：

```
let man = new Man();
man.name;
man.work();
```

六、智力题

答案：B。

分析：用 3 位二进制数代表 8 瓶酒，如下表。

瓶　序　号	二进制表示	中　毒　情　况
第一瓶	000	全没中毒
第二瓶	001	只有第一只老鼠中毒
第三瓶	010	只有第二只老鼠中毒
第四瓶	011	第一只老鼠、第三只老鼠同时中毒
第五瓶	100	只有第三只老鼠中毒
第六瓶	101	第一只老鼠、第三只老鼠同时中毒
第七瓶	110	第二只老鼠、第三只老鼠同时中毒
第八瓶	111	三只老鼠同时中毒

其中，给第一只老鼠喂下最低位为 1 对应的酒，给第二只老鼠喂下中间位为 1 对应的酒，给第三只老鼠喂下最高位为 1 对应的酒。所以，选项 B 正确。

真题详解 19　某知名监控产品供应商和解决方案服务商前端工程师笔试题

一、单选题

1. 答案：A。

分析：矢量图形（Vector Graphics）由点和线组成，把点看成是一个坐标，在两个点之间用曲线或直线连接，可以组成任何形状。由此可知，矢量图形并不是由无数个像素点组成的，选项 A 的描述并不准确。

2. 答案：D。

分析：由于 userData 是 IE 独有的数据存储技术，这是一种持久化存储方式，因此即使关了浏览器也不会清除这些数据，但可以设置失效日期。userData 可将数据寄存在 HTML 元素中，能够存储 1 MB 左右的数据。

3. 答案：A。

分析：Firefox 和 IE8+会忽略带星号的属性，所以它们的宽度为 20 px。IE6 和 IE7 都能识别带星号的属性，但 IE7 能够正确提升带!important 属性的权重，所以 IE7 的宽度为 15 px。IE6 在当前的声明块中有一个错误（bug），不能正确解析!important，所以最后的宽度为 10 px。

4. 答案：D。

分析：选项 A 中的 column-count 可指定允许的最大列数；选项 B 中的 column-gap 可指定列与列之间的间隔；选项 C 中的 column-rule 可指定列的边框。

5. 答案：B。

分析：要想找出正确答案，首先需要弄懂数字签名的定义，在 ISO 7498-2 标准中，数字签名的定义如下："附加在数据单元上的一些数据，或者对数据单元所做的密码变换，这种数据和变换允许数据单元的接收者用以确认数据单元来源和数据单元的完整性，并保护数据，防止被人（如接收者）进行伪造"。它是不对称加密算法的典型应用，依靠公钥加密技术来实现。在公钥加密技术里，每一个使用者都有一对密钥：一把公钥和一把私钥，公钥可以自由发布，但私钥则秘密保存。

具体而言，数字签名的应用过程如下：数据源发送方使用自己的私钥对数据校验和其他与数据内容有关的变量进行加密处理，完成对数据的合法"签名"，数据接收方则利用对方的公钥来解读收到的"数字签名"，并将解读结果用于对数据完整性的检验，以确认签名的合法性。数字签名技术是在网络系统虚拟环境中确认身份的重要技术，完全可以代替现实过程中的"亲笔签字"，在技术和法律上有保证。在公钥与私钥管理方面，数字签名应用与加密邮件PGP（Pretty Good Privacy）技术正好相反。在数字签名应用中，发送者的公钥可以很方便地得到，但他/她的私钥则需要严格保密。

为了更好地说明数字签名，引用一个较为通俗易懂的实例。

（1）A 有两把钥匙，一把是公钥，另一把是私钥。

（2）A 把公钥送给 B、C、D，每人一把。

（3）D 要给 A 写一封保密的信。他写完后用公钥加密，就可以达到保密的效果。

（4）A 收到信后，用私钥解密，就看到了信件内容。注意，只要私钥不泄露，这封信就是安全的，即使落在别人手里，它也是无法被解密的。

（5）A 给 D 回信，决定采用"数字签名"。他写完后先用 Hash 函数，生成信件的摘要（digest）。

（6）然后，A 使用私钥，对这个摘要加密，生成"数字签名"（signature）。

（7）A 将这个签名，附在信件下面，一起发送给 D。

（8）D 收到信后，取下数字签名，用 A 的公钥解密，得到信件的摘要。由此证明，这封信确实是 A 发出的。

（9）D 再对信件本身使用 Hash 函数，将得到的结果与上一步得到的摘要进行对比。如果两者一致，就证明这封信未被修改过。

（10）复杂的情况出现了：C 想欺骗 D，他偷偷使用了 D 的计算机，用自己的公钥换走了 A 的公钥。此时，D 实际拥有的是 C 的公钥，但是还以为这是 A 的公钥。因此，C 就可以冒充 A，用自己的私钥做"数字签名"，写信给 D，让 D 用假的公钥进行解密。

（11）后来，D 感觉不对劲，发现自己无法确定公钥是否真的属于 A。她想到了一个办法，要求去找"证书中心"（Certificate Authority，CA）为公钥做认证。证书中心用自己的私钥，对 A 的公钥和一些相关信息一起加密，生成"数字证书"（Digital Certificate）。

（12）A 拿到数字证书以后，就可以放心了。以后再给 D 写信，只要在签名的同时，再附上数字证书就行了。

（13）D 收信后，用 CA 的公钥解开数字证书，就可以拿到真实的公钥了，然后就能证明"数字签名"是否真的是 A 签的。

根据上面的分析可知，选项 B 是正确的。

6. 答案：B。

分析：端口是计算机与外界通信交流的出口。其中硬件领域的端口又称接口，例如，USB 端口、串行端口等。软件领域的端口一般指网络中面向连接服务和无连接服务的通信协议端口，是一种抽象的软件结构，包括一些数据结构和 I/O（基本输入/输出）缓冲区。

具体而言，操作系统一共有 65535 个端口可用。一般用到的是 1～65535，其中，0 不使用，1～1023 为系统端口，也叫保留端口，这些端口只有系统特许的进程才能使用，被分配给一些常见的重要服务（如 HTTP、FTP 和 SSH 等）。1024～65535 为用户端口，又分为临时端口（1024～5000）和服务器（非特权）端口（5001～65535），其中，一般的应用程序使用 1024～4999 来进行通信。服务器（非特权）端口，用来给用户自定义端口。大于 1024 的端口作为随机分配之用。

根据以上描述可知，系统端口为小于 1024 的端口。所以，选项 B 正确。

7．答案：A。

分析：栈是一个后进先出、先进后出的数据结构，当采用选项 A 的方案时，两个栈的栈底位置分别设在了存储空间的两端，栈顶各自向中间延伸，两个栈的空间就可以相互调节，充分共享所有的存储空间，互补余缺，只有在整个存储空间被占满时，才会发生上溢，这样产生上溢的概率要小得多。所以，选项 A 正确。

如果采用选项 B 或者选项 C 的方案，相当于把数组平均分配给两个栈，各自有独立的存储空间，即使当栈 s2 为空的时候，栈 s1 最多能存储的元素个数为 n/2。所以，选项 B、选项 C 错误。

对于选项 D，s1 的栈底位置设置不正确，所以，选项 D 错误。

8．答案：D。

分析：由于二叉树的中序遍历序列为 SYZ，所以，可以分别以字符 S、Y、Z 为根构建二叉树。

（1）S 为根。此时可以构建两种不同的二叉树。二叉树结构如下图所示。

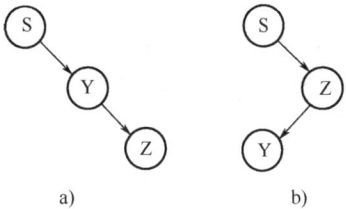

a)　　　　b)

（2）Y 为根。此时可以构建一种二叉树。二叉树结构如下图所示。

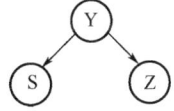

（3）Z 为根。此时可以构建两种不同的二叉树。二叉树结构如下图所示。

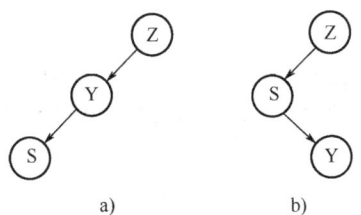

a)　　　　b)

所以，一共可以构建 2+1+2=5 种不同的二叉树，选项 D 正确。

9．答案：D。

分析：只要找出了题目的关键路径，问题就迎刃而解了。根据题目意思，可以将构建一套完整版本的各个步骤进行如下编号归类。

（1）美术组向 client 程序组提供图像资源：10 min。

（2）产品组向 client 程序组提供文字内容资源：10 min。

（3）产品组向 server 程序组提供文字内容资源：10 min。

（4）server 程序组的源代码进行编译：10 min。

（5）client 程序组的源代码进行编译：10 min。

（6）client 程序组的程序在编译完毕后进行统一加密：10 min。

除了活动（6）以外，剩下的事情都可以在第一个 10 min 内并发完成。所以，至少需要 20 min 的耗时，选项 D 正确。

二、多选题

1．答案：ABCD。

分析：iframe 元素能把一个文档嵌入到另一个文档中，并且能让两个文档保持独立。利用这个特点可以实现 4 个选项中的功能。

2．答案：AB。

分析：选项 C 中的 keydown 事件是由键盘触发的，选项 D 中的 touchstart 是一种触摸事件，专门用于移动设备。

3．答案：CD。

分析：本题中，对于选项 A，当数据完全有序时，插入排序的时间复杂度就是 $O(n)$。所以，选项 A 中的描述是正确的。

对于选项 B，当二叉树退化成线性表（只有一叉）出现时，排序二叉树元素查找的复杂度可能为 $O(n)$。所以，选项 B 中的描述也是正确的。

对于选项 C，快速排序只对无序、随机序列有优势，针对有序序列，其排序反而没有了优势，在这种情况下，快速排序的效率最低，时间复杂度为 $O(n^2)$。所以，选项 C 中的描述是错误的。

对于选项 D，在有序列表中通过二分查找的复杂度是 $O(logn)$，而不是 $O(nlogn)$。所以，选项 D 中的描述也是错误的。

三、填空题

1．答案：61.67、103.33、135。

分析：伸缩容器的剩余空间为 70 px，这个值是通过（300 − 50 − 80 − 100）计算而来的。从上面代码中可知 3 个子元素的 flex-grow 属性值的总和为 6，下面是计算子元素最终宽度的公式。

最终宽度 = flex-grow / flex-grow 总和 * 剩余空间 + flex-basis

把各个值代入到公式中，得到 3 个结果：61.67、103.33 和 135（具体计算过程如下所列），加起来正好是 300，等于容器的宽度。

子元素 1 = 1 / 6 * 70 + 50 = 61.67

子元素 2 = 2 / 6 * 70 + 80 = 103.33

子元素 3 = 3 / 6 * 70 + 100 = 135

2．答案：order。

分析：元素会按照 HTML 文档中的位置排列，位置在前的先显示，位置在后的后显示。order 属性能够改变元素的显示顺序，它的值是一个数字，越小越靠前。

3．答案："[object Null]"、"[object Undefined]"。

分析：Object 的 toString()方法能返回格式为"[object Type]"的字符串，其中，Type 是对象的类型。如果传入 null，那么 Type 对应的值为"Null"；如果传入 undefined，那么 Type 对应的值为"Undefined"。

4．答案：1。

分析：当把 outer()作为一个参数传递给即时函数，并在内部调用时，就构建了一个闭包。虽然在即时函数中也定义了 a 变量，但由于闭包的关系，outer()调用的其实是它声明时所处的作用域中的 a 变量，而该变量的值是 1。

四、问答题

1．答案：HTML5 还支持 embed 和 track 元素。embed 元素用于嵌入外部资源，如 SVG 矢量图形、应用程序或插件等。track 元素是 audio 和 video 的子元素，为多媒体文件添加辅助文本信息，如字幕、屏幕阅读器说明和主题等。在 Chrome 浏览器中，可用 WebVTT（网络视频文本轨道）文件和 track 元素结合（代码如下所示），给媒体资源添加可同步显示的字幕，效果如右图所示。

```
<video>
    <source src="video/piano.webm" type="video/webm" />
    <track kind="subtitles" src="video/piano.vtt" label="中文" srclang="zh" default />
</video>
```

2．答案：Web 存储分为本地存储（Local Storage）和会话存储（Session Storage），可以简单地把它们看作改进版的 Cookie，它弥补了 Cookie 的诸多不足，如增加了 HTTP 首部的内容、容易被劫持、大小被浏览器限制在 4 KB 左右等。

3．答案：UI 库可以简单地分为基础组件和 UI 组件两部分：基础组件相当于通用零件，它放在任何地方都能用，如网格系统、字体排版等；UI 组件相当于专用零件，它应用于特定领域，完成特定功能，如表单控件、表格等。UI 库的组件根据实际情况，可多可少，Sass 的导入功能使得组件可以按需加载，不但能提高代码重用率，还能降低耦合度。

4．答案：Bootstrap 之所以如此流行，主要是因为它具有以下几个优势。

（1）Bootstrap 从诞生到现在，一直在更新，从响应式布局，到移动设备优先，总是走在时代最前沿。

（2）Bootstrap 包含了常用的页面组件和交互效果，美观精致、简单易用、文档齐全、快速上手，能用最短的时间搭建出兼容性高、体验性好的 Web 项目。

（3）Bootstrap 中的命名都用明确语义的单词组成，用途一目了然，并且给元素配置了合适的 ARIA 属性，促进了无障碍访问。

（4）Bootstrap 拥有良好的生态圈，基于 Bootstrap 的插件或皮肤如雨后春笋般得涌现，这也使得 Bootstrap 可以适应更多的环境。

（5）Bootstrap 有极佳的可定制性，它的样式是用 CSS 预处理器 Less 编写的，动态交互都被封装成了插件，所以可以有选择性地下载自己需要的部分。

5．答案：TCP 是一种可靠的通信协议，中途如果出现丢包，那么发送方就会根据重发机制再发一次丢失的包，由于通信两端都是串行处理请求的，因此接收端在等待这个包到达之前，不会再处理后面的请求，这种现象称为队首阻塞。

6．答案：由于 DocumentFragment（文档片段）是一种独立的结点，默认不属于任何文档，因此它没有父结点，但它可以包含多种类型的子结点，如 Element、Text 或 Comment 等。在文档中直接操作结点有时候会引起 DOM 树的重绘或重排。例如，一下子插入大量的结点，势必会降低脚本的性能，而如果将要插入的结点先保存在文档片段中，把文档片段作为一个临时的结点仓库，然后在文档片段中对结点进行排版、加样式、改内容等操作，最后把整个文档片段插入到文档中，就能大大减少文档的重绘或重排次数，提升脚本性能。下面是一个简单的例子，演示了将结点先插入到文档片段中，再附加到当前文档内。

```
var fragment = document.createDocumentFragment(),
    p;
for (var i = 0; i < 10; i++) {
    p = document.createElement("p");
    p.innerHTML = i;
    p.style.width = "100px";
    fragment.appendChild(p);
}
document.body.appendChild(fragment);
```

7．答案：jQuery 是一套跨浏览器、多功能、可扩展、简单易学的 JavaScript 类库。它具有如下特色。

（1）强大的兼容处理，它修复了浏览器之间的差异。

（2）简洁的链式语法，结合函数式编程技巧就能用少量的代码完成一系列功能。

（3）花式元素操作法，可对文档中的元素进行查找、读写属性、控制样式、注册事件等操作。

（4）一套实用的工具，可快速实现 Ajax、动画、浏览器嗅探、函数式编程等功能。

（5）良好的可扩展性，吸引了众多开发者为其设计插件，从而建立起了成熟的生态圈。

8．答案：在 content 属性中定义合适的值能让 HTML 文档在小尺寸的屏幕上正确显示，属性值可包括多个键值对，具体如下表。

关 键 字	描 述	值
width	视口宽度	device-width（设备宽度）或确切的像素数（如 500）
initial-scale	视口初始缩放级别	0～10 之间的正数，1 表示无缩放，值越小页面越精细
maximum-scale	视口能缩放的最大值	0～10 之间的正数
minimum-scale	视口能缩放的最小值	0～10 之间的正数
user-scalable	是否可以手动缩放	yes 或 no

9．答案：Object.assign()方法可将多个对象合并成一个，它的第一个参数是目标对象，剩

余的参数都是源对象,返回值是最终的目标对象。

10. 答案:生成器在声明时,需要把星号加到 function 关键字与函数名之间,但 ES6 没有规定星号两边是否需要空格,因此下面 4 种写法都是允许的。

```
function* generator() {}
function*generator() {}
function *generator() {}
function * generator() {}
```

11. 答案:当动态加载的组件还未完成时,就需要通过 Suspense 组件来显示备用内容(如正在加载中的提示),代码如下所示,其中 fallback 属性接受任何在组件加载过程中所要展示的 React 元素。

```
const Title = React.lazy(() => import('./Title'));
function Article() {
  return (
    <div>
      <Suspense fallback={<div>Loading…</div>}>
        <Title />
      </Suspense>
    </div>
  );
}
```

12. 答案:如果组件的行为不依赖于 state,那么就称为无状态组件。这类组件代码量少、可读性高、易于测试、性能更好,还能完全避免使用 this 关键字。

13. 答案:React 元素都包含 style 属性,用来定义内联样式。style 的属性值是一个对象而不是一段字符串,该对象的属性就是 CSS 属性,但属性名要用小驼峰的方式命名,如 line-height 改成 lineHeight。

14. 答案:history 会将浏览过的页面组织成有序的堆栈,其中 push()在栈顶添加一条新的页面记录,replace()能替换当前的页面记录。

15. 答案:在 webpack.config.js 中,entry 字段是一个入口,记录着需要处理的模块。从这个入口开始,webpack 会递归地构建出模块之间的依赖关系。

16. 答案:Fiddler 是一款免费的、基于 Windows 系统的代理服务器软件(即 Web 调试抓包工具),由 Eric Lawrence 用 C#语言在 2003 年 10 月发布了第一个版本。注意,由于 Fiddler 依赖 Microsoft .NET Framework 2.0 或更高版本,因此在运行 Fiddler 之前需要预先将其安装。

17. 答案:组件的命名方式有连字符分隔式,如 btn-custom;还有另一种大驼峰式,如 BtnCustom。当把组件引用至字符串模板中时,两种命名方式都是有效的;而当把组件直接应用到 DOM 模板中时(如下所示),就不能用大驼峰命名,因为标签会被自动转换成小写(即 <btncustom>),于是就找不到这个组件的定义,进而抛出错误。

```
<div id="container">
  <BtnCustom></BtnCustom>
</div>
```

18. 答案:简单地说,当需要让属性只读时,可以使用 readonly;而当要让变量只读时,需要用 const。

五、编程题

1. 答案:事件委托(Event Delegation)是一种提高程序性能,降低内存空间的技术手段,它利用了事件冒泡的特性，只需在某个祖先元素上注册一个事件，就能管理其所有后代元素上同一类型的事件。接下来用一个例子来描述委托，先创建一段 HTML 文档，包含一个容器元素<div>，以及它的 3 个子元素。

```html
<div id="delegation">
    <button type="button">提交</button>
    <button type="button">返回</button>
    <button type="button">重置</button>
</div>
```

然后只要给容器元素注册单击事件，那么它的 3 个子元素也能执行这个单击事件，这其实就是一种委托。再通过事件对象的 target 属性，就能分辨出当前运行在哪个事件目标上，代码如下所示：

```javascript
var container = document.getElementById("delegation");
container.addEventListener("click", function(event) {
    event.target;
}, false);
```

使用委托后就能避免对容器中的每个子元素注册事件，并且如果在容器中动态添加子元素，新加入的子元素也能使用容器元素上注册的事件，而不用再单独绑定一次事件处理程序。

2. 答案：Ajax 是借助 HTTP 来完成通信的，因此需要通过 XHR 对象设置请求方法、请求 URL、请求首部和请求实体（即请求内容）。具体实现代码如下所示：

```javascript
//用构造函数 XMLHttpRequest()创建 XHR 对象
var xhr = new XMLHttpRequest();
//监听 XHR 对象上的 readystatechange 事件
xhr.onreadystatechange = function() {
    if (xhr.readyState == 4) {
        if (xhr.status == 200) {
            //…
        }
    }
};
//指定请求的方法和 URL
xhr.open("post", "server.php", true);
//指定请求首部
xhr.setRequestHeader("Content-Type", "application/x-www-form-urlcoded");
//传递 FormData 类型的数据
var data = new FormData();
data.append("id", 1);
data.append("name", "strick");
xhr.send(data);
```

3. 答案：当创建一个 jQuery 插件时，本质上是在扩展 jQuery 类库。开发 jQuery 插件很简单，只要在$.fn（jQuery 对象的原型）上分配一个插件名，再指向一个新的函数，就能成功创建一个新的 jQuery 插件。但通常还会再做一个操作，就是用即时函数（IIFE）把 jQuery 映射成美元符号（$）。这样既能避免$与其他 JavaScript 类库发生冲突，也能隔离插件中的变量，防止它们污染其他作用域，具体代码写法如下所示：

```javascript
(function($) {
    $.fn.customPlugin = function() {
    };
})(jQuery);
```

```
//调用插件
$("#container").customPlugin();
```

4．答案：数组的交集是指都包含的元素，可以通过 Array 对象的两个方法 filter()和 indexOf()找到两个数组中的交集。filter()方法接收两个参数：第一个参数是一个回调函数；第二个参数是一个可选值，表示执行回调函数时使用的 this 对象（即调用上下文）。它能过滤掉回调函数结果为假值的元素，然后把剩余的元素组成一个新数组。具体的实现思路是用 filter()方法遍历第一个数组，然后用第二个数组是否包含当前元素作为过滤条件，代码如下所示：

```
function intersection (arr1, arr2) {
    return arr1.filter(function(value, index) {
        return arr2.indexOf(value) >= 0;
    });
}
```

5．答案：可在实例的 directives 选项中注册局部指令，例如，为文本框自动输入一段字符，代码如下所示。其中 autoEnter 是指令名称，它的值是一个指令的定义对象。注意，在元素中使用该自定义指令时，不能采用驼峰的方式。

```
<input v-auto-enter/>
<script>
    var vm = new Vue({
        directives: {
            autoEnter: {
                inserted: function(el) {
                    el.value = "strick";
                }
            }
        }
    });
</script>
```

也可以在创建 Vue 实例之前，通过 Vue.directive()方法注册全局指令，代码如下所示：

```
Vue.directive("autoEnter", {
    inserted: function(el) {
        el.value = "strick";
    }
});
var vm = new Vue({...});
```

六、智力题

答案：B。

分析：如下图所示，假设最外围的矩形 1 为大地图，第二大的矩形 2 为小地图，它们是成比例放大的。大地图中的小矩形 3，必然也存在于小矩形 2 中。小矩形 4 也必然存在于矩形 3 中。按照此思想，两地图重合的区域越来越小，最后会趋近于一个点。

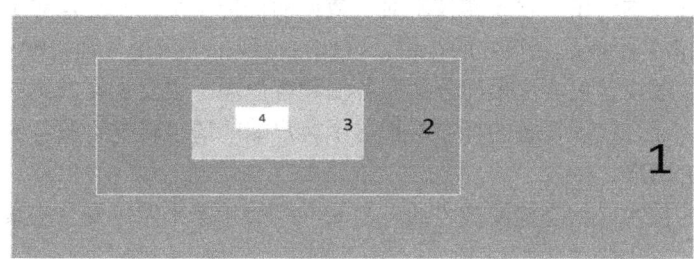

其实，任意两个点之间的距离，经过放大或缩小后，距离肯定也变了，相对位置也变了，不可能在大地图和小地图上还能重合。所以，选项 B 正确。

真题详解 20 某知名即时通信软件服务公司前端工程师笔试题

一、单选题

1．答案：C。

分析：当用户访问网站的时候，会发起大量请求，大部分是基于 HTTP 的 HTTP 请求，而 HTTP 是无状态的（每个请求都是独立的，前后没有联系），这会严重阻碍交互式 Web 的实现。Cookie 的出现，可以使得在浏览器和服务器之间传递额外的数据，通过 Cookie 可以保持请求状态，解决刚刚所面临的问题，所以，选项 C 恰恰是 Cookie 的优点。

2．答案：C。

分析：Web 存储与 Cookie 相比，不但拥有更大的存储容量，还能避免将存储的信息传递给服务器。

3．答案：D。

分析：选项 A、选项 B 和选项 C 中的属性都用于侧轴对齐。align-items 属性控制容器中所有子元素的对齐方式；align-self 属性只能控制一个子元素的对齐方式；align-content 属性只有在多行的时候才会有效果。

4．答案：A。

分析：小屏幕使用的类前缀是.col-sm-；中等屏幕使用的类前缀是.col-md-；大屏幕使用的类前缀是.col-lg-。

5．答案：C。

分析：所谓防火墙指的是一个由软件和硬件设备组合而成的在内部网和外部网之间、专用网与公共网之间构造的保护屏障，是一种获取安全性方法的形象说法。通常，实现防火墙的主流技术有 3 种。

（1）包过滤技术。包过滤是使用很早的一种防火墙技术，它在基于 TCP/IP 的数据报文进出的通道上工作，对这两层数据进行监控，对每个数据包的头部、协议、地址、端口和类型等信息进行详细分析，并与提前设定好的防火墙过滤规则（Filtering Rule）进行比对，只要发现一个包的某个或多个部分与过滤规则匹配并且条件为"阻止"的时候，就会丢弃这个包。

（2）应用代理技术。由于包过滤技术对于数据的保护不是很完善，对于一些特殊的攻击方式（如 SYN 攻击）不能起到很好的作用，因此，出现了"应用代理"（Application Proxy）技术的防火墙。代理设备包含两个部分：服务端和客户端。主要工作方式：当服务端接收来自用户的请求时，通过代理设备的客户端把这个客户端的请求转发给服务器，把从服务器接收到的响应转发给用户。

（3）状态检测技术。状态检测技术通过检测网络的状态来做出安全决策，工作方式为在不影响网络正常工作的前提下采用抽取相关数据的方法对网络通信的各个层次实行监测，并根据预定义的过滤规则做出安全决策。

网络地址转换（Network Address Translation，NAT）是一种将私有（保留）地址转化为合法 IP 地址的转换技术，完美地解决了 IPv4 地址不足的问题，而且还能够有效地避免来自网络外部的攻击，隐藏并保护网络内部的计算机。

包过滤技术是最基本的防火墙技术，所以，选项 A 正确。应用级网关和代理服务器技术都是应用代理技术的防火墙，所以，选项 B 与选项 D 正确。而 NAT 技术是网络地址转换，用于公网和内网 IP 之间的相互转换，它不是防火墙技术，所以，选项 C 错误。

6．答案：A。

分析：在 Linux 进程中涉及多个用户 ID 和用户组 ID，包括如下两点。

（1）实际用户 ID 和实际用户组 ID：标识我是谁。也就是登录用户的 uid 和 gid，假如 Linux 系统以"hehe"登录，在 Linux 系统中运行的所有命令的实际用户 ID 都是"hehe"的 uid，实际用户组 ID 都是"hehe"的 gid（可以用 id 命令查看）。

（2）有效用户 ID 和有效用户组 ID：用来决定当前进程对文件的访问权限，即实际该进程是以哪个用户运行的。在一般情况下，有效用户 ID 等于实际用户 ID，有效用户组 ID 等于实际用户组 ID。但是当可执行程序文件的文件模式中设置了"设置-用户-ID（set-user-id）位"时，进程的有效用户 ID 等于该可执行文件的拥有者 ID；同样，如果可执行文件的文件模式中设置了"设置-用户组-ID（set-group-id）位"时，则进程的有效用户组 ID 等于该可执行文件的拥有组 ID。

根据以上描述可知，本题的答案为 A。

7．答案：C。

分析：栈是一个后进先出的数据结构，可以根据这个特点进行分析。

对于选项 A，可以把字符 A、B、C、D、E 按顺序入栈，然后出栈，此时就可以得到选项 A 中的序列。所以，选项 A 正确。

对于选项 B，由于序列第一个元素为字符 D，那么肯定需要先把字符 A、B、C、D 入栈，然后，字符 D 出栈得到第一个元素字符 D，由于序列的下一个元素为字符 E，所以，下一步需要把字符 E 入栈再出栈，此时就可以得到字符 E，接下来栈中的元素依次出栈得到序列 CBA。所以，选项 B 正确。

对于选项 C，序列第一个元素为字符 D，那么肯定需要先把字符 A、B、C、D 入栈，然后字符 D 出栈得到第一个元素字符 D，由于第二个元素为字符 C，那么下一步字符 C 出栈得到序列 DC，接下来序列为 E，那么需要把字符 E 入栈再出栈得到字符 E，此时栈中字符 A 在栈底，字符 B 在栈顶，只能得到出栈序列 BA，而无法得到序列 AB。因此，不可能得到输出序列 DCEAB。所以，选项 C 错误。

对于选项 D，字符 A、B、C、D、E 5 个元素每个元素入栈后就马上出栈，此时就可以得到这个序列。所以，选项 D 正确。

8．答案：B。

分析：二叉树有如下性质：对于一棵非空的二叉树，度为 0 的结点（即叶子结点）总是比度为 2 的结点多一个，即如果叶子结点（度为 0 的结点）数为 n0，度数为 2 的结点数为 n2，则有 n0=n2＋1。

对于本题而言，假设度为 i 的结点的个数为 ni，则 n0=n2+1，所以，n0+n1+n2=n0+n1+n0-1=699，可以得到 n0=(700-n1)/2，显然，n1 只能是偶数。由于在完全二叉树中，度为 1 的结点只有 0 个或 1 个两种情况，因此，n1=0，n0=350。所以，叶子结点个数为 350，选项 B 正确。

9．答案：D。

分析：空间复杂度是对一个算法在运行过程中临时占用存储空间大小的量度。算法在运行时占用的临时空间与算法的长度、程序的指令条数以及程序所占用的存储空间都没有直接关系。显然，与此符合的描述只有选项 D。所以，选项 D 正确。

二、多选题

1．答案：ABCD。

分析：4 个选项都是 video 元素的属性，autoplay 可指定视频在页面载入后就能自动播放；preload 表示是否预先载入视频；controls 用于显示播放控件；poster 可指定视频的封面照。

2．答案：ABD。

分析：Sass 中的混合（mixin）用于提取通用的声明块（即样式）或 CSS 规则。函数（function）与混合最大的区别是需要有返回值，这个值可以是任何类型的数据，但不能是声明块或 CSS 规则。Sass 允许一个选择器能够继承另一个选择器中的声明块。

3．答案：AC。

分析：jQuery 中的:radio 选择器能匹配单选框元素，:checked 选择器能匹配处于选中状态的元素，因此选项 A 能获得选中值。选项 C 中方括号内的选择器能够匹配 name 属性为 "gender" 的元素，也就是两个单选按钮，再与:checked 组合就能获得选中值。

三、填空题

1．答案：90.12、104.32、105.56。

分析：伸缩容器的溢出空间为 80 px，这个值是通过（100 + 130 + 150 - 300）计算而来的。根据 3 个子元素的 flex-shrink 属性，计算出收缩总和 810 px，这个值是通过（1×100 + 2×130 + 3×150）计算而来的，下面是计算子元素最终宽度的公式。

最终宽度 = flex-basis - (flex-shrink×flex-basis) / 收缩总和×溢出空间

把各个值代入到公式中，得到 3 个结果：90.12、104.32 和 105.56（具体计算过程如下所列），加起来正好是 300，等于容器的宽度。

子元素 1 = 100 - (1 * 100 / 810) * 80 = 90.12
子元素 2 = 130 - (2 * 130 / 810) * 80 = 104.32
子元素 3 = 150 - (3 * 150 / 810) * 80 = 105.56

2．答案：40、42。

分析：Element 对象的属性 clientWidth 和 offsetWidth 都能读取元素的宽度，但两者的计算方式不同。clientWidth 由内容宽度与左右内边距相加得到。offsetWidth 除了内容宽度和左右内边距之外，还需要把左右边框计算进来。根据<div>元素的 CSS 规则可知，clientWidth 属性的值为 40 px，offsetWidth 属性的值为 42 px。

3．答案：100、120、122。

分析：上面代码中的 3 个 jQuery 方法都能获取元素的宽度，但它们的计算方式不同，具体如下表所列，"√" 表示包含，"×" 表示不包含。

方　　法	内　　容	内 边 距	边　　框
width()	√	×	×
innerWidth()	√	√	×
outerWidth()	√	√	√

根据表 20 的计算方式可得出 result1 的值为 100，result2 的值为 120，result3 的值为 122。

四、问答题

1. 答案：SVG（Scalable Vector Graphics）即可伸缩矢量图形，是一种用 XML 描述图形的标记语言，早在 2003 年就已成为 W3C 标准。与 Canvas 只能用 JavaScript 绘图不同，SVG 提供了各种类型的元素，包括形状、文本、渐变、动画和滤镜等，并且可以为每个元素附加 DOM 事件，还能用 CSS 控制它们的样式，不过只能使用部分 CSS 属性，像 border、background 就不可用。SVG 中也可插入图像（即插入 img 元素），执行裁剪、遮罩、旋转等功能。不过，SVG 不能像 Canvas 那样，将处理过的图形输出，Canvas 元素有个 toDataURL()方法，可以将画布中的内容编码成字符串形式。

2. 答案：Cookie 是先由浏览器向服务器发起请求，再由服务器响应后回传 Set-Cookie 首部（此时可设置 HttpOnly 属性）并向客户端浏览器写入 Cookie。在给 Cookie 设置 HttpOnly 属性后，就能够禁止页面的 JavaScript 访问这个 Cookie，从而避免被盗取。

3. 答案：框架就是制定统一的规范，提供一套支撑结构，以这套结构为基础，根据具体问题进行扩展，快速构建完整的解决方案。框架完成了很多基础工作，避免了重复和琐碎的事情，帮助开发人员集中精力完成业务逻辑。不过，框架在带来便捷的同时，也带来了约束，因为要执行某个功能或解决某个问题就必须按照框架的规范来做。

前端框架特指前端领域的框架，前端开发早已不像以前那么纯粹，灵活性、移植性、兼容性和可维护性都是在项目执行中需要考虑的方面，并且还要尽可能地提升用户体验。当需要完成一个周期短、规模大的项目时，如果实现前面所有目标，那么无疑是费时、费力的做法，在这种情况下使用前端框架，是个比较好的选择。前端框架通常包括栅格系统、内容排版、表单组件和脚本插件等模块。

4. 答案：将 HTTP 从 1.1 升级到 2.0 不可能一蹴而就，需要有个缓冲过程。先让服务器与客户端同时支持两个版本，再慢慢淘汰不支持新协议的设备，等到大部分设备都支持 HTTP/2.0 时，就能大范围地使用新协议了。

5. 答案：特性（attribute）表示的是定义在 HTML 标签中的标准或非标准属性（也就是 HTML 元素的属性），例如，下面<input>元素中的 id、type、style 和 maxlength 都属于元素的特性。

```
<input type="text" style="width:100px" maxlength="10" id="txt"/>
```

属性（property）是指那些定义在 JavaScript 元素对象中的内置属性，这些内置属性表示的是 HTML 标签中的标准属性（非自定义属性），如 Input 元素就包含了 id、type、maxLength 和 style 等属性。

6. 答案：当用 XHR 对象发起多个异步请求时，无法保证响应能够按发起时的顺序返回。如果要保证响应顺序，那么只能用回调函数的方式来控制。当有大量回调函数时，就会形成一个回调金字塔，代码将变得难以维护，而且很容易出错，代码如下所示：

```
function nest(fn) {
```

```javascript
    var xhr = new XMLHttpRequest();
    xhr.open("post", "server.php");
    xhr.onload = function() {
        fn.call(this);
    };
    xhr.send(null);
}
nest(function() {
    console.log("nest1");
    nest(function() {
        console.log("nest2");
        nest(function() {
            console.log("nest3");
        });
    });
});
```

Promise 模式就是为解决这些异步问题而诞生的，它是一种代码组织模式，将异步操作用同步的方式表达，有效避免了层层嵌套的回调函数。ECMAScript 2015（即 ES6）已将其纳入到了标准中，并统一了用法，提供了 Promise 对象，像刚刚的回调金字塔可用下面的 Promise 模式替代。

```javascript
var promise = new Promise(function(fulfilled) {
    var xhr = new XMLHttpRequest();
    xhr.open("post", "server.php");
    xhr.onload = function() {
        fulfilled.call(this);
    };
    xhr.send(null);
});
promise.then(function() {
    console.log("nest1");
}).then(function() {
    console.log("nest2");
}).then(function() {
    console.log("nest3");
});
```

当使用 Promise 模式时，会将未来才会发生的事件（如异步回调）作为一个任务保存，上述代码中的 then()方法就是在做这个操作。每个任务都包含一个状态，默认是 pending（等待）；当任务成功时，变为 fulfilled（已完成）；而当任务失败时，变为 rejected（已拒绝）。状态一经改变，就不会再恢复。不管当前任务是成功还是失败，都不会终止任务链，直到所有任务的状态都改变了，才会结束任务的执行。

7. 答案：jQuery 只提供了 DOM、CSS、事件处理和 Ajax 等底层功能。jQuery UI 在 jQuery 类库的基础上，提供了一套抽象化、可自定义主题的用户界面组件，如日期选择器、对话框、进度条等；并且内置了常用的交互，如拖动、排序、改变大小等；同时还添加了一些新的动画效果，如颜色变换、隐藏、显示等。

8. 答案：有 4 种方法可以用来从文档中删除元素，分别是 unwrap()、empty()、detach() 和 remove()。unwrap()可删除目标元素的父元素；empty()用于删除目标元素的所有子元素（包括子元素中的内容、注册的事件和关联的数据); detach()和 remove()都用于删除目标元素，前者不会删除目标元素上注册的事件和关联的数据，而后者会一并删除。

9．答案：有。单元测试常常会被开发人员所忽略，主要是因为大家还没了解到单元测试所带来的好处，所以才会认为写单元测试是画蛇添足。但事实上单元测试有诸多好处，例如，可以获得一次底层回归测试，降低缺陷修复成本，促成更好的设计等。目前常用的 JavaScript 测试框架有 Jasmine、QUnit、Mocha、jsTestDriver 等。其中，Jasmine 最为流行，它既可以在浏览器中运行，也可以在 Node 环境中运行，自带断言和测试替身，无须依赖其他库。不过它没有测试执行器，需要第三方的支持，如 Karma。

10．答案：ES6 规定了自有属性的枚举顺序，并且会将同一类别的属性整合到一块，具体的排列规则如下所列。

（1）首先遍历数字类型或数字字符串的属性，按大小升序排列。

（2）接着遍历字符串类型的属性，按添加时间的先后顺序排列。

（3）最后遍历符号类型的属性，也按添加顺序排列。

11．答案：生成器之所以能在其内部实现分批执行，还要多亏 ES6 新增的 yield 关键字。这个关键字可标记暂停位置。

12．答案：JSX 既不是字符串，也不是 HTML，而是一种类似 XML，用于描述用户界面的 JavaScript 扩展语法，代码如下所示。在使用 JSX 时，为了避免自动插入分号时出现问题，推荐在其最外层用圆括号包裹，并且必须用一个元素包裹（如下面的<div>元素）其他元素或文本，所有的元素还必须闭合。

```
(<div>
    <input type="text" text={getName()} />
    <button className="btn">搜索</button>
</div>)
```

在 JSX 中，无论是 DOM 元素还是组件元素，最终都会通过 Babel 编译器将它们转换成 React.createElement()方法的调用，例如，上面的<button>元素会被编译成如下代码：

```
React.createElement(button, { className: "btn" }, "搜索");
```

13．答案：自 React v15.5 起，官方弃用了 React.PropTypes，改用 prop-types 库。此库能校验 props 中属性的类型，例如，将 Btn 组件的 age 属性限制为数字，代码如下所示：

```
Btn.propTypes = {
    age: PropTypes.number
}
```

在引入该库后，就会有一个全局对象 PropTypes。除了数字类型之外，PropTypes 还提供了其他类型的校验。

14．答案：按钮的字体和上边框都是红色的。colors 和 borders 是两个包含 CSS 属性的对象，通过扩展运算符将它们的属性解构给<button>元素的 style 属性。虽然 React 能将"border-top"自动转换成"borderTop"，但是会留下"Unsupported style property border-top. Did you mean borderTop?"这样的警告信息，所以 CSS 属性需要采用小驼峰的命名方式。

15．答案：React Router 提供了一个 location 对象，它的 search 属性表示查询字符串。官方并没有内置解析查询字符串的能力，用户可以使用自己喜欢的方式，例如，自己写函数或引用第三方库等。

16．答案：在 webpack.config.js 中，output 字段是一个对象，用于配置输出的信息。它的

filename 属性可声明输出的文件名，而另一个 path 属性可配置输出目录的绝对路径。与入口不同，在配置文件中只能存在一个输出。

17. 答案：主菜单栏、工具栏、会话列表、选项视图、命令行工具 QuickExec 和状态栏。

18. 答案：Vue 组件的 props 能以对象的形式指定值类型，其键是接收的特性名称，值是类型构造函数，包括 Number、String、Boolean、Array、Object、Date、Function 和 Symbol。不仅如此，还可以自定义构造函数，通过 instanceof 运算符来检查。除了基础的类型检查之外，组件还允许自定义验证函数、添加必填标记和附带默认值。

19. 答案：第一句可成功执行，第二句在执行时会报错。在 TypeScript 中，只有当两个变量的类型兼容时，才能执行赋值操作。自定义的类也是一种类型，如果类中包含用 private 或 protected 修饰的成员，那么只有当另一个类中也包含这样的成员，并且声明在同一处时，它们才能兼容。由于 Programmer 继承自 Person，因此共享了 name 属性，两个类是兼容的；而 Teacher 虽然结构与 Person 相同，但是其 name 属性并不是在 Person 中定义的，因此两种不兼容。

五、编程题

1. 答案：有 4 种方式可以实现移除操作：第一种方式是通过设置 options.length 来截断选项集合；第二种是用 DOM 方法 removeChild()移除指定的选项；第三种是用 Select 元素的 remove()方法；第四种是将相应选项设置为 null。具体实现代码如下所示：

```
var names = document.getElementById("names");
names.options.length = 0;                              //方式一
names.removeChild(names.firstElementChild);            //方式二
names.remove(0);                                       //方式三
names.options[0] = null;                               //方式四
```

2. 答案：JSONP（JSON with padding）是一种借助<script>元素实现跨域的技术，它不会使用 XHR 对象。之所以能实现跨域，主要是因为<script>元素有以下两个特点。

（1）它的 src 属性能够访问任何 URL 的资源，不会受同源策略的限制。

（2）如果访问的资源包含 JavaScript 代码，那么在下载后会自动执行。

JSONP 就是基于这两点，再与服务器配合来实现跨域请求的，它的执行步骤可分为以下 6 步。

（1）定义一个回调函数。

（2）用 DOM 方法动态创建一个<script>元素。

（3）指定要请求的 URL，并且将回调函数的名称作为一个参数传递过去。

（4）将<script>元素插入到当前文档中，请求开始。

（5）服务器接收传递过来的参数，然后将回调函数和数据以调用的形式输出。

（6）当<script>元素接收到响应中的脚本代码后，就会自动执行它们。

前面 4 步可参考如下的 JavaScript 代码。

```
function handle() {
    console.log("回调函数");
}
var script = document.createElement("script");
script.src = "jsonp.php?jsonp=handle";              //传递回调函数的名称
document.body.appendChild(script);
```

第（5）步中服务器的响应，可参考如下的 PHP 代码。

```php
<?php
$func = $_GET["jsonp"];
$json = [
    'code' => 200,
    'msg' => '操作成功',
    'data' => [
            'prev' => '2016-09',
            'next' => '2016-11',
        ]
];
echo $func.'('.json_encode($json).')';
```

3．答案：检测两段字符串是否为改变字母顺序而成的，其实就是检测它们包含的字母和数量是否相同。因此只要让两段字符串中的字母按相同的顺序排列，就能判断出两者是否相同。具体的实现思路是先用 String 对象的 split()方法把两段字符串分割成数组，然后用 Array 对象的 sort()方法对它们的元素进行相同的排序，接着再用 join()方法将数组合并成字符串，最后检测两者是否相同，代码如下所示：

```
function isEqual(str1, str2) {
    str1 = str1.split("").sort().join("");
    str2 = str2.split("").sort().join("");
    return str1 == str2;
}
```

4．答案：:class 可以接收一个对象，对象的属性名就是 CSS 类名，只有当其值是真值时，才能添加到 DOM 元素上，否则会被忽略。下面的<p>元素会接收数据对象中的 classList，它包含两个属性 warning 和 cur，其中 cur 属性保存了一个假值。

```
<p v-bind:class="classList">strick</p>
<script>
    var vm = new Vue({
        data: {
            classList: {
                warning: true,
                cur: ""
            }
        }
    });
</script>
```

:class 还能接收一个数组时，其元素既可以是 CSS 类名，也可以是对象，格式与之前相同，代码如下所示：

```
<p :class="[classList, cur]">strick</p>
<script>
    var vm = new Vue({
        data: {
            classList: {
                warning: true
            },
            cur: "cur"
        }
```

```
        });
    </script>
```

六、智力题

1. 答案：B。

分析：根据常识可知，每个人都不会和自己握手，也不会和自己的配偶握手，而且任意两人之间的握手次数不等于2，也可能为0，即由于各种原因造成可握手的人并不一定都握手。因此，5对夫妇，一共10个人，握手次数最多的人的握手次数也不能大于8（排除自己与自己家人）。

甲先生问其他人各握了几次手，得到的答案是 0，1，2，3，4，5，6，7，8。通过这个条件可以得出以下结论：握手次数为8的人和握手次数为0的人必定是一对夫妻。之所以能够得出这样的结论，是因为握手次数为8的人，他必定和除了自己太太以外的4对夫妇中的每个人都握了手，而通过这条推理出的结论又可以推理出另外一条结论，即剩下的4对夫妇中的每个人握手的次数都不能是零。那么，握手次数为零的人只能是这个握手次数为8的人的太太了。这样，就有一对夫妇的握手次数确定了。

既然握手次数之和为8的必定是一对夫妻，9人中又没有两个人握手的次数相同，所以，只有甲先生和甲太太握手次数同为4次，选项B正确。

2. 答案：B。

分析：本题中，最简单的方法是将金条平均分为7份，每份占1/7，但很显然，这种方法分得太多了，不满足题目要求。那么，是否有更好的方法呢？答案是肯定的。考虑到现实情况，庄园主最少把金块分成1/7、2/7、4/7三份即可实现目标。所以，选项B正确。有兴趣的读者可以自己思考其中的奥妙。